Energy Management System

ISO 50001

에너지경영시스템(ISO 50001)의 효율적 구축과 활용

김석겸 / 김상태 / 이정현 / 정용하 / 임태진 공저

숭실대학교 출판국

에너지경영시스템(ISO 50001)의 효율적 구축과 활용

초판발행 2012년 7월 31일
지은이 김석겸, 김상태, 이정현, 정용하, 임태진
펴낸이 김대근
펴낸곳 숭실대학교 출판국
서울 동작구 상도로 369
등　록 제14-2호(1982.1.25)
TEL.02-820-0772
FAX.02-817-5297
http://press.ssu.ac.kr
찍은곳 한컴인쇄정보
TEL.02-2274-3394~5
FAX.02-2274-3397
값 40,000원
ISBN 978-89-7450-286-7 93320

머리말

에너지는 인류가 살아감에 있어 필수적인 자원으로서, 오늘날 인류에 생존에 있어 에너지를 어떻게 효율적으로 사용하느냐에 대한 문제가 매우 중요한 과제로 부각되고 있다.

18세기 산업화 이후 급속한 경제성장으로 에너지는 인류 발전에 많은 기여를 하면서 삶의 질을 향상시키는 중요한 역할을 해왔다. 즉, 에너지소비는 인류의 생활수준에 향상과 비례하여 증가하였고 인간 활동 그 자체가 에너지소비 활동으로 변모됨에 따라 인류의 에너지 의존도는 지속적으로 증가하였다.

하지만, 경제가 성장함에 따라 에너지수요가 급격히 증가하게 되었고 이에 따라 최근 에너지 사용에 따른 에너지 자원의 고갈 문제, 에너지 수요 · 공급의 불균형 문제, 급격한 에너지소비에 따른 환경적 문제 등이 발생하면서 에너지는 단순히 에너지 자체에 문제를 넘어서 인류 생존의 막대한 영향을 미치게 되었다.

특히, 우리나라는 부존 에너지자원이 거의 없는 에너지 빈국으로서, 에너지 수입의존도가 96%를 상회하여 연간 정부예산의 절반에 달하는 금액을 에너지 수입비용으로 지불하고 있는 실정이다. 더구나 기업 생산 활동과 일상생활에 필수적인 전기 에너지의 경우, 예비전력이 한계에 달하여 급기야 2011년 9월 15일 불시정전 사태를 야기하기도 하였다. 그러나 국내 전력소비량은 지속적으로 증가하여 2012년의 전력수급 상황은 더욱 악화일로이며, 급기야 2012년 6월 21일 정전 대비 전력위기 대응 훈련을 실시하기에 이르렀다. 실제로 예비전력이 고갈되어 정전사고가 발생할 경우, 산업체가 입게 되는 피해는 천문학적 규모가 될 것이며 국민들이 당하게 될 고통 또한 이루 말할 수 없을 것이다.

에너지 위기에 대한 근본적인 해결책은 태양열, 풍력, 지열, 조력, 바이오 등 신재생에너지를 적극 개발하고 그 효율을 높이는 것이겠지만, 이는 오랜 기간의 연구개발과 현실적인 문제해결이 필요한 과제이다. 당장 에너지 위기가 코앞에 닥친 상황에서 우리가 할 수 있는 일은 에너지를 효율적으로 사용하고 관리하는 것이다.

기업들에게 있어 에너지 문제는 에너지 위기 대응, 에너지 비용 절감, 기후변화에 대한 국내외 법적 규제 및 이해관계자의 요구 등이 증가함에 따라 '경영 Risk', '환경적 Risk', '비용 Risk' 등을 증가시키는 요인으로 작용하면서 중요성이 더욱 부각되고 있다. 이에 따라 기업들은 과거 단순히 에너지를 절감하는 차원을 넘어서 중장기적으로 경영전략에 밀착시켜 에너지 문제를 검토함으로서 에너지를 보다 더 전략적으로 이용하고 관리해야 할 필요성이 대두되고 있다.

따라서 본 저서에서는 기업에게 있어 중요하게 부각되고 있는 에너지 문제에 대한 대응방안으로서 국제적으로 유효한 시스템으로 제시되고 있는 국제 표준규격인 ISO 50001 에너지경영시스템(EnMS: Energy Management System)을 소개하고 기업이 에너지경영시스템을 효율적으로 도입하고 운영할 수 있는 세부 방안을 제시하고자 한다.

본 저서는 일반적으로 에너지경영시스템을 개괄적으로 설명하는 단순한 가이드라인에서 벗어나 그 동안 저자들이 다년간 축적된 현장 실무적 경험을 기반으로 하여 실제 실무자들이 에너지경영시스템 관련 업무를 수행함에 있어 필요한 내용을 세부적으로 전달하려고 노력하였으며, 실무적으로 필요한 에너지에 대한 기본 지식과 활용 방안, 실제 사례를 중심으로 한 실무적 가이드라인으로서 효율적인 에너지경영시스템을 구축하고 운영할 수 있도록 구성하였다.

이상 본 저서의 발간에 있어 도움을 주신 분들과 숭실대학교 '온실가스 저감 녹색공정 고급트랙'에 지원을 아끼지 않은 지식경제부 에너지기술평가원 관계자 여러분들께 감사의 말씀드리며, 에너지경영시스템을 현장실무에 적용하려는 실무담당자에게 조금이나마 도움이 되기를 바라는 바이다.

2012년 7월

본 저서는 2011년도 지식경제부의 재원으로 한국에너지기술평가원(KETEP)의 지원을 받아 수행한 저서입니다. (과제번호 : 20114010203140)

목 차

제1장 에너지경영시스템의 필요성

제2장 에너지경영시스템 요구사항 및 해설

표목차

그림목차

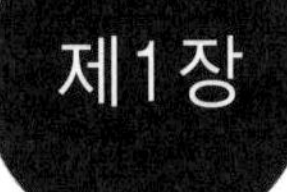

에너지경영시스템의 필요성

1.1 추진 배경 및 목적

1.1.1 기업 경영활동의 변화

세계는 지금 전통적 경영시대, 환경 중심적 경영시대에서 환경/경제/사회가 공존하는 TBL(Triple Bottom Line)을 중시하는 지속가능경영으로의 패러다임의 전환이 급격하게 이루어지고 있음에 따라 기업경영활동에서도 상당한 변화가 일어나고 있으며 각종 환경 규제와 사회적 요구에 대응하고자 경영 전략에 추가하여 환경적, 사회적 가치를 밀착시켜 리스크를 최소화하고 기업 가치를 향상시키는 방향으로 경영활동이 진화하고 있다(그림 1-1 참조).

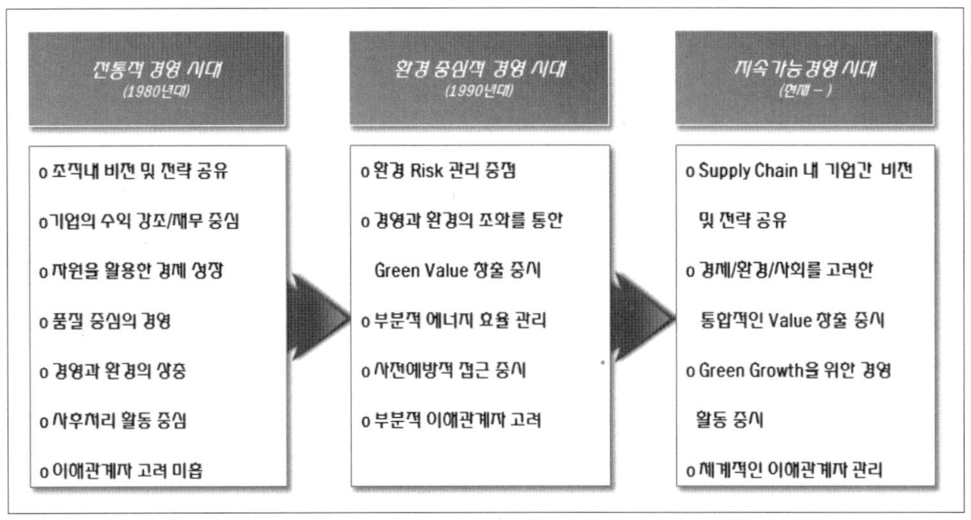

[그림 1-1] 기업 경영활동의 시대별 변화

1.1.2 에너지 경영활동의 변화

기업의 지속가능경영의 중요성이 부각되면서 기업경영에 있어서의 수익성과 더불어 환경적 영향 및 사회적 책임이 요구되어지고, 소비자, 시민단체 등과의 이해관계자의 영향력이 증대되고 기후변화에 대한 규제 및 대응이 중요한 이슈로서 대두됨에 따라 기업의 입장에서는 국내외의 탄소 및 에너지 사용 규제에 체계적으로 대응함과 동시에 효율적으로 관리할 수 있는 체제구축이 절실히 요구되는 현실이다(그림 1-2 참조).

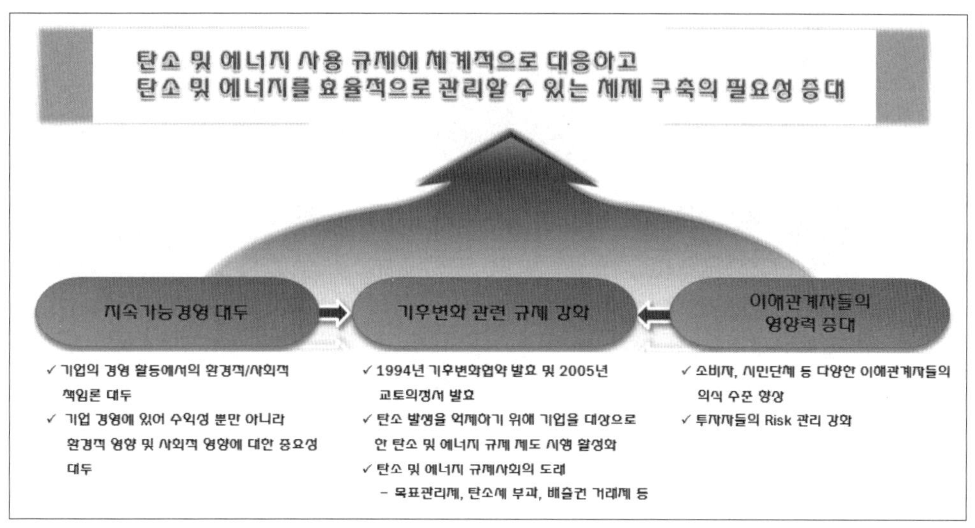

[그림 1-2] 기업의 에너지 경영활동의 변화

1.1.3 국내 정책변화

국내의 기후변화 및 에너지관련 정책의 변화를 살펴보면 2010년 4월 저탄소 녹색성장 기본법 제정 및 녹색성장 국가 전략 수립으로 탄소 및 에너지 관리가 계속 강화되고 있으며 온실가스/에너지목표관리제 시행, 배출권거래제 시행(2015년 예정), 녹색경영 및 에너지경영시스템 도입, 환경정보공개제도 등의 도입이 급격히 추진되고 있는 실정이다(그림 1-3 참조).

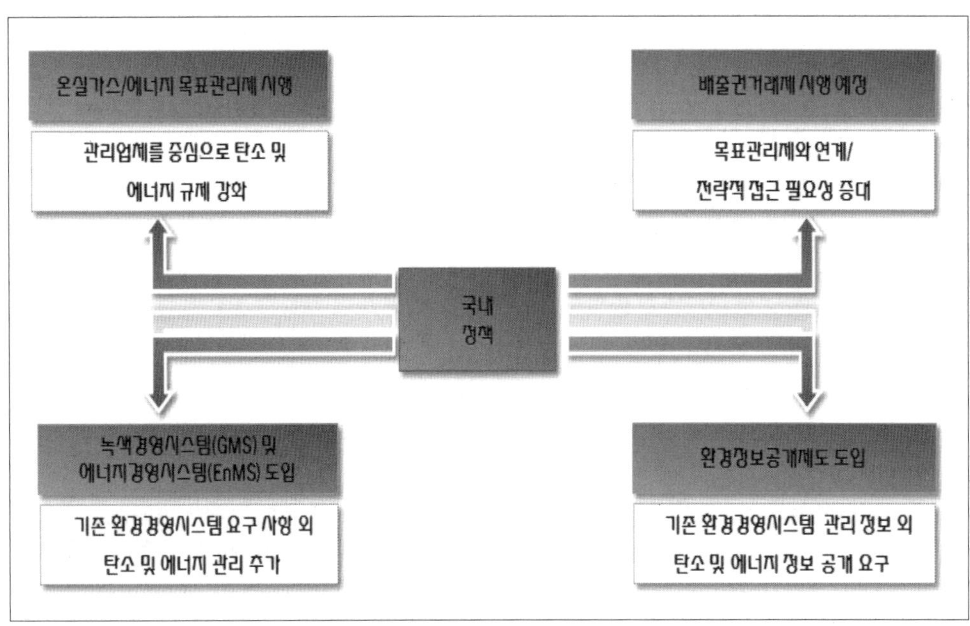

[그림 1-3] 에너지 및 온실가스 관련 국내 추진 정책

1.1.4 에너지경영시스템의 국내외 추진 현황

에너지경영시스템(EnMS: Energy Management System)의 국내외 추진현황을 살펴보면 다음과 같다.

(1) 국제표준(ISO 50001) 및 국제상호 인증제도

유럽, 미국, 브라질, 중국 등 선진국뿐 아니라 개발도상국에서도 에너지효율 향상의 핵심 기법으로 에너지경영시스템의 보급 및 확대정책을 추진하고 있다. 현재 미국(ANSI MSE 2000), 덴마크(DS 2403), 아일랜드(IS 393), 스웨덴(SS 627750), 독일(VDI 4602/1), 중국(GB/T 23331), 한국(KS A 4000) 등 10여 개국이 2000년도부터 자체국가표준을 보유하고 있으며, 유럽표준화기구(CEN)에서 2009년에 지역표준(EN16001)을 제정하여 유럽지역 내에서 통일된 표준을 운영하고 있다. 국제표준화기구(ISO: International Organization for Standardization)에서는 국가별로 운영되고 있는 인증제도를 회원국사이에 상호 인증하기 위한 국제상호 인증제도 개발하기 위해 2008년 2월 에너지경영시스템 기술위원회(ISO PC 242)를 설립하였으며, DIS(Draft of International Standard) 단계를 거쳐, 제4차 회의에서 FDIS(Final Draft of International Standard)가 합의됨에 따라 2011년 6월에 국제적 에너지경영시스템 인증제도인 ISO 50001이 공표되었다.

국제 표준인 ISO 50001의 특징은 에너지기획(에너지사용량 분석 및 주요인자 도출, 베이스라인 및 계량화된 목표설정, 개선과제 도출 등)을 강조하고 있고 에너지성과지표(EnPI: Energy Performance Indicator) 개선에 중점을 두고 절차서 등의 문서 요구사항을 간소화하였으며, 최고경영자의 의지와 지원을 강조하고 있다. 더불어 조직에서 추진하는 에너지절약 개선과제에 대한 에너지성과의 검증을 요구하는 등 표준의 이행이 에너지성과 개선을 보증할 수 있도록 구성되어 있다. 또한 2011년 7월 기후변화 주요국 회의(MEF: Major Economics Forum)의 회원국 장관들이 참여하는 제1차 클린에너지장관회의(워싱턴DC)에서는 산업 및 건물 부문의 에너지효율향상을 위한 국제협력과제로 GSEP*(Global Superior Energy Performance)를 선정하였으며, 본격적으로 미국 주도하의 에너지경영시스템의 국제 상호인증체제 구축을 위한 국제협력이 시작되었다.

(2) 유럽

유럽의 Directive 2006/32/EC에서는 2008년부터 2016년까지의 기간 동안 BAU(Business As Usual) 대비 에너지절감 목표를 9%로 수립하고 달성수단으로 에너지경영시스템을 활용하기 위해 유럽표준(EN 16001)을 제정하여 에너지경영시스템의 보급 및 확대정책을 추진하고 있다. 유럽은 높은 신뢰성을 유지하고 있는 기존의 환경경영시스템(ISO 14001) 인증제도의 기반을 활용하여 에너지경영시스템 유럽표준(EN 16001)에 대하여 자발적 인증제도를 운영하고 있으며, 많은 건물과 산업부문의 기업들이 인증을 취득하고 있다. 특히 덴마크, 아일랜드, 스웨덴, 네덜란드 등은 정부에서 자발적인 에너지 목표관리제를 운영하고 있는데, 참여하는 기

* GSEP(Global Superior Energy Performance)란 산업 및 건물 부문의 에너지경영시스템(EnMS) 및 에너지 효율개선 성과를 검·인증하는 국제 상호인증 제도로 미국, 한국, 일본, 인도, 캐나다, 러시아 등 10개국과 EC(European Community)가 참여하는 국제협력과제임.

업은 탄소세감면 등 인센티브를 받기 위해 목표기간 동안에 에너지경영시스템 도입 및 인증, 특별진단 및 투자, 설정된 목표를 이행하고 그 결과를 검증받도록 하고 있다.

(3) 미국

미국은 덴마크와 더불어 2000년에 가장 먼저 국가 표준(ANSI MSE 2000)을 제정하였으나 인증제도 및 정부 시책으로 추진되지 않음에 따라 표준의 보급이 미진하였으나 에너지효율 향상을 위한 에너지경영시스템의 효과성을 인식하고 2007년부터 에너지부(DOE: Department of Energy)를 통해 에너지경영시스템의 시범인증 사업을 추진하면서 국가 인증제도의 기반을 구축하였다. 특히 국제표준인 ISO 50001 제정 시 미국은 주도적인 역할을 수행하였으며, 국제상호인증제도 마련을 위한 국제협력을 주도하고 있다. 또한, 미국 에너지부(DOE)에서는 산업부문 에너지 효율향상 시책으로 BNL(Lawrence Berkeley National Laboratory), ORNL(OAK Ridge National Laboratory) 등 국책연구소, 조지아텍, 텍사스 주립대 등 대학교, KEMA 등 에너지컨설팅기관 및 Dow Chemical, 3M 등 산업체에서 전문가 등이 참여하는 SEP(Superior Energy Performance) 프로그램 시범사업을 추진하고 있다. SEP 제도의 특징은 에너지경영시스템 인증과 에너지 원단위 개선 성과 검증을 함께 평가 인증한다는 점으로 이를 위해 에너지경영시스템 표준(ANSI MSE 2000), 측정 및 검증기준(Measurement & Verification Protocol)과 시스템진단표준(System Assesment Standard)을 추가로 제정하여 활용하고 있으며 5년간 체계적으로 추진한 SEP 프로그램 시범사업 결과를 바탕으로 건물부문을 포함하여 국제적인 제도로 에너지성과 국제상호 인증제도인 GSEP(Global Superior Energy Performance Partnership)을 제안하고 국제적인 협력을 주도하고 있다.

(4) 개발도상국

유엔산업개발기구(UNIDO: United Nations Industrial Development Organization)에서는 개발도상국에 에너지효율 향상을 유도하기 위한 핵심수단으로써 에너지경영시스템(EnMS) 보급 확대 사업(GEF IEE 프로젝트 등)을 추진하고 있으며, 개도국의 이익을 대변하기 위해 국가표준제정에 적극 참여하고 중소기업용 EnMS 실행 가이드라인 및 교육과정 개발, 프로젝트를 추진하고 있다. 특히 중국, 브라질, 남아공, 인도, 러시아 등 신흥 경제국들의 경우 에너지경영시스템에 대한 관심을 갖고 에너지경영시스템의 보급을 활발히 추진하고 있으며 특히, 중국은 2009년 국가표준(GB/T 23331)을 제정하고 시범인증 사업을 추진하고 있는 등 에너지 효율향상의 핵심 시책으로서 에너지경영시스템 보급 확대를 위하여 정부차원에서 적극적으로 노력하고 있다. 이상의 해외동향 및 현황을 정리하면 표 1-1과 같다.

[표 1-1] 에너지경영 해외동향 및 현황

구 분	동향 및 현황	비 고
유럽	• 2009년 유럽표준[EN16001] 제정 및 인증제도 운영 - Directive 2006/32/EC : 2016년까지 9% 에너지절감 목표 달성 수단으로 EnMS 활용 • ISO경영시스템(환경, 품질) 인증체제 활용 • 에너지목표관리제 참여기업에 EnMS 인증의무화(덴마크, 스웨덴)	
미국	• SEP(Superior Energy Performance)제도 추진 - EnMS 및 에너지원단위 개선에 대한 검증(부여등급 : 3등급) - 표준 : MSE2000, 시스템진단표준, 측정 및 검증 프로토콜 • GSEP(Global SEP, 국제 상호인증제도)개발 추진(2010년~) - 건물, 산업부문 에너지효율향상 제도(클린에너지장관회의 채택) - 10개국+EC참여(미국, 한국, 일본, 인도, 프랑스, 스웨덴, 캐나다 등)	
중국	• 국가표준(GB/T 23331)을 제정 (2009년)하고 시범인증사업을 추진 (EnMS 보급 확대에 국가적 관심과 지원이 큼)	
UNIDO	• ISO 50001 표준제정에 적극참여 : 개발도상국 이익대변 • 개도국의 에너지효율향상을 위한 핵심시책으로 EnMS 보급 확대 • 중소기업 EnMS실행가이드라인 및 교육과정 개발추진	

(5) 국내 에너지경영시스템 추진 현황 및 계획

국내의 경우 에너지경영시스템을 도입하기 위해 2006년 국외 에너지경영 시스템에 대한 조사 · 분석 및 해외 선진국 벤치마킹을 시작으로 2008년 국내 에너지경영시스템 규격인 KS A 4000을 제정하고 2009년부터 2011년까지 시범 인증사업을 추진하고 제도를 보완하였으며, 2011년 국제표준인 ISO 50001이 공표됨에 따라 2011년 10월 KS A ISO 50001 규격을 제정 · 공표하였다.

참고 | 국내 에너지경영시스템 추진 현황

- 2006년 EnMS 조사 · 분석 및 해외 선진국 벤치마킹
- 2007년 국가표준규격 KS A 4000 제정
- 2008년 KS A 4000 기업용 지원 Tool 개발, 인증제도 기반구축
- 2009년~2011년 시범인증사업 및 제도보완
- 2011년 10월 KS A ISO 50001 규격 공표
- 2012년 인증제도 시행 및 보급촉진

참고 | 정부 산업부문 에너지경영시스템 추진 내용

- 녹색성장 5개년계획(2009~2013) : 목표관리제 및 에너지경영시스템 도입
- 제1차 국가에너지 기본계획(2008~2030) : 목표관리제도입, 에너지경영시스템 보급 확대
- 제4차 에너지이용합리화기본계획(2008~2012) : 목표관리대상기업, 에너지경영시스템 도입

참고 | 에너지경영시스템 지원 관련 추진 사항

- 정부와 에너지관리공단은 2006년부터 해외 사례를 조사하여 에너지경영 시스템의 보급 확대와 인증제도 시행의 기반을 구축하여 옴.
- 선진국의 에너지경영시스템 표준의 벤치마킹을 통해 한국산업표준 규격 KS A 4000을 제정하였고 기업 실무자 및 인증심사원 교육과정 개발 및 운영으로 필요한 인력을 양성하고 기술자료, 에너지데이터 분석 및 관리 시스템 등을 개발 · 보급하여 기업의 에너지경영시스템 구축을 간접적으로 지원하며 에너지경영시스템의 보급 · 확대를 추진하여 옴.
- 에너지관리공단에서는 2008년부터 산업발전 부문 20개 사업장과 건물 부문 3개 사업장을 대상으로 시범인증 사업을 추진하였고(민간 인증방식) 문제점을 보완하여 향후 정부 인증제도 설계에 활용될 예정임.
- 인증 업체에 대해서는 사후관리심사를 통해 에너지경영시스템 운영성과를 분석하여 에너지경영시스템의 효과성을 확인하고 우수사례를 공유하고 기업에 자발적인 보급 확대를 유도할 예정임.

참고 | 에너지경영시스템 관련 사항

- 중소기업형 에너지경영시스템 패키지 개발(2011년 4월 ~ 12월)
- 시범 인증사업(에너지관리공단 민간인증, 산업 20개, 건물 3개 업체)
  - 인증 완료 : 금호석유화학, 삼성코닝, 삼성전자, LG전자, 한화석유화학, 서부발전 등
- 국가 인증기관 지정 검토 중(2012년 상반기 확정 예상)

참고 | 에너지경영시스템 지원 근거법 관련 사항

• 에너지이용합리화법 제28조 2[에너지경영시스템의 지원]

① 지식경제부장관은 에너지 사용자 또는 에너지 공급자로서 에너지효율 향상을 위하여 전사적 에너지 경영시스템을 도입하는 자에게 필요한 지원을 할 수 있다.

② 제1항에 따른 에너지경영시스템의 내용, 지원 기준, 방법 등에 관하여 필요한 사항은 지식경제부령으로 정한다.

• 에너지경영시스템 지원 근거법 하위법령

- 2011년 시행규칙(안) 협의 및 보급 확대를 위한 지원 계획 수립
- 2012년 ~ : 에너지경영시스템 도입 지원

1.2 에너지경영시스템의 개요 및 필요성

1.2.1 에너지경영시스템의 개요

에너지경영시스템이란 에너지 효율 향상 활동을 통합적이고 체계적인 경영 전략으로 구축하여 전사적이고 지속적으로 추진할 수 있는 기술적인 측면과 경영적인 측면이 조화된 관리시스템이다(그림 1-4).

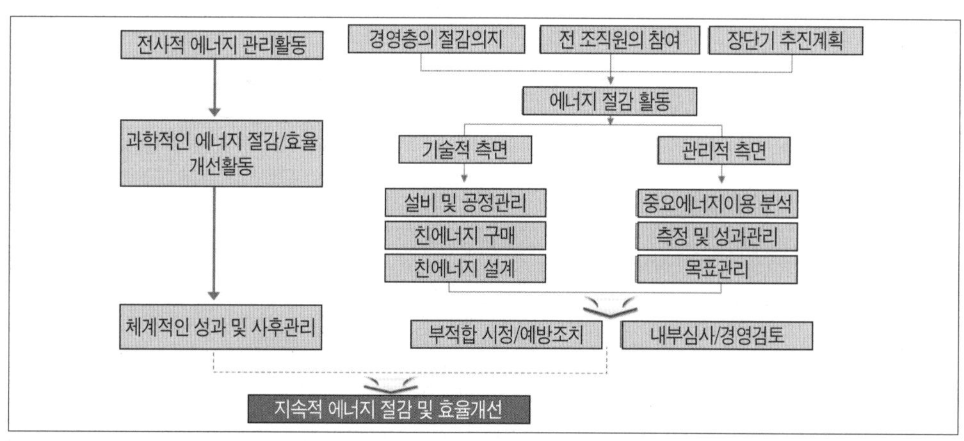

출처 : http://www.kemco.or.kr/EMS/sub001_01.asp

[그림 1-4] 에너지경영시스템의 개념도식도

에너지경영시스템 표준의 목적은 에너지 효율, 이용 및 사용량을 포함한 에너지 성과를 개선하기 위하여 필요한 시스템과 프로세스를 수립할 수 있도록 하는 것으로 이 표준의 실행에 있어 체계적인 에너지관리를 통해 온실가스 배출량, 에너지비용 및 그 밖의 관련된 환경영향을 저감시킬 수 있도록 의도되었으며 지역적, 문화적, 사회적 조건에 무관하게 모든 종류 및 규모의 조직에 적용될 수 있다.

ISO 50001의 에너지경영시스템 모델 및 PDCA 접근법은 다음 그림 1-5와 그림 1-6과 같이 나타낼 수 있다. 즉, 그림과 같이 P(계획) - D(실행) - C(점검) - A(조치)의 지속적 개선체계에 기초하여 에너지경영을 일상적, 주기적 활동으로 포함하여 접근한다.

① Plan(계획): 에너지검토를 수행하고, 조직의 에너지방침과 일치하는 에너지 성과를 개선하는 결과를 달성하는데 필요한 베이스라인, 에너지성과지표, 목표, 세부목표 및 실행 계획을 수립하는 단계이다.

② Do(실행): 에너지경영의 실행계획의 이행단계로서 필요한 인적, 물적, 재정적, 시간적 투자가 이루어지고 실행계획이 운영되어진다.

③ Check(점검): 에너지 방침 및 목표에 대한 에너지성과를 결정하는 프로세스와 그 운영의 주요특성에 대한 모니터링, 측정 및 그 결과의 보고 단계로서 실행효과를 검증하는 평가요소이다.

④ Act(조치): 에너지성과 및 성과지표를 지속적으로 개선하기 위해 부적합에 대한 시정 및 개선을 위한 경영검토가 이루어지는 단계이다.

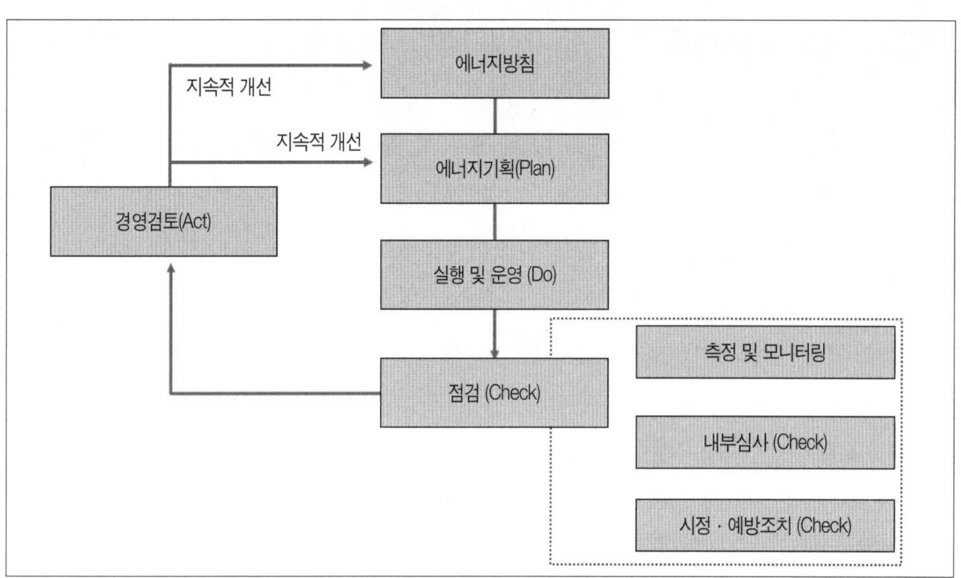

[그림 1-5] 에너지경영시스템 모델

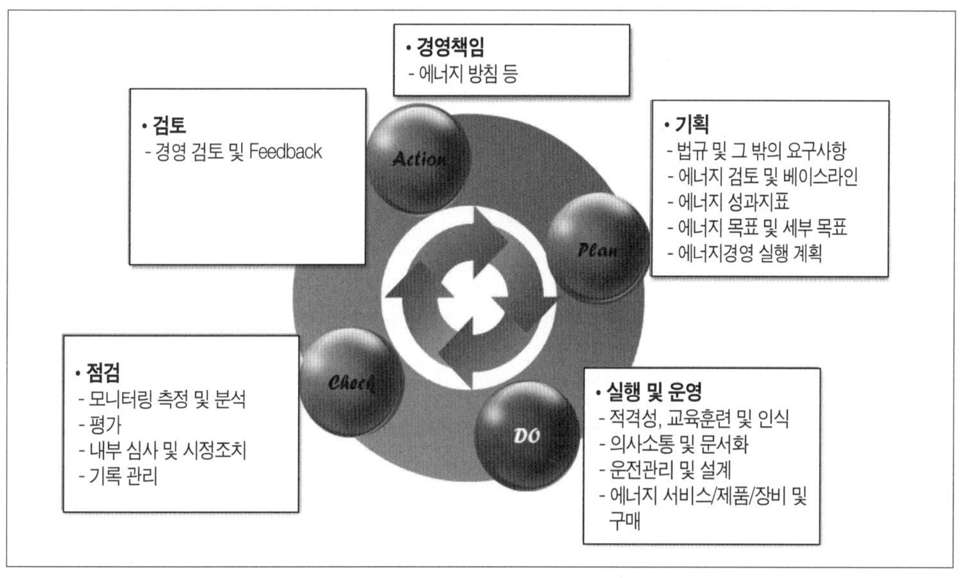

[그림 1-6] 에너지경영시스템 PDCA 접근 구조

1.2.2 기존의 에너지 절감활동과 에너지경영시스템의 비교

기업이나 산업계에서 추진하여왔던 기존의 에너지 절감활동과 에너지경영시스템을 비교해 보면 그림 1-7과 같다. 다시 말하면, 에너지경영시스템은 단순한 아이디어 위주나 일부 중심 조직이나 부서에 의한 일회성 절감 활동이 아니라 최고경영자가 중심이 되어 전 조직원이 참여하여 중장기적으로 지속성 있게 추진하는 에너지절감 시스템이며, 기존에 비해 보다 적극적이고 전략적이며, 또한 전 방위적으로 고려한 경영 전략이라 할 수 있다.

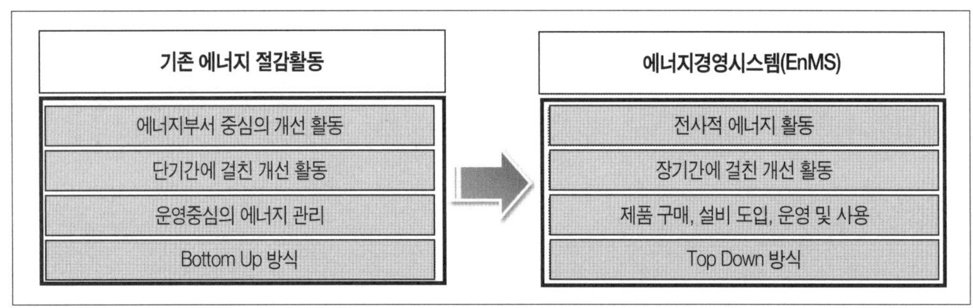

[그림 1-7] 기존 에너지 절감활동과 에너지경영시스템의 비교

1.2.3 ISO 50001과 타 제도와의 비교

ISO 50001을 타 제도와 비교하여 보면 표 1-2와 같이 온실가스 감축 및 에너지 절약을 목적으로 하여 조직 및 시스템을 중심으로 시스템적으로 개선활동을 전개하며 실시간 에너지 사용량 및 효율관리를 통한 지속적 개선 활동이란 특징을 가지고 있다.

[표 1-2] ISO 50001과 타 제도와의 비교

구분	ISO 50001	목표관리제	에너지진단 제도
목적	온실가스 감축 및 에너지 절약	좌동	에너지 절감
대상	조직 및 시스템 중심	사업장 중심	설비 중심
근거	ISO 50001/KS A 4000	녹색성장기본법	에너지이용합리화법
특징	시스템적인 접근을 통한 개선활동 전개	데이터 중심 목표 설정/이행	설비진단을 통한 개선 요소 파악 및 활동
기본 활동	- 조직 활동 전반에 걸친 에너지 관련 업무 분석 - 세부 에너지/인벤토리 및 대상 분석과 효율 분석	- 사업장 에너지 사용량 조사 및 목표 설정 - BAU를 고려한 목표 설정	- 공정 또는 설비 단위의 부분적 진단 및 개선 - 진단 전문가 자문
수단	친에너지 구매, 신증설 시 에너지 고려, 실시간 에너지 사용량/효율 관리	법규 및 인센티브	진단 기관 및 진단 설비

1.2.4 에너지경영시스템의 필요성

에너지경영시스템의 필요성은 다음의 그림 1-8과 같다. 또한 ISO 50001에 대한 도입의 필요성을 요약 · 정리하면 다음과 같다.

첫째, 국제적으로 공인된 에너지효율 향상의 핵심수단으로서 미국을 중심으로 국제상호 인증이 추진되고 있고, 체계적인 관리로서 10%~30% 에너지 절감이 가능하다고 보고되고 있음으로서 이의 인증이 요구되어진다.

둘째, 기업의 합리적 목표 수립 및 에너지성과에 대한 MRV(측정, 보고, 검증)의 기반을 구축하는데 효과적인 시스템이다. 구체적으로 에너지 성과 지표 및 베이스라인 설정, 기능별 목표 수립, 주요공정/설비의 에너지 사용량 분석 및 데이터에 근거한 절감방안 도출, 모니터링 및 측정 데이터의 신뢰도 관리 및 기록 관리 등을 통하여 구체적 이행 수단으로서 활용되며 온실가스 에너지 목표관리제의 대응책으로 연계할 수 있다.

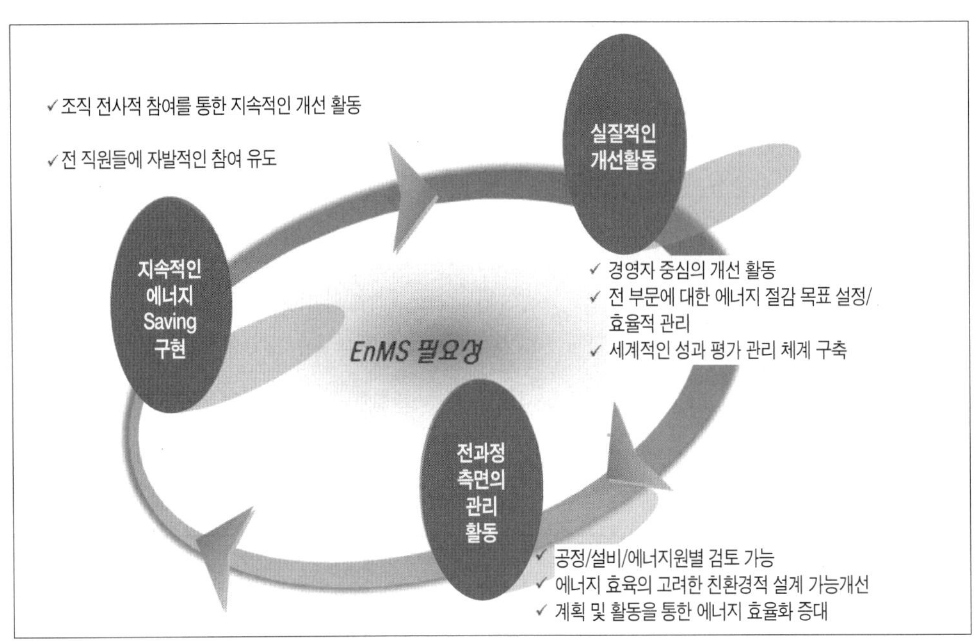

[그림 1-8] 에너지경영시스템의 필요성

제2장

에너지경영시스템 요구사항 및 해설

2.1 ISO 50001 개요

2.1.1 적용 범위

ISO 50001 표준은 에너지경영시스템을 수립, 실행, 유지 및 개선하기 위한 요구사항을 규정하고 있다. 표준의 목적은 에너지 효율, 이용 및 사용량을 포함한 에너지성과의 지속적 개선을 달성하기 위하여 조직이 체계적으로 접근하는 것을 가능하게 하는 것이다. 또한 표준은 에너지성과에 기여하는 장비, 시스템, 공정 및 인력에 대한 측정, 문서화 및 보고, 설계 및 구매 관행을 포함한 에너지이용 및 사용량에 적용할 수 있는 요구사항을 규정하고 있다. 더불어 표준은 조직에 의해 모니터링 되고 영향을 받을 수 있는 에너지 성과에 영향을 주는 모든 변수에 적용되지만, 에너지에 관한 특정 성과 기준을 언급하지 않고 있다. 나아가 표준은 독립적으로 사용되도록 설계되었지만, 그 밖의 경영시스템과 연계되거나 통합될 수 있도록 설계되어 있으며, 조직이 선언한 에너지 방침에 대한 적합성 보증과 외부에 그러한 적합성을 실증하기를 원하는 어떠한 조직에도 적용 가능하도록 구성되어 있고 부속서 A에서 표준의 사용을 위한 참고적인 지침을 제공하고 있다.

2.1.2 용어와 정의

ISO 50001 표준에서는 관련 용어에 대하여 다음과 같이 정의하고 있다.

(1) 경계(boundaries)

조직에 의해 규정된 물리적 또는 사업장 한계 및/또는 조직 한계(limit)

예) 공정, 공정의 집단, 공장, 전체 조직, 조직의 관리 하에 있는 복수사업장

(2) 지속적 개선(continual improvement)

에너지경영시스템과 에너지성과의 향상을 이끄는 순환 프로세스

- 비고1 – 목표를 수립하고 개선 기회를 파악하는 프로세스는 지속적 프로세스이다.
- 비고2 – 지속적 개선은 조직의 에너지방침과 일관되는 총체적 에너지성과 개선을 달성하는 것이다.

(3) 시정(correction)

발견된 부적합을 제거하기 위한 행위

- 비고 – ISO 9000:2005, 정의 3.6.6으로부터 채택

(4) 시정조치(corrective action)

발견된 부적합의 원인을 제거하기 위한 행위

- 비고1 – 부적합에는 하나 이상의 원인이 있을 수 있다.
- 비고2 – 시정조치는 재발을 방지하기 위해 취해지는 반면, 예방조치는 발생을 방지하기 위해 취해진다.
- 비고3 – ISO 9000:2005, 정의 3.6.5으로부터 채택

(5) 에너지(energy)

전력, 연료, 스팀, 열, 압축공기, 그 밖의 매체

- 비고1 – 이 표준의 목적을 위하여 에너지는 신재생에너지를 포함한 다양한 형태의 에너지를 말하며, 그 에너지는 구매, 저장, 가공, 장비 또는 공정에서 사용, 또는 회수될 수 있다.
- 비고2 – 에너지는 외부 활동을 만들어 내거나 일을 수행하는 시스템 능력으로 정의될 수 있다.
  - 연료: 석유, 가스, 석탄 그 밖에 열을 발생하는 열원
  - 신 · 재생에너지: 「신 · 에너지 및 재생에너지 개발 · 이용 · 보급 촉진법」 제2조 제1호의 규정에 따른 에너지
  - 재생에너지 : 태양광, 태양열, 바이오, 풍력, 수력, 해양, 폐기물, 지열
  - 신에너지 : 연료전지, 석탄액화가스화/중질 잔사유 가스화, 수소에너지
  - 에너지단위 : toe, J, cal, Btu 등

(6) 에너지베이스라인(energy baseline)

에너지성과 비교를 위한 기반을 제공하는 정량적인 기준

- 비고1 – 에너지베이스라인은 시간의 구체적 기간을 반영한다.
- 비고2 – 에너지베이스라인은 에너지이용 및/또는 사용량에 영향을 주는 변수들에 의해 정규화 될 수 있다.

  예) 생산수준, 기온 편차(외기 온도), 기타
- 비고3 – 또한 에너지베이스라인은 에너지성과 개선 행위 실행 전후의 기준으로써 에너지 절감량 계산을 위해 사용된다.

(7) 에너지사용량(energy consumption)

적용된 에너지의 양

(8) 에너지효율(energy efficiency)

성과, 서비스, 제품 또는 에너지 출력과 에너지 입력 사이의 비율 또는 다른 양적인 관계

예) 전환효율 요구된 에너지/이용된 에너지 출력/입력 운전에 이용된 이론적 에너지/운전에 이용된 에너지

- 비고 – 입력과 출력은 양과 질로 명확하게 규정되고 측정될 필요가 있다.

(9) 에너지경영시스템(EnMS: Energy Management System)

에너지방침, 에너지목표, 그리고 그 목표를 달성하기 위한 프로세스 및 절차를 수립하기 위한 상호 연관되거나 작용하는 요소의 집합

(10) 에너지경영팀(energy management team)

에너지경영시스템 활동의 효과적인 실행 및 에너지성과 개선 이행에 책임 있는 사람(들)

- 비고 – 조직의 규모 및 성격, 가용 자원이 에너지경영팀의 규모를 결정한다. 에너지경영팀은 경영대리인과 같이 한 사람일 수 있다

(11) 에너지목표(energy objective)

개선된 에너지성과와 관련된 조직의 에너지방침을 충족하기 위한 특정한 결과물 또는 실적의 집합

(12) 에너지성과(energy performance)

에너지효율, 에너지이용 및 에너지사용량과 관련된 측정 가능한 결과

- 비고1 - 에너지경영시스템 관점에서, 결과는 조직의 에너지 방침, 목표, 세부목표 및 그 밖의 에너지성과 요구사항에 대하여 측정된 것일 수 있다.
- 비고2 - 에너지성과는 에너지경영시스템 성과 중 하나의 요소이다.

(13) 에너지성과지표(EnPI: Energy Performance Indicator)

조직에 의하여 정의된 에너지성과의 정량적 수치 또는 측정값

- 비고 - EnPIs는 간단한 측정기준, 비율 또는 보다 복잡한 모델 식으로 표현될 수 있다.

참고 | 에너지성과 개념

* 에너지성과는 에너지이용, 에너지의 효율, 에너지의 사용량을 포함한다.

* 조직은 에너지성과의 넓은 범위에서 활동을 선택 할 수 있다.

* 예를 들면, 조직은 피크수요를 저감하고, 잉여 또는 버려지는 에너지를 사용하거나 시스템, 공정 또는 장비의 운전을 개선할 수 있다.

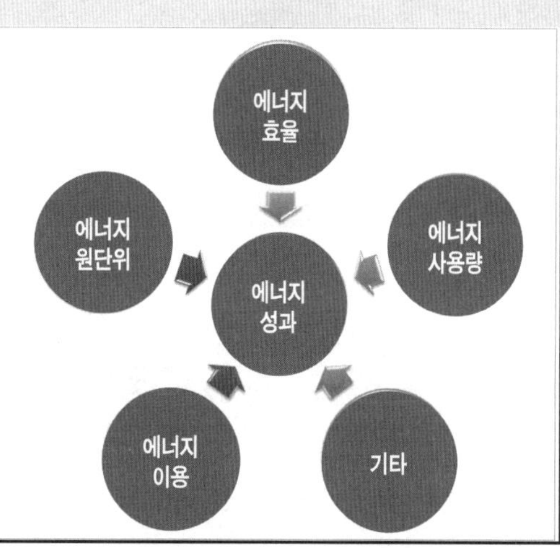

(14) 에너지방침(energy policy)

최고경영자에 의해 공식적으로 제시된 에너지성과와 관련된 조직의 전반적인 의도 및 방향

- 비고 – 에너지방침은 에너지 목표 및 세부목표 수립과 활동에 대한 틀을 제공 한다.

(15) 에너지검토(energy review)

개선을 위한 기회의 파악을 이끄는 데이터 및 그 밖의 정보에 근거한 조직의 에너지성과 결정

- 비고 – 그 밖의 지역표준 또는 국가표준에서 에너지측면 파악 및 검토 또는 에너지 프로파일과 같은 개념은 에너지검토 개념에 포함된다.

(16) 에너지서비스(energy services)

에너지 공급 및/또는 이용과 관련된 활동 및 그 결과

(17) 에너지 세부목표(energy target)

조직 전체 또는 일부에 적용되는, 구체적이고 계량 가능한 에너지성과, 요구사항으로써 에너지목표달성을 위해 설정되고 충족될 필요가 있는 것

(18) 에너지이용(energy use)

에너지의 적용 방법 또는 종류

예) 환기, 조명, 가열, 냉각, 수송, 공정, 생산라인

(19) 이해관계자(interested parties)

조직의 에너지성과에 의해 영향을 받거나 관련된 개인 또는 집단

(20) 내부심사(internal audit)

요구사항에 대한 충족되는 정도를 결정하기 위하여 증거를 수집하고 객관적으로 평가하기 위한 체계적이고 독립적이며 문서화된 프로세스

- 비고 – 더 많은 정보는 부속서 A 참조

(21) 부적합(nonconformity)

요구사항의 불충족[ISO 9000:2005, 정의 3.6.2]

(22) 조직(organization)

법인이든 비법인이든, 공공 기관이든 민간 기관이든 자체적인 기능과 행정을 갖추고 에너지 이용 및 사용량을 관리하는 권한을 가진 회사, 법인, 업체, 기업, 정부당국 또는 협회, 또는 이러한 집단의 일부분이나 연합체

- 비고 – 조직은 개인 또는 집단일 수 있다.

(23) 예방조치(preventive action)

잠재적인 부적합의 원인을 제거하기 위한 행위

- 비고1 – 잠재적인 부적합에는 하나 이상의 원인이 있을 수 있다.
- 비고2 – 예방조치는 발생을 방지하기 위하여 취해지는 반면, 시정조치는 재발을 방지하기 위해 취해진다.
- 비고3 – ISO 9000:2005, 정의 3.6.4 로부터 채택

(24) 절차(procedure)

활동 또는 프로세스를 수행하기 위하여 규정된 방식

- 비고1 – 절차는 문서화될 수도 있고 문서화되지 않을 수도 있다.
- 비고2 – 절차가 문서화되면, '작성된 절차' 또는 '문서화된 절차' 라는 용어가 흔히 사용된다.
- 비고3 – ISO 9000:2005, 정의 3.4.5 로부터 채택

(25) 기록(record)

달성된 결과를 명시하거나 수행된 활동의 증거를 제공하는 문서

- 비고1– 기록은 예를 들면, 추적성을 문서화하고 검증, 예방조치 및 시정조치에 대한 증거를 제공하는 데 사용될 수 있다.

• 비고2 – ISO 9000:2005, 정의 3.7.6 으로부터 채택

(26) 적용범위(scope)

조직이 에너지경영시스템에서 다루는 활동, 설비 및 결정의 범위로써, 여러 개의 경계가 포함될 수 있다.

• 비고 – 적용범위는 수송과 관련된 에너지를 포함할 수 있다.

(27) 중요에너지이용(significant energy use)

상당한 에너지사용량의 원인이 되거나 에너지성과 개선에 큰 잠재력이 있는 에너지이용

• 비고 – 중요의 기준은 조직에 의해 결정된다.

(28) 최고경영자(top management)

최고 계층에서 조직을 지휘하고 관리하는 개인 또는 집단

• 비고1 – 최고경영자는 에너지경영시스템 적용범위 및 경계 내에서 규정된 조직을 관리한다.

• 비고2 – ISO 9000:2005, 정의 3.2.7 로부터 채택

2.1.3 ISO 50001의 구조

ISO 50001의 순환형 구조는 그림 2-1과 같이 나타낼 수 있다.

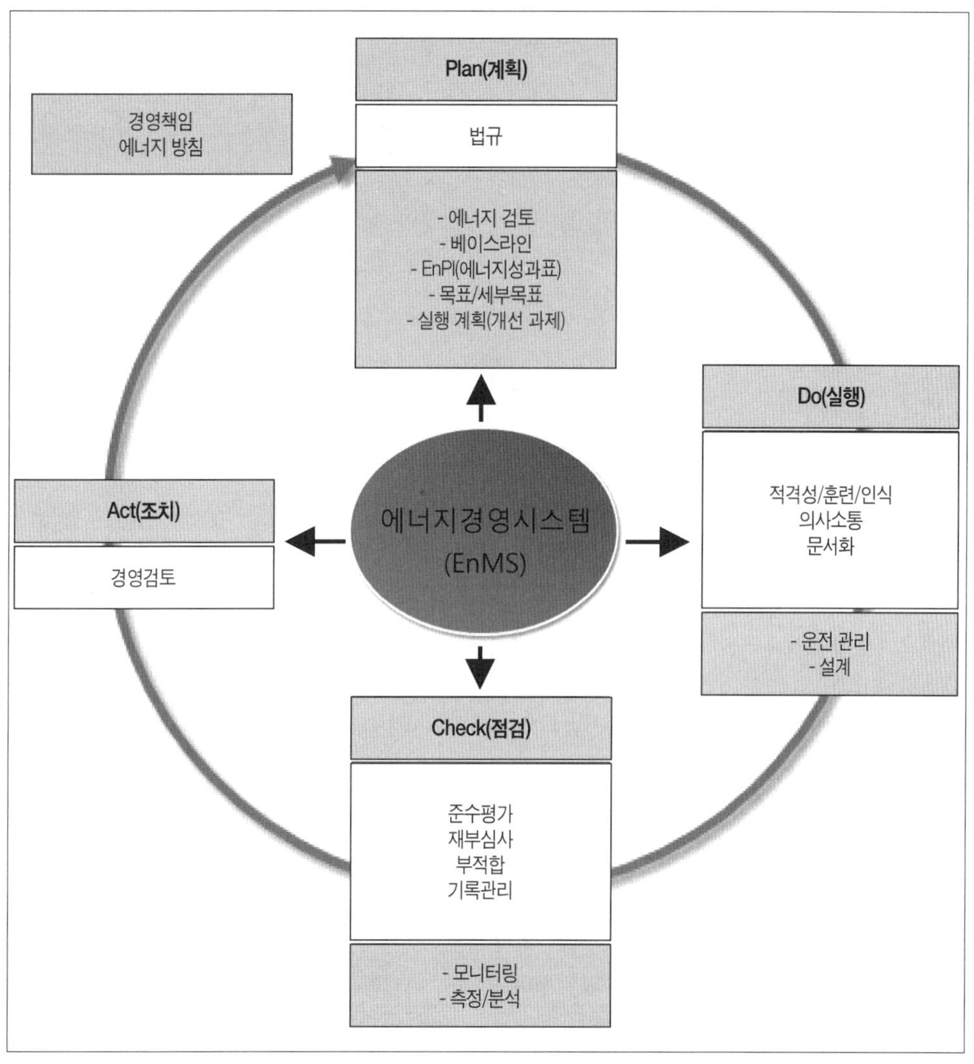

[그림 2-1] ISO 50001의 순환 구조

2.2 에너지경영시스템 요구사항

2.2.1 일반 요구사항

조직의 이행사항

a) 이 표준의 요구사항에 따라 EnMS를 수립, 문서화, 실행, 유지 및 개선

b) EnMS의 적용범위와 경계의 규정 및 문서화

c) EnMS 및 에너지성과의 지속적인 개선을 위해 이 표준 요구사항을 충족하는 방법의 결정

2.2.2 경영책임

(1) 최고경영자

최고경영자는 EnMS를 지원하고, 그 효과성을 지속적으로 개선하는 의지를 다음을 통하여 실증한다.

d) 에너지방침의 규정, 수립, 실행 및 유지

e) 경영대리인 선임 및 에너지경영팀 구성의 승인

f) EnMS와 그 결과인 에너지성과를 수립, 실행, 유지 및 개선에 필요한 자원의 제공

- 비고 - 자원은 인적자원, 특화된 숙련도, 기술 및 재정자원을 포함

g) EnMS에서 제시된 적용범위 및 경계의 파악

h) 에너지경영의 중요성에 대한 조직과 의사소통

i) 에너지 목표 및 세부목표가 수립됨을 보장

j) EnPIs가 조직에 적절함을 보장

k) 중장기 계획에 에너지성과 고려

l) 결과가 정해진 주기로 측정 및 보고됨을 보장

m) 경영검토 수행

① 최고경영자의 의지가 담긴 회의록, 지시서, 게시물 등 기록물을 전 조직원이 쉽게 접할 수 있는 방법으로 알려야 한다. 전사적 관점에서 에너지 경영대리인을 선임하여 최고경영자의 책임과 역할, 권한을 위임하고 에너지경영팀을 구성하여 운영하게 함으로서 경영시스템의 실행 및 유지에 대한 강력한 의지를 인식하게 하여야 한다.

② 주기적으로 에너지성과에 대해 평가 및 발표회 등을 개최하고 그 결과에 대해 전 조직원을 대상으로 인센티브를 제공하고 조직원의 참여와 활동을 격려함으로써 에너지 경영에 대한 최고경영자의 의지를 표시하고 Top-Down 식의 에너지절감 활동을 도모하도록 한다.

③ 인적자원, 투자자원 등의 에너지경영시스템 유지 및 실행을 위해 필요한 자원에 대해서 최고경영자가 제공 및 확보를 보장하도록 하여야 한다.

④ 최고경영자 또는 경영대리인은 조직 구성원과 의사소통을 할 때, 권한위임, 동기부여, 표창, 교육훈련, 포상 및 관여 같은 직원 참여 활동을 통하여 에너지경영의 중요성을 지원할 수 있다.
장기 기획을 수립하는 조직은 그 기획 활동에서 에너지원, 에너지성과, 그리고 에너지성과 개선 같은 에너지경영 고려사항을 포함할 수 있다.

(2) 경영대리인

최고경영자는 적절한 숙련도 및 적격성을 갖추고 다른 책임과 무관하게, 다음의 책임과 권한을 갖는 경영대리인을 선임하여야 한다.

a) EnMS가 이 표준에 일치하게 수립, 실행, 유지 및 지속적으로 개선됨을 보장
b) 에너지경영 활동을 지원함에 있어서 경영대리인과 함께 일하도록 적절한 경영층에 의해 권한을 받은 사람(들)의 파악
c) 에너지성과를 최고경영자에 보고
d) EnMS 성과를 최고경영자에 보고
e) 에너지경영 활동 기획이 조직의 에너지방침을 지원하도록 설계됨을 보장
f) 효과적인 에너지경영 촉진을 위한 책임과 권한의 규정 및 의사소통
g) EnMS 운영과 관리가 효과적임을 보장하는 데 필요한 기준과 방법의 결정
h) 조직의 모든 계층에 에너지 방침과 목표에 대한 인식 증진

① 이 요구사항은 최고경영자를 대신하여 에너지경영시스템을 효과적으로 운영하기 위해 적절한 자격을 갖춘 임원을 선발하기 위한 것이다.
최고경영자는 조직원 중 에너지경영책임자로써의 역할에 대한 관심, 능력, 기술 및 훈련 정도를 파악하여 적임자를 임명하여야 한다. 에너지 경영대리인은 현직, 신규 또는 계약직 피고용인일 수 있다.
경영대리인의 책임은 전체 또는 일부 업무 기능을 대표하는 것일 수 있다.
숙련도 및 적격성은 조직 규모, 문화, 복잡성 또는 법규 및 그 밖의 요구사항에 따라 결정될 수 있다.

② 경영대리인은 에너지경영위원회의 간사 역할과 에너지경영팀의 팀장의 역할을 수행할 수 있다. 에너지경영팀은 에너지성과 개선의 실현을 보장한다.
에너지경영팀의 규모는 조직의 복잡성에 의해 결정된다. 소규모조직에 대하여, 경영대리인이 한 사람일 수 있으며, 대규모조직에 대하여 복수의 경영대리인을 지명할 수 있고, 다기능팀을 운영하여 EnMS 기획 및 실행에서 조직의 다른 부분을 참여하게 하는 효과적인 메커니즘을 제공할 수 있다.

2.2.3 에너지방침

- 에너지방침은 에너지성과 개선을 달성한다는 조직의 의지를 명시
- 최고경영자는 에너지방침을 규정하고 에너지방침이 다음을 보장

a) 조직의 에너지이용 및 사용량에 대한 성격과 규모에 적절
b) 지속적인 에너지성과 개선에 대한 의지를 포함
c) 에너지 목표 및 세부목표 달성에 필요한 자원과 정보의 가용성 보장에 대한 의지를 포함
d) 에너지이용, 사용량 및 효율과 관련하여 적용되는 법규 요구사항 및 조직이 동의한 그 밖의 요구사항을 준수한다는 의지를 포함
e) 에너지 목표 및 세부목표의 수립 및 검토를 위한 틀을 제공
f) 에너지성과 개선을 위한 에너지 효율적인 제품 및 서비스의 구매와 설계를 지원
g) 문서화되고 조직 내 모든 계층에 의사소통
h) 정기적인 검토 및 필요 시 갱신

① 이 요구사항은 에너지경영성과 개선을 위해 조직이 나아가는 방향을 제시하고 모든 개선활동이 일관성을 갖도록 하기 위한 것이다. 에너지방침은 조직의 에너지 경영성과 유지 및 잠재적 개선을 위한 에너지경영시스템의 실행 및 개선을 유도하는 수단이다.

② 에너지 방침은 적용되는 법규 및 기타 요구사항, 지속적인 에너지성과개선을 위한 최고경영자의 의지를 반영하여야 한다.

③ 에너지방침은 조직내부 및 외부의 이해관계자들이 이해할 수 있을 정도로 충분히 명확하여야 하며 주기적으로 검토되고 여건의 변화와 최신 정보를 반영하여 개정함이 바람직하다.

④ 에너지방침의 적용 범위는 명확히 표현하고 사업장 및 관련 업무를 수행하는 모든 조직원과의 의사소통이 이루어져야 한다.

⑤ 에너지방침에 최고경영자가 의지를 가지고 에너지경영시스템을 수행함에 있어 필요한 자원과 지원, 지속적 노력과 실행을 보장한다는 방침을 나타냄으로서 에너지경영시스템 실행의 구심점 역할을 함이 중요하다.

⑥ 에너지방침은 하나의 경영방침으로서 전략목표를 표현한 것으로 방향과 내용이 조직의 규모와 특성에 적합할 뿐 아니라 명확하여야 한다. 에너지방침이 수립되거나 변경될 시에는 문서화되고 모든 조직원이 열람하고 숙지하고 이해하고 실행 유지할 수 있도록 교육훈련이 주기적으로 이루어져야 한다.

참고 | 에너지방침 사례 1

에너지방침

우리 업체는 전 세계적인 기후변화 대응노력에 적극 동참하고 에너지사용 환경의 개선과 온실가스 배출 저감을 위해 다음과 같이 에너지방침을 이행한다.

1. 우리 업체는 에너지관리시스템을 체계화시키고 지속적인 에너지관리가 이루어지도록 적극 노력한다.
2. 우리 업체는 전 조직원이 적극적으로 에너지 절약 활동에 참여한다.
3. 우리 업체는 에너지 낭비로 인한 비용 손실을 방지하고 에너지 설비의 효율화를 적극 추진한다.
4. 우리 업체는 전 직원에 대한 교육을 강화하여 자발적인 에너지 절약이 이루어지도록 노력한다.

참고 | 에너지방침 사례 2

에너지방침(Energy Policy)

사람과 자연을 존중하는 oo는 풍요로운 삶과 지구 환경 보전에 이바지하기 위하여 환경, 안전, 보건, 에너지를 기업 경영의 주요소로 인식하고 기업 활동에 적극 반영함으로서 21세기를 선도하는 녹색기업이 되고자 한다.

1. 우리가 수행하는 경영전반을 효율적으로 관리하며, 에너지 법규 및 조직이 정한 제반 요구 사항을 준수한다.

2. 국내 · 외 법규와 국제 협약을 준수함은 물론 더욱 엄격한 회사 내부기준의 수립을 통해 지속적인 개선을 추구하고 정기적인.....

3. 우리는 우리의 에너지 활동에 대하여 스스로 관리, 감시, 평가하는 절차와 에너지 사용에 대한 지속적인 에너지 성과 관리를 통해.......

4. 녹색경영 이해 관계자와 함께 공동체를 유지하며, 이를 통해 사회에 대한 책임을 다하고 지속가능한 발전에 기여한다.

2012년 0월 0일

주식회사 ㅇㅇㅇ

대표이사 아무개

참고 | 에너지방침 사례 3

ooo 에너지경영방침

ooo(주)는 친환경에너지 기업으로서 제품 연구개발, 구매, 제조, 판매 등 기업활동에 모든 영역에서 에너지경영을 실천하여 에너지 사용으로 인한 환경 영향을 최소화하고 지속적으로 에너지 및 온실가스 감축 목표를 달성한다.

1. 에너지법규 및 국제협약준수
   에너지관련법규 및 국제협약을 준수하며, 보다 강화된 내부기준을 수립/이행한다.

2. 에너지성과/목표 달성
   자율적인 에너지경영 목표 및 지속적인 개선 프로그램(에너지 신기술, 고효율설비 도입, 서비스 구매)을 수립하고 정기적인 평가를 통해 에너지성과/목표를 달성한다.

3. 친환경 에너지 기업의 조직 문화 유지
   지속적인 교육과 홍보를 통해 전 임직원의 의식향상으로 에너지 경영을 지속적으로 추진하는 기업 문화를 유지한다.

4. 지역사회와의 공동체 실현
   이해관계자에게 에너지경영 방침을 공개하여, 동반자적인 지속가능한 공동체를 실현함으로서 상호 신뢰감을 형성한다.

2.2.4 에너지기획

(1) 일반사항

- 에너지기획 프로세스를 수행하고 문서화
- 에너지기획은 에너지방침과 일관되어야 하고, 에너지성과를 지속적으로 개선하는 활동
- 에너지성과에 영향을 줄 수 있는 조직 활동에 대한 검토를 포함
  - 비고 1 : 에너지기획을 묘사하는 개념도 : 그림 2-2 참조
  - 비고 2 : 그 밖의 지역 또는 국가 표준에서 에너지측면 파악 및 검토 또는 에너지 프로파일과 같은 개념은 에너지검토 개념에 포함

① 그림 2-2는 에너지기획 프로세스에 대한 이해를 향상시키기 위한 개념도 이다. 이 도표는 특정한 조직의 세부사항을 표현하기 위해 의도된 것은 아니다. 에너지기획 도표에 있는 정보는 완전하지 않으며, 조직에 따라 특정한 그 밖의 세부사항 또는 특별한 상황이 있을 수 있다.

② 이 요구사항은 조직 에너지성과와 에너지성과의 유지 및 지속적 개선을 위한 툴에 집중한다. 벤치마킹은 개체 간 또는 개체 내부의 성과를 평가 및 비교하기 위한 목적으로 비교 가능한 활동에 관한 에너지성과 데이터를 수집, 분석 및 관계시키는 프로세스이다. 조직 내부에서 우수 사례를 강조하기 위한 내부 벤치마킹으로부터 동일한 분야 또는 부문에 있는 시설/설비 또는 특정한 제품/서비스의 "최고 산업/부문" 성과를 수립하는 외부 벤치마킹까지 다른 종류의 벤치마킹이 존재한다. 벤치마크 프로세스는 이러한 특정한 요소 또는 모든 요소에 적용될 수 있다. 관련되고 정확한 데이터가 이용 가능하다면, 벤치마킹은 객관적 에너지검토와 그 결과인 에너지 목표 및 세부목표의 수립을 위한 가치 있는 입력이다.

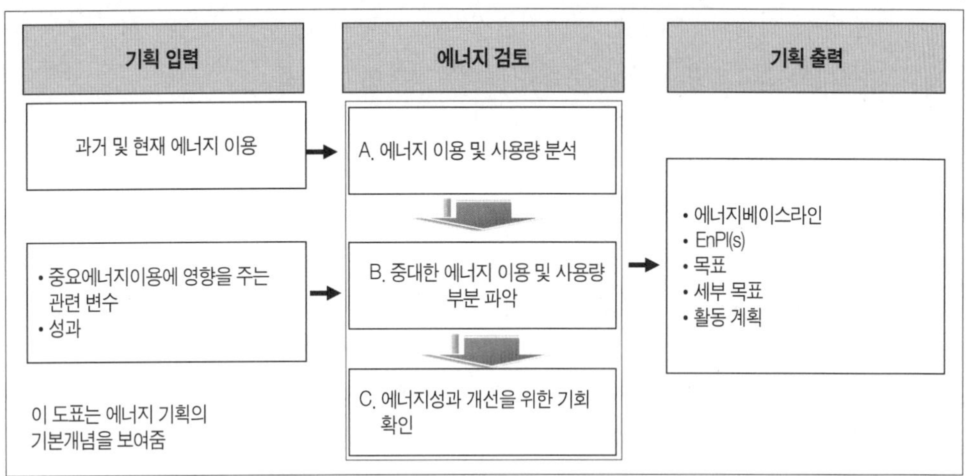

출처 : BSI (2011), "ISO 50001 요구사항 소개와 에너지경영시스템 구축방향"

[그림 2-2] 에너지기획 개념도

(2) 법규 및 그 밖의 요구사항

- 에너지이용, 사용량 및 효율과 관련하여 적용되는 법적 요구사항 및 조직이 동의한 그 밖의 요구사항을 파악, 실행, 접근
- 이러한 요구사항이 에너지이용, 사용량 및 효율에 적용되는 방법을 결정
- 이러한 법적 요구사항 및 조직이 동의한 그 밖의 요구사항이 EnMS의 수립, 실행 및 유지에 고려된다는 것을 보장
- 법적 요구사항 및 그 밖의 요구사항은 정해진 주기로 검토

① 적용되는 법적 요구사항은, 예를 들어, 에너지에 관계된 에너지경영시스템 범위에 적용되는 국제적, 국가적, 지역적, 지방적인 요구사항이 될 수 있다.

법규의 예는 국가 에너지절약 규정 또는 법을 포함할 수 있다. 그 밖의 요구사항의 예는 소비자와의 약속, 자발적 행동규범 또는 관행 규범, 자발적 프로그램 등이다.

② 에너지관련 법규 및 그 밖의 요구사항

– 저탄소 녹색성장기본법에 의한 온실가스에너지명세서작성, 명세서검증 및 제출, 이행계획서 제출, 이행실적 보고 등

- 에너지이용합리화법에 의한 에너지관리진단, 에너지사용량보고, 에너지 사용계획 협의, 에너지 절감계획서 작성, 고효율 에너지기자재 구입 등

(3) 에너지검토

- 에너지검토를 개발, 기록 및 유지
- 에너지검토를 개발하는 데 사용된 방법론과 기준은 문서화
- 에너지검토를 개발하기 위하여 조직은 다음의 사항을 이행

a) 측정과 그 밖의 데이터에 근거한 에너지이용 및 사용량 분석, 즉, 현재 에너지원 파악, 과거와 현재 에너지이용 및 사용량 평가

b) 에너지이용 및 사용량 분석에 근거한 중요에너지이용 부분 파악
- 에너지이용 및 사용량에 중대한 영향을 주는 설비, 장비, 시스템, 공정 파악
- 조직에 근무하거나 조직을 대신해 업무를 수행하는 인원 파악
- 중요에너지이용에 영향을 주는 그 밖의 관련 변수의 파악
- 파악된 중요에너지이용과 관련된 설비, 장비, 시스템, 공정의 현재 에너지성과의 결정
- 미래 에너지이용 및 사용량 예측

c) 에너지성과를 개선하기 위한 기회의 파악, 우선순위 결정 및 기록
- 기회는 잠재적 에너지원, 재생에너지 이용, 또는 그 밖의 대체 에너지원과 관련
  - 에너지검토는 정해진 주기와 설비, 장비, 시스템, 공정의 중대한 변화에 대응하여 갱신

① 에너지이용을 파악하고 평가하는 프로세스는 조직이 중요에너지이용 부문을 규정하고 에너지성과 개선을 위한 기회를 파악하도록 한다.

② 조직을 대신해 업무를 수행하는 인원의 예는 서비스 계약자, 시간제 인원, 임시직 직원을 포함한다.

③ 잠재적 에너지원은 조직이 이전에 사용한 적이 없는 전통적인 에너지원을 포함하며 대체 에너지원은 화석 또는 비화석 연료를 포함한다.

④ 에너지검토의 갱신은 분석과 관계된 정보, 중요함의 결정 및 에너지성과 개선 기회 결정의 갱신을 의미한다.

⑤ 에너지 진단 또는 평가는 조직과 공정 모두에서 에너지성과에 대한 세부적인 검토로 구성된다. 그것은 일반적으로 적절한 측정 및 실제 에너지성과에 대한 관찰에 근거한다. 진단 결과는 일반적으로 현 에너지 사용량 및 성과에 대한 정보를 포함하며, 에너지성과 측면에서 개선을 위한 제안의 순위가 동반될 수 있다. 에너지진단은 에너지성과 개선을 위한 기회 파악 및 우선순위 결정의 일부로써 계획되고 수행된다.

⑥ 에너지검토 목적

o 에너지사용량 데이터분석을 통해 시간, 일, 주간, 월간, 분기, 반기, 년 등

- 주기적으로 에너지소비경향 분석 → 중요에너지이용 도출을 위한 분석 - 사업장 전체의 에너지사용량 파악
- 각 공정별, 설비별 사용량 및 경향 파악
- 통계기법 활용 → 원인분석, 다각도분석, 비교분석 등 다양한 결과 도출

o 에너지사용량, 효율 등에 가장 큰 영향을 미치는 요인들을 다각도 분석

- 외기온도, 계절, 설비 가동률, 부하율, 생산제품의 종류 등

⑦ 에너지검토 시 고려사항

- 체계적이고, 지속적인 데이터 수집 및 기록을 통하여 실시
- 각 에너지관련 요소 상호간의 우선순위와 중요에너지설비 파악
- 적어도 연 1회 이상 정기적으로 실시하고, 필요 시 수시 실시
- 공급받은 에너지를 소비하고, 배출하는 전 과정 포함

⑧ 에너지사용량 및 공정, 설비별 사용량 분석을 위한 에너지 계통 분석

- 주요공정 및 설비별 에너지 사용량과 사용비율 등을 주기적 분석
- 에너지원별 계통도 작성 : 연료, 전력, 증기(steam), 열매체, 압축공기, 냉각수, 공정수, 기타 용수 등 (그림 2-3, 그림 2-4, 그림 2-5 참조)
  - 계통도 작성 시에 모니터링에 대한 계측기 위치 정보 표시

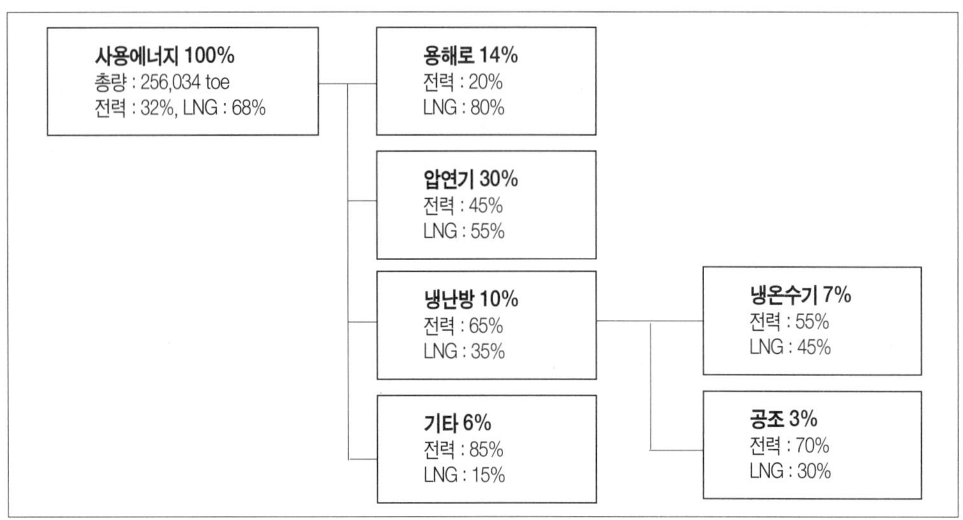

출처 : 에너지관리공단(2011), "KS A ISO 50001 해설서"

[그림 2-3] 에너지 흐름 계통도

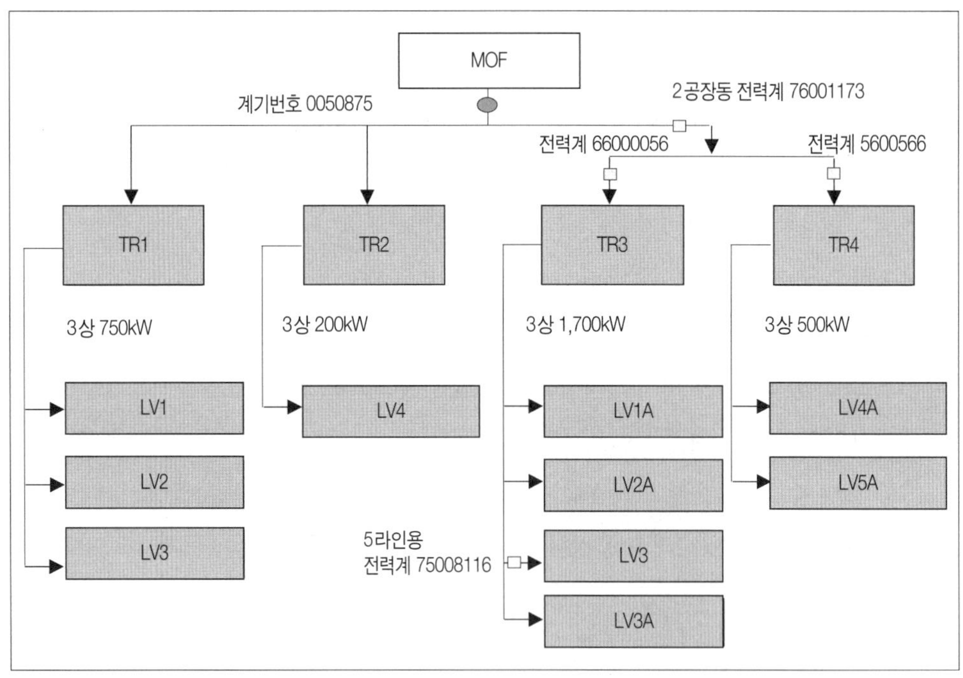

[그림 2-4] 전기 공급 계통도

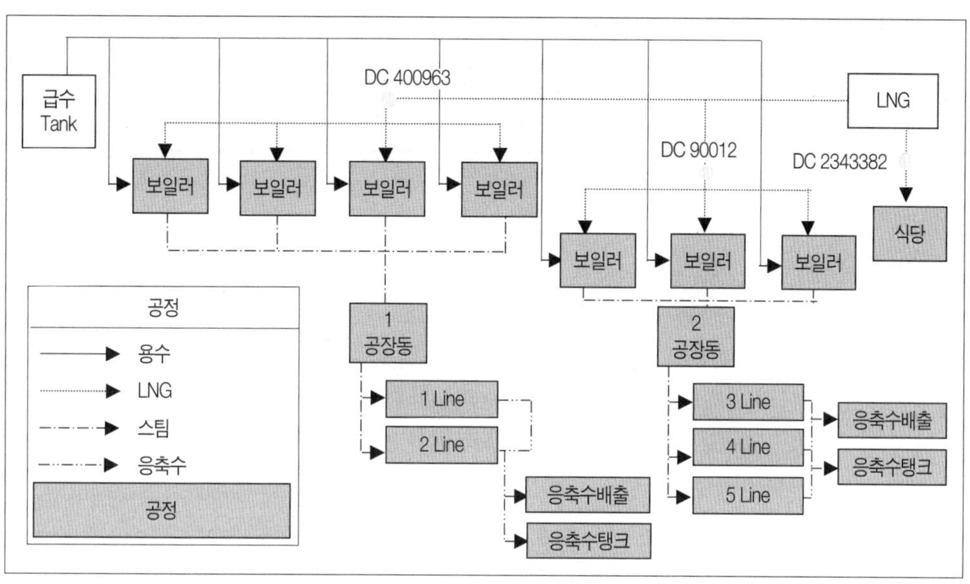

[그림 2-5] 연료 공급 계통도

⑨ 중요에너지이용(significant energy use)

• 상당한 에너지 사용량의 원인이 되거나 에너지성과 개선에 큰 잠재력이 있는 에너지이용

• 중요의 기준은 조직에 의해 결정됨

– 일반적으로 중요에너지이용의 선정은 에너지사용 비중에 의하며, 에너지경영 수준이 높을수록 전체 에너지사용량에서 중요에너지이용 부문의 에너지 사용량 비중이 높음

⑩ 중요에너지이용에 대한 에너지검토 및 실행계획 수립

– 중요에너지이용 도출 근거 (에너지사용량, 절감 잠재량 분석 등)

– 설비관리범위, 설비 개요 (설비 운전계통도, 모니터링/측정위치)

– 설비 및 운전 데이터 분석

– 최소 1년 이상 에너지사용량 데이터 수집 분석

– 품질, 안전, 환경 영향인자 및 에너지효율 영향인자 분석

– 중요에너지설비 별 물질 및 에너지 수지 분석

– 손실요인 분석, 개선요인 발굴

– 베이스라인 및 EnPIs(에너지성과 관리지표) 설정

– 목표 및 세부목표에 반영

– 개선과제별 투자경제성 분석, 실행계획 수립

참고 | 중요에너지이용 예시

• 증기(Steam)

중요 사용설비 선정 - 건조기, 농축기, 증발기, 증류기, 세척기 등

중요 사용설비 운전 성능시험 - 입열/출열 분석

• 압축공기

중요 사용설비선정 - 계장설비, 압축공기구동설비, 압공사용설비 등

중요 사용설비 운전성능 - 압공압력/사용량, 제품생산량, 압공원단위

• 냉수

주요 사용설비 선정 - 공조기, 냉각기, 열교환기 등

주요 사용설비 운전성능 - 냉수사용량, 제품생산량, 냉수원단위 분석

• 순수

주요 사용설비 선정 - 보일러, 반응기, 세정기 등

주요 사용설비 운전성능 - 순수사용량, 제품생산량, 순수원단위 분석

⑪ 중요에너지이용 관련 요구사항

– 에너지이용 및 사용량에 근거한 중요에너지이용 부분의 파악

– 중요에너지이용에 영향을 주는 그 밖의 관련 변수의 파악

– 중요에너지이용과 관련된 설비, 장비, 시스템, 공정의 현재에너지성과의 결정

– 중요에너지이용 및 에너지검토에서 파악된 에너지성과를 개선하기 위한 기회 고려

– 중요에너지이용의 관리와 연계되는 교육훈련의 필요성을 파악

– 중요에너지이용에 대한 효과적 운전 및 보전을 위한 기준의 수립 및 설정

– 중요에너지이용에 영향을 주거나 줄 수 있는 에너지 서비스, 제품, 장비를 구매할 때, 공급자에게 구매가 에너지성과에 근거하여 일부 평가됨을 공지

– 모니터링, 측정 및 분석됨을 보장, 주요 특성은 최소한 다음을 포함

• 중요에너지이용 및 그 밖의 에너지검토 결과

• 중요에너지이용과 관련된 적절한 변수

⑫ 중요에너지설비 에너지 사용량 및 효율(에너지경영보고서 양식)

- 연간 에너지사용량이 조직 총에너지사용량의 5%이상인 설비에 대하여 작성
- 동일 설비가 다수로 존재하여 위의 조건에 해당하는 경우 주요 설비로 간주
- 에너지사용량이 많은 주요 설비에 대해서 열발생설비, 열사용설비, 수발 배전설비, 동력설비, 기타로 구분하여 기재
- 형식 및 용량이 동일한 설비의 경우 한행에 기재하고, 대수 및 사용량 등은 합산 기재
- 설비 중 폐기, 연료전환, 증설계획이 있는 경우 표 하단에 별도 설명
- 운전효율(%)은 설비 특성에 적합한 효율단위를 사용 · 표시하고, 측정효율을 기재하되, 측정효율이 아닌 경우 정격효율을 기재하고 식별가능토록 표시 (예: 운전효율, 정격효율, 냉동기(COP), 공기압축기(kW/Nm3) 등)
- 설비별 연간에너지사용량(toe)은 측정값과 추산값을 구분하여 기재
- 중요설비 에너지 사용량 및 효율 작성 사례(표 2-1 참조)

[표 2-1] 중요설비 에너지 사용량 및 효율 작성 사례

구분	설비명	형식	용량	단위	대수	에너지원	설치년도	운전효율 (%)	연간에너지사용량	
									고유단위	toe
열발생 설비	보일러1	수관	10	톤	1	LNG	2005			640
	보일러2	노통연관	20	톤	1	LNG	1995			1200
	보일러3	관류	3	톤	2	LNG	2008			320
	비상발전기	피스톤	2000	kW	1	경유	2000			10
	RTO	연소	300	CMM	1	B-C	2001			100
열사용 설비	열교환기	Shell	10	Gcal	10	스팀	2000			VA
	냉동기	터보	100	RT	1	스팀	2002			250
	온풍기	코일		Gcal	21	스팀	2005			150
	공조기	코일		Gcal	100	스팀	2005			200
수발 배전 설비	TR#1	유입식	2000	kVA	1	전기	1995			30
	TR#2	유입식	2000	kVA	1	전기	1995			40
	TR#3	유입식	1000	kVA	1	전기	1995			15
동력 설비	컴프레서	스크루	50	HP	2	전기	2001			260
	냉동기	터보	200	HP	1	전기	2001			150
	펌프류	-	150	kW	14	전기	2005이전			460
	기타	-	54	kW	3	전기	2010이전			120

⑬ 중요에너지이용 (에너지경영보고서 양식)

- 에너지 검토 방법론 및 기준에 의거하여 도출한 주요 에너지이용에 대하여 해당 주요 에너지 사용별 주요 관계 변수, 관리부서, 현재 에너지 사용량[TJ] 및 절감 잠재량[TJ] 예측값을 제시
- 중요에너지이용은 설비, 장비, 시스템, 공정, 사람이 될 수 있음
- 주요 관계 변수는 해당 주요 에너지 사용에 영향을 주는 핵심 인자를 기재
- 절감 잠재량은 미래 에너지 사용량 대비 예측되는 절감량을 기재
- 벤치마크 에너지효율, 적용가능 최신기술(BAT: Best Available Technology) 등 고려
- 도출된 중요에너지이용은 경제성 검토를 통해 우선순위를 정하고 단기, 중장기 실행계획(Action Plans) 선정에 반영
- 중요에너지이용 작성 사례(표 2-2 참조)

[표 2-2] 중요에너지이용 작성 사례

설비, 장비부문					
연번	중요에너지사용	주요관계변수	관리부서	에너지사용량 (TJ)	절감 잠재량 (TJ)
1	컴프레서	생산량, 사람	동력팀	150	15
2	냉동기	생산량, 사람		120	12
3	공조기	생산량, 사람		140	14
4	펌프 및 Fan류	생산량, 사람		210	21
5	공정설비	생산량, 사람		565	56.5
6	조명기기	생산량, 사람		67	6.7
합 계				1,252	125

공정, 사람부문					
연번	중요에너지사용	주요관계변수	관리부서	에너지사용량 (TJ)	절감 잠재량 (TJ)
1	공정 A	생산공정, 설비 유틸리티설비	생산1팀	430	43
2	공정 B	생산공정, 설비 유틸리티설비	생산2팀	90	9
3	공정 C	생산공정, 설비 유틸리티설비	생산3팀	130	13
4	공정 D	생산공정, 설비 유틸리티설비	생산4팀	280	28
5	기타 간접	실험장비 등	에너지관리팀	74	7.4
합 계				1,004	100

⑭ 중점관리대상 설비(에너지경영보고서 양식)

- EnMS 설비 에너지효율관리 기법[참조]을 적용하여 관리하는 설비 현황을 양식에 맞게 작성하고, 붙임으로 제출하는 설비는 붙임 여부를 표시

  [참조] EnMS 설비 에너지효율관리 기법
- 중점관리 설비 도출 이유 (에너지사용량, 절감 잠재량 분석 등)
- 설비관리 범위, 설비 개요(설비 운전 계통도, 모니터링/측정 위치)
- 중점관리대상 설비의 「에너지 검토」
- 베이스라인 및 EnPI(에너지성과관리지표) 설정
- 목표 및 세부목표 수립 및 관리
- 프로젝트(개선활동) 수행 : 설비변경, 설비관리(에너지효율인자 관리), 교육훈련 등
- 에너지 Data 모니터링 및 측정 : 개선활동 수행 전후, 에너지성과 비교, 측정 또는 에너지성과 모델링에 근거한 에너지절감량 산출
- 기록관리
- 에너지성과 피드백 (Feed-Back)
- 중점관리대상 설비 작성 사례(표 2-3 참조)

[표 2-3] 중점관리대상 설비 작성 사례

일련	설비명	에너지 사용량 (TJ)	절감량 (TJ)	관리부서	관리 시작 년도	붙임 대상
1	냉동기	150	15	동력팀	2010	붙임
2	컴프레서	120	12	동력팀	2010	
3	공조기	140	14	에너지팀	2010	
4	펌프 및 Fan류	210	21	동력팀	2010	
5	공정 설비	565	56.5	생산팀	2010	
6	조명 기기	67	6.7	총무팀	2010	

(4) 에너지베이스라인

- 초기 에너지검토의 정보 이용, 조직의 에너지이용 및 사용량에 적합한 데이터 기간 고려하여 에너지베이스라인 수립
- 에너지성과의 변화는 에너지베이스라인에 대응하여 측정
- 다음의 경우에 베이스라인을 조정

o EnPIs가 조직의 에너지이용 및 사용량을 반영하지 못할 때

o 공정, 운전 방식 또는 에너지 시스템의 중대한 변동이 있을 때

- 미리 정해진 방법에 따라서 에너지베이스라인은 유지되고 기록

① 적합한 데이터 기간이란 조직이 에너지이용 및 사용량에 영향을 주는 규제 요구사항 또는 변수를 고려한다는 것을 의미한다.
(변수는 날씨, 계절, 사업 활동주기와 그 밖의 조건들을 포함)

② 에너지베이스라인은 조직이 기록 유지 기간을 결정하는 수단으로써 유지 보수 및 기록된다. 또한 그 베이스라인의 조정은 유지보수로 간주되며, 그 요구사항은 이 표준에서 규정한다.

③ 에너지베이스라인은 에너지성과 비교를 위한 기반을 제공하는 정량적인 기준으로서 시간의 구체적 기간을 반영한다(2010년도 에너지사용량 등).
또한 에너지이용 및 사용량에 영향을 주는 변수들에 의해 정규화될 수 있으며, (생산 수준, 외기온도 등) 에너지 성과 개선 행위 실행 전후 기준으로써 에너지 절감량 계산을 위해 사용된다.

(5) 에너지성과지표(EnPIs)

- 에너지성과를 모니터링 및 측정하기 위하여 적절한 EnPIs를 파악
- EnPIs를 결정하고 갱신하기 위한 방법론은 기록되고 정기적으로 검토
- EnPIs는 해당되는 경우, 에너지베이스라인과 비교되고 검토

① EnPIs는 간단한 파라미터, 간단한 비율 또는 복잡한 모델일 수 있다.
EnPIs의 예는 시간 당 에너지사용량, 생산량 당 에너지사용량, 다 변수 모델을 포함한다.

② 에너지성과에 그들의 운영에 대하여 알려주는 EnPIs를 선택할 수 있으며, EnPIs의 관련성에 영향을 주는 사업 활동 또는 베이스라인 변동이 있을 때, 해당되는 경우, EnPIs를 갱신할 수 있다.

③ 에너지 성과지표(EnPI) 의 종류

- BAU대비 에너지사용실적(달성율, %), 연료원단위, 전력원단위, 에너지 비용 원단위, 에너지효율, 열소비율, 전기소비율, 증기소비율, 압공소비율

(6) 에너지목표, 에너지 세부목표 및 에너지경영 실행계획

- 내부의 관련 기능, 계층, 공정, 설비에 대하여 문서화된 에너지 목표 및 세부목표를 수립, 실행 및 유지
- 목표 및 세부목표를 달성하기 위한 일정 수립
- 에너지방침과 일관성. 세부목표는 목표와 일관성
- 법적 요구사항 및 조직이 동의한 그 밖의 요구사항, 중요에너지이용 및 에너지검토에서 파악된 에너지성과를 개선하기 위한 기회를 고려
- 조직의 기술적 대안, 재정적, 운영적 및 사업상의 요구사항과 이해
- 관계자의 견해를 고려
- 목표 및 세부목표를 달성하기 위한 실행계획을 수립, 실행 및 유지
- 실행계획은 다음의 사항을 포함

o 책임 지정
o 각 세부목표 달성을 위한 수단 및 일정
o 에너지성과 개선이 검증되는 방법의 명시
o 실행계획의 결과를 검증하는 방법의 명시
o 실행계획은 문서화되고 정해진 주기로 갱신

① 에너지 목표(energy objective)는 개선된 에너지성과와 관련된 조직의 에너지 방침을 충족하기 위한 특정한 결과물 또는 실적의 집합이며, 에너지 세부목표(energy target)란 조직 전체 또는 일부에 적용되는, 구체적이고 계량 가능한 에너지성과 요구사항으로써 에

너지목표 달성을 위해 설정되고 충족될 필요가 있는 것

② 에너지성과의 특정한 개선에 중점을 둔 실행계획과 더불어, 조직은 전반적 에너지경영 또는 EnMS 자체 프로세스의 개선을 달성하는 데 중점을 둔 실행계획을 가질 수 있다.

③ 또한 이러한 종류의 개선을 위한 실행계획은 조직이 그 실행계획으로 달성한 결과를 검증하는 방법을 명시할 수 있다.
예를 들면, 조직은 직원 및 계약자의 에너지경영활동에 대한 인식 향상을 달성하기 위해 고안된 실행계획을 가질 수 있다.

④ 그 실행계획이 인식 향상을 달성한 정도 및 그 밖의 결과는 조직에 의해 결정되고 그 실행계획에 문서화된 방법을 사용하여 검증되어야 한다.

⑤ 에너지 목표 설정(표 2-4 참조)

[표 2-4] 에너지 목표 설정 사례

구분	기간	베이스라인	단위	사업장 목표 (EnPI)	비고
단기 목표					
중장기 목표					

◆ 에너지 목표/세부 목표 및 실행계획 설정
▷ 에너지 성과지표(EnPI) : BAU 대비 에너지 절감율 실적(%)
▷ 베이스라인 기준 : 2011년 에너지 사용량(전년도 에너지 사용량)
▷ 목표

구분	기준년도	1차년도	2차년도	3차년도	4차년도	5차년도
연도	2011	2012	2013	2014	2015	2016
EnIP(%)	3	4	5	6	7	7
에너지 절감량(TJ)	50	75	140	150	210	210

▷ 부서/기능별 목표/세부 목표 및 개선 과제

구분	EnIP	베이스라인	목표	세부 목표	개선 과제
공정 1	4%	530TJ	540TJ	o 공조 효율화	o 클린룸 공조 효율화
				o 설비 개선	o 공조 설비 효율화
공정 2	4%	86TJ	90TJ	o 에너지 공급 개선	o 신공법 적용 개선 o 운전효율화 및 운영개선
간접 부문	3%	620TJ	670TJ	o 난반 효율 개선	o 창호개선으로 건물 단열 효율 개선 o 난방온도 제어 관리
				o 설비부하율 개선	o 전동기 교체 및 운전 방법 개선

- 기능별(부서별) : 보고서 작성년도에 대하여 작성
- 에너지경영시스템은 에너지공급부서 뿐만 아니라 에너지사용부서, 구매/ 설계 등 전사적 참여를 원칙 → 주요부서 또는 주요 에너지 사용(설비, 시스템, 공정 등)에 대하여 작성
- 부서, 공정, 설비 등에 대하여 수립된 '목표–세부목표–실행계획'을 작성하며, 구분에 목표를 관리하는 부서명, 공정명, 설비명, 건물명 등을 기재
- EnPIs는 단위를 기재하고 표 하단에 산출식 및 도출배경을 부연 설명

  예) EnPIs 산출식 = BAU/에너지사용실적 × 100

  도출배경 : 다제품 및 제품수명이 짧아 총량기준 해당년도 BAU 대비 에너지사용실적 달성율 관리
- 베이스라인은 해당 수치를 기재하고 그 설정연도를 괄호로 표시
- 목표는 EnPIs 또는 다른 표현으로 기재
- 세부목표는 목표 달성을 위한 세부목표 명 및 측정 가능한 정량적 수치 기재

  예) 세부목표 설정기준 : 온실가스 에너지 목표관리제의 협상 목표량을 사업부별로 할당
- 실행계획은 세부목표 달성을 위한 실행계획 명을 기재
- 목표–세부목표–실행계획의 연계성이 있어야 함

⑥ 목표 설정방식은 Top–Down 방식, Bottom–up 방식으로 구분되며, 표 2–5와 같이 목표를 분류하여 적절한 방식을 적용하도록 한다.

[표 2–5] 목표 설정방식

Top–Down 방식	Bottom–up 방식
■ 최고 경영층의 강력한 의지 ■ 회사 중장기계획, 경영방침 등 전사적 목표에 포함 ■ 경영방침 → 전사 목표 → 부문별 목표 → 단위 목표 ■ 에너지절감과제 발굴 및 추진방안 수립	■ 현장 실무자 에너지절감 제안 ■ 제안분석/선택, 실현 가능한 목표 설정 ■ 세부 절감과제 → 단위 목표 → 부문별 목표 → 전사 목표 ■ 경영층 보고 및 세부 추진 시스템 구축

⑦ 에너지목표 수립 시 고려사항

업종전망, 신증설계획, 설비 내용연수, 설치 공간, 투자경제성, 기술적 적용 가능성, 최적가용기술, 운전관리 용이성, 장기 지속적 안정성 등

⑧ 에너지목표 설정 프로세스(그림 2-6 참조)

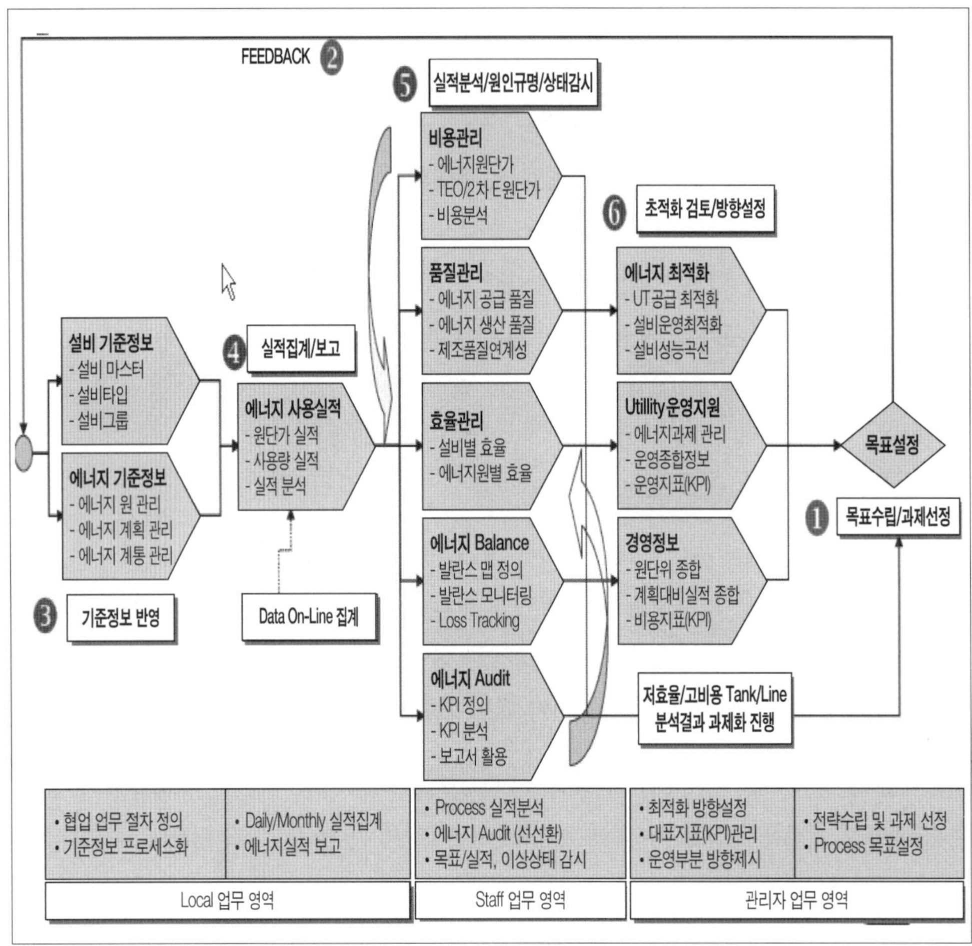

출처 : 에너지관리공단(2011), "KS A ISO 50001 해설서"

[그림 2-6] 목표 설정 프로세스 예시

⑨ 에너지경영 실행계획

- 실행계획 및 에너지 기획 프로세스로부터 도출된 그 밖의 결과물 이용

– 에너지경영 실행계획 작성 예시(표 2-6 참조)

[표 2-6] 실행계획 작성 사례

실적 년도	연번	개선 계획명	개선안 구분	기대 효과(연간 예상)						계획 투자비 (백만원)		
			코드 (개선, 설비)	연간 가동 시간	연료 절감량 (toe)	전력 절감량 (Mwh)	총 절감량 (toe)	절감 금액 (백만원)	CO_2 절감량 (tCO_2)	합리화 자금 융자	자체 투자	투자비 (계)
2011	1	냉동기 인버터 적용	:	5,600	0	52	11.183	4.68	24.34	0	20	20
	2	공조 효율화	:	7,200	0	46	9.8925	4.14	21.53	0	6	6
	3	보일러 세관작업으로 효율 개선	:	7,200	103	0	103	70	219	0	5.5	5.5
	4	Compressor Air Dryer 개선	:	5,600	0	500	108	42	235	0	0	0
	5	LED 조명등 교체	:	8,200	0	2	0.44	0.16	0.95	0	2	2
	6	전동기 부하율 개선	:	5,600	0	12	2.5806	1.08	5.616	0	3	3
	7	건물 단열 효율 개선	:	8,200	0	216	46	17	101	0	5	5
	:	:	:	:	:	:	:	:	:	:	:	:
	:	:	:	:	:	:	:	:	:	:	:	:
	:	:	:	:	:	:	:	:	:	:	:	:
	:	:	:	:	:	:	:	:	:	:	:	:
	:	:	:	:	:	:	:	:	:	:	:	:
	:	:	:	:	:	:	:	:	:	:	:	:
	:	:	:	:	:	:	:	:	:	:	:	:
합 계					103	828	281.1	139.06	607.4		41.5	41.5

※ 개선실적 건별 '에너지 절약효과 및 검증' 별도 작성(표 2-7 참조)

[표 2-7] 에너지 절약효과 및 검증 사례

에너지 절약 효과 및 검증(□ 기대 □ 실적)			
과제명	공조 효율화로 에너지 절감	공사기간	11. 06. 20
개선코드		설비코드	
사업개요	1. 문제점 : 크린룸 일부 설비 이전으로 배기량 감소 및 풍량 증가, 차압 상승 2. 개선안 : 크린룸 공조기 Fan 1대 교호 운전, 급기 Damper 개구율(80% → 20%) 조정		
개선대상 설비			
대상설비 사진 첨부			

<table>
<tr><td>개선효과
산출</td><td colspan="4">[산출기준/모니터링 데이터]
1. 산출내역
풍량 최적화로 전력량 절감
1) 기존 가동 Fan 전력 : 49kW
2) Fan 교호 운전 및 Damper 조정 : 22kW
3) 절감 금액 : (49-22) × 24h × 365D × 80 = 18백만원

[에너지 절감량 및 온실가스 감축량 산출 방법]
풍량감소로 냉난방 절감
1) 난방 절감 산출
• 가열 열량 = 풍량(m^3/hr) × 밀도(kg/m^3) × 비열(kcal/kg ℃) × 연평균온도 차이(℃)
가열 열량(기존) = 60,000 × 1.2 × 0.24 × 6=115,000kcal/hr
가열 열량(개선) = 30,000 × 1.2 × 0.24 × 6=55,200kcal/hr
• 연료 절감 = 56,000m^3/hr(절감 열량) × 9,540kcal/Nm^3(저위 발열량) × 0.9(보일러 효율) = 5.4Nm^3/hr
• 절감 금액 = 5.4Nm^3/hr × 700원 × 24시간 × 365일 = 32백만원
2) 냉방 절감 산출
3) 온실가스 감축 효과 산출</td></tr>
<tr><td rowspan="2">개선
효과</td><td>연료 절감량(teo)</td><td>-</td><td>전력 절감량(Mwh)</td><td>790</td></tr>
<tr><td>CO_2 저감량(CO_2)</td><td>370</td><td>절감 금액(백만원)</td><td>60</td></tr>
<tr><td>투자비</td><td>융자 0백만원</td><td>자체 0백만원</td><td colspan="2">합계 0백만원</td></tr>
<tr><td rowspan="2">검증
방법</td><td>구분</td><td colspan="3">□단기측정 □연속측정
□ 전체(건물, 공정) 계량값 변화 □ 모델링</td></tr>
<tr><td colspan="4"></td></tr>
</table>

2.2.5 실행 및 운영

(1) 일반사항

P-D-C-A를 유기적으로 연계하여 도출된 결과물 이용

(2) 적격성, 교육훈련 및 인식

- 중요에너지이용과 관련된 조직에 근무하거나 조직을 대신해 업무를 수행하는 모든 인원이 적절한 교육, 훈련, 숙련도 또는 경험에 근거하여 적격함을 보장
- EnMS운영 및 중요에너지이용의 관리와 연계된 교육훈련의 필요성 파악 및 필요성을 충족시키기 위한 교육훈련 제공, 그 밖의 조치

- 적절한 기록 유지
- 근무하거나 대신해 업무를 수행하는 인원이 다음 사항 인식을 보장

a) 에너지방침 및 절차 그리고 EnMS 요구사항에 대한 적합의 중요성
b) EnMS 요구사항의 달성을 위한 그들의 역할, 책임 및 권한
c) 개선된 에너지성과의 혜택
d) 에너지이용 및 사용량에 관계된 그들의 활동의 실제적 또는 잠재적 영향, 에너지 목표 및 세부목표 달성에 그들의 활동과 행동이 공헌 하는 방식, 규정된 절차로부터 벗어날 때의 잠재적 결과

① 조직의 요구에 근거하여 적격성, 교육훈련 및 인식 요구사항을 규정한다. 적격성은 학력, 교육훈련, 숙련도 및 경험의 적절한 조합에 근거한다.

② 업무 추진 흐름 파악(그림 2-7)

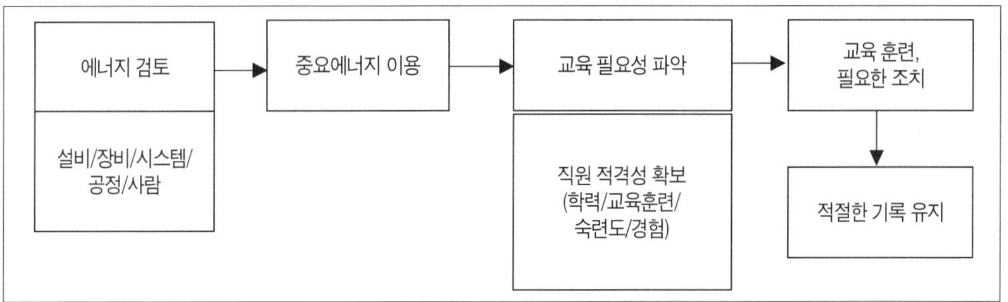

[그림 2-7] 업무 추진 흐름도 예시

(3) 의사소통

- 조직규모에 적절하게 에너지성과 및 EnMS와 관련한 내부적 의사소통 수행
- 조직에 근무하거나 조직을 대신해 업무를 수행하는 모든 인원이 의견을 개진하거나 EnMS 개선을 제안할 수 있는 프로세스의 수립 및 실행
- 에너지방침, EnMS 및 에너지성과에 대하여 외부와 의사소통 여부의 결정 및 조직 결정의 문서화

o 외부와 의사소통하는 것으로 결정한 경우, 그 외부 의사소통을 위한 방법의 수립 및 실행

① 의사소통 매개체

– 내부 : 교육 및 정보공개, 회사간행물(사보 등), 게시판공고, 사내메일, 기타

– 외부 : PC(홈페이지 등), 문서 우편발송 및 Fax발송, 지역간행물공고, 언론 매체 및 광고, 기타 전달수단 활용

② 조직원 의견개진 및 접수 프로세스 수립 시에 에너지정보접수서, 관리대장, 검토결과 보고서, 보고 및 조치, 회신 등의 절차를 수립한다.

③ 의사소통 시에 중요한 에너지검토에 대한 공개여부 결정, 외부이해관계자 공개 시에 공개범위, 방법, 일정, 추후 지속적 공개여부 등을 내부결정 후 공개하도록 한다.

(4) 문서화

(4.1) 문서화 요구사항

- EnMS의 핵심 요소와 그들의 상호작용을 기술하기 위한 종이, 전자 또는 어떠한 다른 매체로 된 정보를 수립, 실행 및 유지
- EnMS 문서화 포함사항
  a) EnMS의 적용범위 및 경계
  b) 에너지방침
  c) 에너지 목표, 세부목표 및 실행계획
  d) 기록을 포함하여 이 표준에서 요구하는 문서
  e) 조직에 의하여 필요하다고 결정한 그 밖의 문서
- 문서화 정도
  a) 조직 규모 및 활동의 종류
  b) 프로세스와 그 상호작용의 복잡성
  c) 인원의 적격성 따라 다양함

① 문서화 되어야 하는 절차는 오직 문서화된 절차로서 규정하며 에너지 성과를 효과적으로 실증하고, EnMS를 지원하는 데 필요하다고 간주되는 문서를 개발할 수 있다.

② ISO 50001에서 요구되는 필수문서 10가지

1. EnMS 범위 및 경계
2. 에너지방침
3. 에너지기획 프로세스
4. 에너지검토를 위한 방법론과 기준
5. 에너지 목표, 세부목표 및 실행계획 절차
6. 내 · 외부 의사소통 프로세스
7. 에너지 구매 기준(해당 시)
8. 내부심사 프로세스
9. 문서관리 절차
10. 조직이 필요하다고 간주한 문서

③ 문서 목록 관리양식(표 2-8 참조)

[표 2-8] 문서 목록 관리양식 사례

NO	항 목	문 서 명	문서 관리번호	문서 구분	제정일	개정일
1	에너지 방침	• 에너지경영시스템 매뉴얼 • 에너지검토규칙 • 에너지 법규 운영기준 • 에너지방침, 목표, 세부목표 운영기준 • 에너지 교육훈련 운영기준	111001001 111001002 111001003 111001004 111001005	매뉴얼 규칙 규정 규정 규정	'11.10.1 '11.10.1 '11.10.1 '11.10.1 '11.10.1	'11.11.1 '11.11.1 '11.11.1 '11.11.1 '11.11.1
2	(기획) • 법규 및 그 밖의 요구사항 • 에너지검토 • 에너지베이스라인 • 에너지성과지표 • 에너지 목표, 세부목표 및 실행계획	• 에너지법규 운영기준 • 에너지검토 규칙 • 에너지모니터링 및 측정규정 • 에너지모니터링, 측정관리규칙 • 에너지방침, 목표 및 세부목표 운영기준 • 에너지경영프로그램 운영기준	111001006 111001007 111001008 111001009 111001010 111001011	규정 규칙 규정 규칙 규정 규칙	'11.10.1 '11.10.1 '11.10.1 '11.10.1 '11.10.1 '11.10.1	'11.11.1 '11.11.1 '11.11.1 '11.11.1 '11.11.1 '11.11.1.

NO	항 목	문 서 명	문서 관리번호	문서 구분	제정일	개정일
3	(실행 및 운영) • 적격성, 교육훈련 • 의사소통 • 문서화 요구사항 • 문서관리 • 운전관리 • 설계 • 에너지 구매 관련	 • 에너지 교육훈련 운영규정 • 에너지 의사소통 규정 • 에너지 매뉴얼 • 전사 표준문서관리규정 • 기록관리규칙 • 서식관리규칙 • 에너지 업무 표준 운영절차 • 고효율에너지 설비 구매규정 • 설비투자심의 지침	 111001012 111001013 111001014 111001015 111001016 111001017 111001018 111001019 111001020	 규정 규정 - 규정 규정 규정 절차 규정 지침	 '11.10.1 '11.10.1 '11.10.1 '11.10.1 '11.10.1 '11.10.1 '11.10.1 '11.10.1 '11.10.1	
4	(점검) • 모니터링, 측정, 분석 • 법규 및 그 외 요구사항에 대한 평가 • 내부심사 • 부적합, 시정조치 • 기록관리	 • 에너지 모니터링 및 측정 규정 • 모니터링 장치, 장치 관리규칙 • 장비, 설비, 프로세스 운영규정 • 측정기 관리규정 • 에너지법규 운영기준 • 에너지경영시스템 심사규정 • 부적합사항 시정 예방조치운 규정 • 기록관리규칙 • 표준문서 관리기준	 111001020 111001021 111001022 111001023 111001024 111001025 111001026 111001027 111001028	 규정 규칙 규정 규정 규정 규정 규정 규칙 규정	 '11.10.1 '11.10.1 '11.10.1 '11.10.1 '11.10.1 '11.10.1 '11.10.1 '11.10.1 '11.10.1	
5	(경영검토) • 경영검토 입.출력	 • 경영자 경영검토 운영규정	 111001029	 규정	 '11.10.1	

(4.2) 문서관리 요구사항

- 표준과 EnMS에서 요구하는 문서 관리(기술적인 문서화 포함)
- 다음에 대한 절차를 수립, 실행 및 유지

a) 문서는 발행 전에 충족함을 승인

b) 필요 시 주기적인 검토 및 갱신

c) 문서의 변경 및 최신 개정 상태의 식별을 보장

d) 적용되는 문서의 해당본이 사용되는 장소에서 가용성을 보장

e) 문서가 읽을 수 있게 유지되고, 쉽게 식별됨을 보장

f) EnMS를 기획하고 운영하기 위하여 필요하다고 조직이 결정한 외부 출처 문서의 식별 및 배포가 관리됨을 보장

g) 효력이 상실된 문서의 의도되지 않은 사용을 방지하며, 어떤 목적을 위해 보유할 경우에는 적절하게 식별

① 문서종류별 관리 및 확인사항

전자문서	인쇄문서
• 전산자료 Back-up 시스템 확인 • 전산자료 출력의 제한(통제) • 전산자료는 항상 최신버전 보유 • 전산자료 관리의 별도 절차 필요	• 별도 최신버전 관리절차 필요 • 검토, 승인, 발행 및 배포 • 재, 개정 번호 • 구본의 별도 표시 및 구분 • 사용처 배포 및 관리 • 외부출처문서 관리

② 문서관리 흐름 체계 작성(그림 2-8)

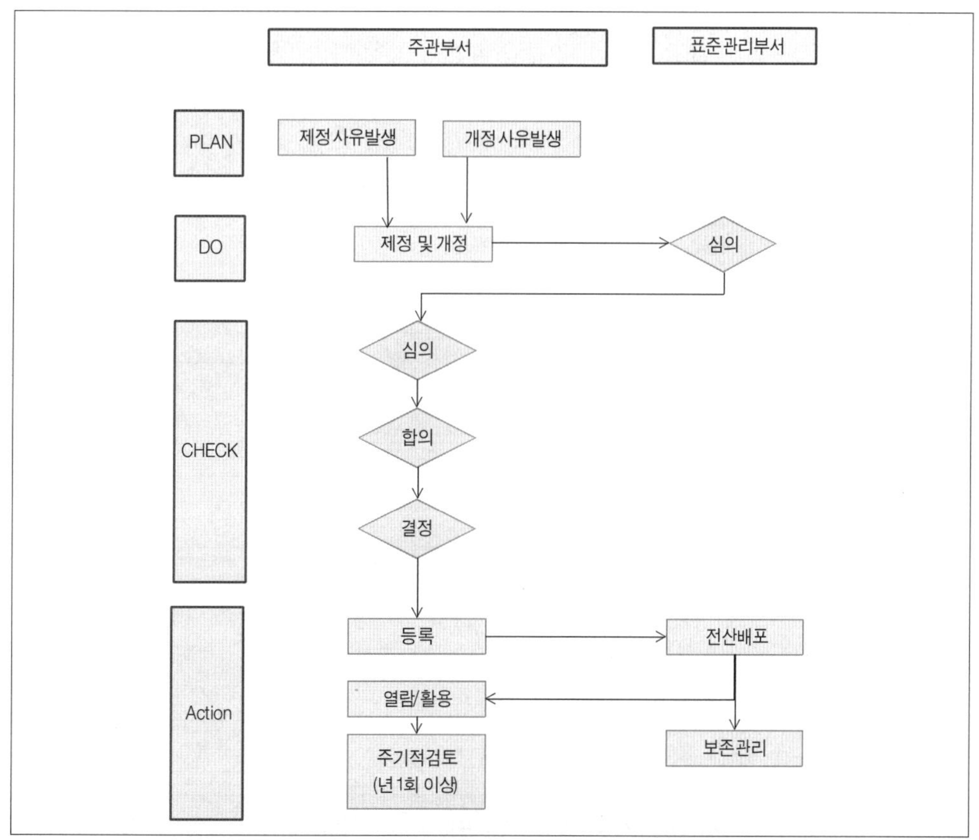

[그림 2-8] 표준 문서관리 흐름 체계

(5)운전 관리

- 다음 사항의 실행을 통해 규정된 조건에서 수행됨을 보장하기 위하여 에너지 방침, 목표, 세부목표 및 실행계획과 일관되고 중요에너지이용과 관련된 운전 및 보전 활동을 다음에 의하여 파악하고 계획
  a) 운전 및 보전을 위한 기준이 없어서 효과적인 에너지성과와 중대한 차이가 생긴다면, 중요에너지이용에 대한 효과적 운전 및 보전을 위한 기준의 수립 및 설정
  b) 운전 기준에 따른 설비, 공정, 시스템, 장비의 운전 및 보전
  c) 조직에 근무하거나 조직을 대신해 업무를 수행하는 인원에게 운전 관리에 대한 적절한 의사소통
- 만일의 사태, 비상사태 또는 잠재적 재난에 대한 기획 시, 조직은 장비의 구매를 포함하여 상황에 대응하는 방법을 결정하면서 에너지성과를 포함

① 중요에너지이용과 연관된 운전의 기준을 평가하여야 하며, 에너지방침 요구 사항을 완수하고 목표 및 세부목표를 충족하기 위하여 그와 연관된 부정적인 영향을 관리 또는 감소시키는 방법으로 수행됨을 보장함.
유지보수 활동을 포함하여 그 운전의 모든 부분이 포함.

② 추진 흐름 파악(그림 2-9)

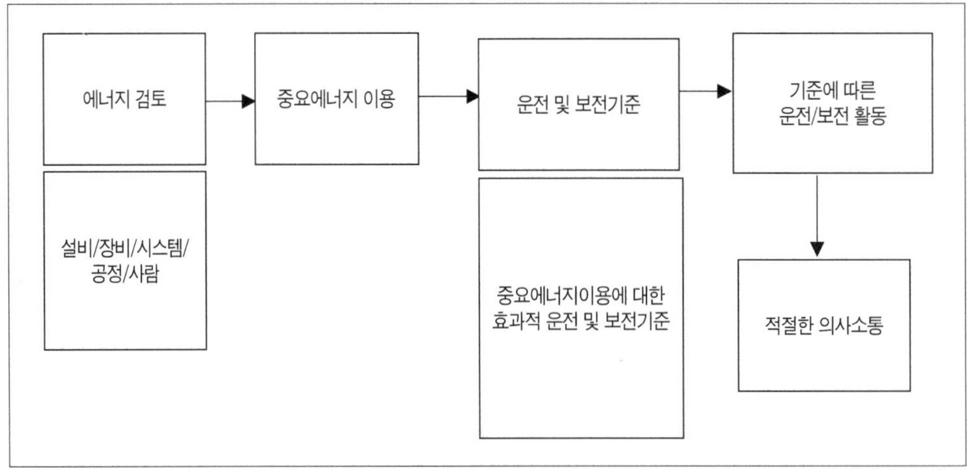

[그림 2-9] 운전 관리 흐름도 예시

③ 운전지침 관리 목록 작성(표 2-9 참조)

[표 2-9] 운전 관리 지침 목록 사례

구 분	운전 지침	개정일	담당부서
공통	o 에너지 및 유틸리티 사용 현황 관리	최근 개정일 2012.1.23	에너지 관리팀
스팀	o 보일러 운영 업무		
	o 보일러 세관 및 검사 업무		
	o 보일러 휴지 작업 업무		
	o 도시가스 운영 업무		
용수	o 필터 교체 및 관리 업무		
	o 수질 검사 및 물탱크 청소 업무		
압축 공기	o 필터 교체 및 관리 업무		
	o Air Dryer Gel 교체 업무		
냉동	o 터보 냉동기 운전 업무		
	o 냉동기 세관 및 휴지 작업 업무		
	o 흡수식 냉동기 운전 업무		
공조	o AHU 운전 및 필터 교체 업무		
	o PAC 운영 업무		
	o 시스템 에어컨 운영 업무		
발전기	o 비상발전기 운영 업무		

④ 설비 운전 관리 기준 작성 예시

• 주요에너지사용 공정 및 설비에 대해 운전 및 보전기준, 관리 방법은 내부 표준관리시스템 및 지침서에 등록하여 운영함(표 2-10 참조)

[표 2-10] 주요에너지이용 설비 운전 관리 기준 작성 사례

일련	공정	설비명	사용 에너지	검토 항목	관리기준	점검주기	위치(빔 NO)	점검 방법
1	A	건조기	air	Line의 Air Leak 점검	누설, 메인밸브	주간	A01	육안
2	A	건조기	전기	조명관리	미가동시 소등	주간	A01	육안

일련	공정	설비명	사용 에너지	검토 항목	관리기준	점검주기	위치(빔 NO)	점검 방법
3	A	건조기	steam	스팀메인배관 방열 및 보온	30℃ 이하	월간	A02	적외선 온도계
4	A	건조기	steam	스팀트랩 leak	20dB이하	동절기	A01	초음파 진단기
5	A	건조기	steam	S/W관리	난방중단시	일일	A01	육안
6	A	건조기	steam	PAC 스팀 트랩 누설	20dB이하	동절기	A01	초음파 진단기
7	B	공기압축기	전기	부하율, Loading율	60% 이상	주간	B01	전력분 석기
8	B	공기압축기	전기	가동시 Air압력	6.0~6.5K	일일	B01	육안

(6) 설계

- 에너지성과에 중대한 영향을 줄 수 있는 신규, 변경 및 개량된 설비, 장비, 시스템, 공정을 설계할 때 에너지성과 개선의 기회 및 운전관리를 고려
- 에너지성과 평가 결과는 관련된 프로젝트 시방서, 설계 및 구매활동 포함 설계 활동 결과는 기록

① 대상으로는 에너지 성과에 중대한 영향을 주는 설비, 공정, 시스템으로서 시점으로는 신규도입 및 변경, 계량 등의 설계할 시에 고려사항으로서 에너지성과 개선의 기회 및 운전관리를 감안하여 결과물로서 프로젝트 시방서, 설계 및 구매활동 포함하여 설계활동 결과를 기록한다.

(7) 에너지 서비스, 제품, 장비 및 에너지의 구매

① 구매는 보다 효율적인 제품 및 서비스 이용을 통해서 에너지성과를 개선하는 기회이며, 공급 체인과 함께 일하고 그 에너지 활동에 영향을 주는 기회이다. 에너지 구매 시방서의 적용은 시장에 따라 달라질 수 있다.

② 에너지 구매 시방서 내용은 에너지 품질, 가용성, 가격구조, 환경영향, 신 재생에너지원

을 포함할 수 있다. 필요에 따라 에너지 공급자가 제안한 시방서를 사용할 수 있다.

- 중요에너지이용에 영향을 주거나 줄 수 있는 에너지 서비스, 제품, 장비를 구매할 때, 공급자에게 구매가 에너지성과에 근거하여 일부 평가된다는 것을 공지
- 조직의 에너지성과에 중대한 영향을 준다고 예상되는 에너지를 이용하는 제품, 장비, 서비스를 구매할 때, 계획된 또는 기대되는 운전 생애 기간 동안 에너지이용, 사용량 및 효율을 평가하는 기준을 수립하고 실행
- 효과적인 에너지이용을 위한 에너지 구매 시방서를 규정하고 문서화

③ 작성 예시

1. 대상별 기준

1) 고효율기기 : EnMS 고효율 에너지 설비 구매규정에 의거 추진

2) 생산설비 : 설비투자심의 지침에 의해 설계 및 발주단계에서 에너지 절감형 생산설비 개발 추진

2. 설비구매 기술심의서 (예)

1) 장비명 : xxx (생산설비)

2) 의뢰부서 :

3) 설치장소 :

4) 사유 :

5) 심의결과

- 필요성, 적용성, 경제성, 타당성 등 평가결과

6) 절감예상금액

7) 특이사항 : 설비제작검수 시 에너지고효율설비를 반영하도록 제조부서 담당자 검수 및 평가결과 첨부 요망

3. 고효율기기 구매실적 (성과평가)

년도	구매실적		주요설계목록
	비용기준	수량기준	
2011	100%(40백만원)	100%(200개)	노트PC
2011	100%(50백만원)	100%(50대)	PC본체

2.2.6 점검

(1) 모니터링, 측정 및 분석

- 계획된 주기로 에너지성과를 결정하는 주요 운영 특성이 모니터링, 측정 및 분석됨을 보장. 주요 특성은 최소한 다음을 포함
  a) 중요에너지이용 및 그 밖의 에너지검토 결과
  b) 중요에너지이용과 관련된 적절한 변수
  c) EnPIs
  d) 목표 및 세부목표를 달성하기 위한 실행계획의 효과성
  e) 실제 에너지사용량 대비 예측된 에너지사용량 평가
- 주요 특성에 대한 모니터링 및 측정 결과는 기록 조직과 모니터링 및 측정 장비의 규모 및 복잡성에 적절한 에너지 측정 계획이 규정되고 실행
  • 측정의 적용범위는 소규모 조직을 위한 단순 유틸리티 계량으로부터 데이터를 종합하고 자동 분석할 수 있는 소프트웨어와 연계한 완전한 모니터링 및 측정 시스템까지 다양하다. 측정 수단 및 방법은 조직이 결정
- 측정 필요성 규정, 주기적으로 검토
- 주요 특성을 모니터링 및 측정하는데 이용된 장비가 정확하고 반복 가능한 데이터를 제공함을 보장
- 교정, 정확도, 반복 정밀도를 수립하는 그 밖의 수단에 대한 기록 유지
- 에너지성과와 중대한 차이에 대하여 조사하고 대응
- 활동 결과 유지

① A사 관리체계 예시

o 에너지 계측기 관리 목록
1) 중요도에 따른 등급 관리 체계
- A급(법정계량기) : 10개
- B급(주기적 정도 검사) : 20개
- C급(정도검사 미실시) : 40개

2) 에너지원별 계측기 수량
- 전력량계 : 40개, 가스미터 10개, 스팀 유량계 20개

3) 에너지 데이터 신뢰도 관리 방법
a) 전력량계(PayMeter계)
- 154kV 변전소 MOF 1개소 Feeder 검침, 오차보정
- 전력량계 교체 주기 : 1회/7년
- 검교정 기준은 계량에 관한 법률 기준으로 시행
- 계측기 오차범위 : 0.5%

b) 가스미터
- xxx 가스공급사 월 1회 가스량 검침(정압실 5개소, 보정치 기준)
- 가스미터 교체주기 : 1회/8년
- 계측기 오차범위 : 0.12% ~ 0.34%

c) 스팀 유량계
- 계기 매뉴얼에 의거 관리의 정비, 점검 준수, 검교정은 내부 표준 교정절차에 의거하여 시행
- transmitter 영점보정은 연1회, 센서 세정은 1회/4년 시행

② 모니터링 및 측정 계측기 관리시트 (표 2-11 참조)

[표 2-11] 모니터링 및 측정 관리시트

관리번호	계측기명	위치	용도	설비등급(용량)	교정등급(정밀도)	교정주기	교정번호	검교정완료일	차기 검교정 예정일	모니터링주기	담당자
A001	Main MOF	변전실	전력량계	154kV	0.5급	1회/7년	111	2009.01	2016.01	일1회	OOO
A002	Main TR#1	변전실	전력량계	22.9kV	0.5급	1회/7년	-	2009.01	2016.01	일1회	OOO
A003	Main TR#2	변전실	전력량계	22.9kV	0.5급	1회/8년	-	2009.01	2016.01	일1회	OOO
A004	Main TR#3	변전실	전력량계	22.9kV	0.5급	1회/8년	-	2009.01	2016.01	일1회	OOO
B001	가스미터#1	보일러실	LNG 사용량	2000m3	0.28-0.34	1회/8년	G17125	2009.01	2017.01	일1회	OOO
B002	가스미터#2	보일러실	LNG 사용량	2000m3	0.28-0.34	1회/8년	G17126	2009.01	2017.01	일1회	OOO
C001	스팀유량계	공정1	스팀유량	-	-	년1회		2010.01	2011.01	일1회	OOO
C002	스팀유량계	공정2	스팀유량	-	-	년1회		2010.01	2011.01	일1회	OOO

(2) 법규 및 그 밖의 요구사항에 대한 준수평가

- 계획된 주기로, 에너지이용 및 사용량에 관련된 조직이 동의한 법적 요구사항 및 그 밖의 요구사항의 준수여부를 평가
- 준수평가의 결과에 대한 기록 유지

① 해당되는 법적 요구사항 및 그 밖의 요구사항 (목표관리제, 에너지이용합리화법, 법적 규제사항, 업종별 최소기준 등)에 대해 준수여부를 연1회, 월1회 등 만족하는 주기를 정하여 평가하고 기록함.

(3) EnMS 내부평가

① 에너지경영시스템 내부심사는 조직을 대신해 업무를 수행하는 조직 내부 인원 또는 조직에 의해 선택된 외부 인원에 의해 수행될 수 있다. 어느 경우에나 그 심사를 수행하는 인원은 공정하고 객관적으로 심사하기 위한 직위에 있어야 하며 적격하여야 한다.

② 소규모 조직에서 심사자 독립성은 그 활동이 심사되어지는 것에 책임이 없는 심사자에 의해서 실증될 수 있다.

③ 에너지경영시스템 내부심사를 그 밖의 내부심사와 통합하고자 한다면 각 각의 의도 및 적용범위는 분명히 규정되어야 한다.

④ 에너지 진단 또는 평가는 EnMS에 대한 내부심사 또는 EnMS의 에너지 성과에 대한 내부심사와 같은 개념이 아니다.

- 다음 사항을 보장하기 위하여 계획된 주기로 내부심사 수행
o 표준요구사항을 포함하여 에너지경영에 대해 계획된 결정사항에 적합
o 수립된 에너지 목표 및 세부목표에 적합
o 효과적으로 실행되고 유지됨 및 에너지성과가 개선
- 심사 계획 및 일정은 이전 심사 결과뿐 아니라 심사 대상 프로세스 및 분야의 현황과 중요성을 고려하여 개발

- 심사원 선정 및 심사수행에는 심사 프로세스의 객관성 및 공정성 보장
- 심사결과에 관한 기록은 유지되고 최고경영자에게 보고

⑤ 내부심사 절차(그림 2-10)

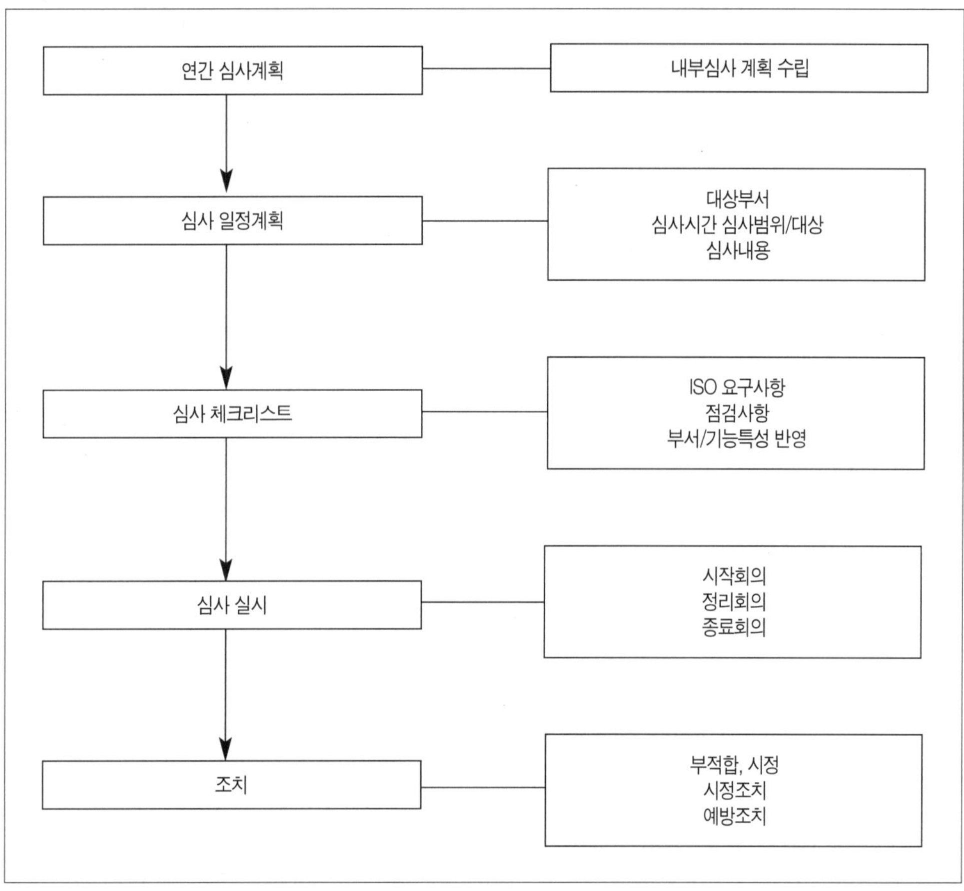

[그림 2-10] 내부심사 절차 흐름도

⑥ 내부심사 계획서, 일정 계획서(표 2-12, 표 2-13, 표 2-14 참조)

[표 2-12] 심사 계획서 작성 양식

심사 계획서									
조직명	ooo 사업장								
심사 대상 부서	ooo 사업장 생산팀, 공무팀, 구매팀...								
심사 목적	EnMS 수준(적합성, 유효성, 이행성) 평가								
심사 기간	2012. 1. 10 ~ 2012. 1. 11(2일간)								
심사원	성명	부서	직급	역할	성명	부서	직급	역할	비고
별 첨	심사 일정계획서 1부.								

[표 2-13] 내부심사 결과표 사례

NO	부서명	담당자	심사자	요건 번호	지적 사항	시정 및 예방 대책
1	A팀	ooo	xxx	4.4.2	현재 에너지원이 누락되어 있음	에너지 설비 리스트를 통한 에너지원 파악과 기록 관리
2	A팀	ooo	xxx	4.4.3	구매 시 고효율기기 구매 입증 부족	고효율기기 구매 현황 리스트 작성
3	A팀	ooo	xxx	4.5.7	에너지 검토 시에 중요에너지 이용에 대한 설비, 인원파악이 미비	에너지 검토 규칙 준수 및 에너지 공정 작업자 영향 파악
4	B팀	ooo	xxx	4.4.6	현재 부서 사용하는 에너지원 파악 미비	에너지 설비 리스트를 통한 에너지원 파악과 기록 관리
5	B팀	ooo	xxx	4.5.2	에너지 목표 및 세부목표 설정 근거 미비	목표 수립 절차 운영 규정 재검토 및 재수립
6	C팀	ooo	xxx	4.6.2	모니터링의 주기적 검토 자료 미비	모니터링 주기 및 표준 반기별 점검/보완
7	C팀	ooo	xxx	4.5.2	구매 시 고효율기기 구입 입증 부족	고효율기기 구매 현황 리스트 작성
8	D팀	ooo	xxx	4.6.2	현재 부서 사용하는 에너지원 파악 미비	에너지 설비 리스트를 통한 에너지원 파악과 기록 관리

[표 2-14] 심사 일정계획서 작성 사례

심사 일정계획서									
조직명	ooo 사업장								
심사 대상 부서	ooo 사업장 생산팀, 공무팀, 구매팀...								
심사 목적	EnMS 수준(적합성, 유효성, 이행성) 평가								
심사 기간	2012. 1. 10 ~ 2012. 1. 11(2일간)								
표준 조항	요구사항		심사 대상 부서						
			주관부서	생산 1팀	생산 2팀	동력팀	구매팀	보전팀	비고
4.1	일반요구사항		○	○	○	○	○	○	
4.2	경영책임		○						
4.3	에너지방침		○						
4.4	에너지 기획	4.4.1 일반사항	○	○	○	○	○	○	
		4.4.2 법규	○	○	○	○		○	
		4.4.3 에너지검토	○	○	○	○			
		4.4.4 베이스라인	○	○	○			○	
		4.4.5 EnPI	○	○	○	○	○	○	
		4.4.6 목표/세부목표	○	○	○	○	○	○	
4.5	실행 및 운영		○	○					
(계속)									

⑦ 내부심사 평가 항목 및 기준(표 2-15 참조)

[표 2-15] 내부심사 평가 항목 및 기준

평가 항목		점수	내용
경영책임 (80)	에너지경영 성과	40/20/10	"에너지경영 성과 항목"을 포함하고 그 결과에 따라 인센티브(성과급, 포상)제공 (전 부서 대상 40, 주요 부서대상 20, 일부 부서 대상 10)
	경영대리인 임명의 적정성	20/10/5	에너지경영 책임자는 그 책임 및 역할 수행이 적격한 자이어야 함 (임원급 20, 부서장급 10, 책임자급 5)
	에너지경영팀 구성 및 운영의 적정성	20/10/5	전 부서의 실무책임자로 구성, 월 1회 이상 개최(20) 주요부서의 실무책임자로 구성, 분기 1회 이상 개최(10) 일부 부서의 실무책임자로 구성, 반기 1회 이상 개최(5)
에너지 기획 (120)	에너지검토 수준	40/20/10	o 모든 공정 및 대부분 설비까지 세분화된 주요 에너지원별 흐름도(에너지맵) 작성(40) o 모든 공정 및 주요 설비에 대하여 주요 에너지원별 흐름도(에너지맵) 작성(20) o 주요 공정 및 설비에 대하여 주요 에너지원별 흐름도(에너지맵) 작성(10)

평가 항목		점수	내용
에너지 기획 (120)	에너지검토 주기	20/10/5	분기 1회 이상(20), 반기 1회 이상(10), 연 1회(5)
	에너지와 관련 온실가스 감축 활동	20/10/5	o 온실가스 인벤토리 구축과 온실가스 감축 목표(20) o 온실가스 인벤토리 구축 또는 온실가스 감축 목표 등록(10) o 온실가스 배출량 관리(5)
	에너지 목표 및 세부 목표 수립	40/20/10	o 모든 부서(기능)별 목표 수립 및 전사적 실행(40) o 주요부서(기능)별 목표 수립 및 실행에 대부분 참여(20) o 주요부서(기능)별 목표 수립 및 실행에 일부만 참여(10) • EnPI(에너지성과지표)로 설정, 단기 및 중장기 목표(3년 ~ 5년) 설정 운영
실행 및 운영 (100)	장비 및 설비 운영 수준	30/15/8	o 모든 장비, 설비에 대한(30), 주요 장비, 설비에 대한(15), 일부 장비, 설비에 대한(8) o 체계적인 에너지경영시스템 구축 및 운영 • 에너지관리 공정도 작성 및 활용 필요
	개선 과제 선정 및 수행 수준	30/15/8	모든 부서별(30), 주요부서만(15), 일부 부서만(8) 개선 과제 발굴/선정 및 수행
	체계적인 실행 및 운영 수준	40/20/10	"에너지 측면 분석/목표 및 세부목표/개선과제/ 관리 항목/점검 주기" 실행 및 운영이 체계적으로 연계되어 실행(40), 부분적 연계 실행(20), 단속적으로 일부만 실행(10)
점검 및 평가 (100)	모니터링 및 측정 결과 분석/활용	40/20/10	모든 공정내 대부분 설비에서 에너지데이터 수집 및 통계 툴을 활용한 시간단위 분석, 해당 기능별(부서) 정보 활용(40), 주요 설비에서 일일단위 분석, 해당 기능별(부서) 정보 활용(20), 일부 설비에서 단순통계 분석, 해당 부서(기능별) 정보 활용(10)
	EnPI 관리 및 부서간 비교	40/20/10	모든 부서(기능)별(40), 주요부서(기능)별(20), 일부 부서(기능)별(10) • EnPI 달성도의 연도별, 기간별 비교
	경영검토 주기 및 해당 결과 관리	20/10/5	최고 경영자는 경영검토를 월 1회 이상(20), 분기 1회 이상(10), 반기 1회 이상(5) 실시하고, 검토된 결과에 따라 에너지 목표, 세부목표 및 에너지 성과 달성도를 평가 및 조치 수행
에너지 성과 (300)	에너지원단위 개선도	100/70/10	o 사업장 에너지 원단위가 전년 대비 4% 이상 개선 또는 직전 2년 전 대비 8% 이상 개선, 또는 사업장 에너지원단위가 동종업계 세계 최고 수준 (100) o 전년 대비 3% 이상 개선 또는 직전 2년 전 대비 6% 이상 개선(70) o 사업장 에너지원단위가 전년대비 2% 이상 개선 또는 직전 2년 전 대비 4% 이상 개선(10)
	에너지 절감량	100/70/ 10	"사업장 전체 에너지 사용량"의 4% 이상 또는 "2개 년간 사업장 전체 에너지사용량"의 4% 이상(100), 3% 이상 또는 2개 년간 3% 이상(70), 2% 이상 또는 2개 년간 2% 이상(10)
	친에너지 장비, 설비 및 시스템의 구매 실적	100/70/10	최근 1년간 설계 및 구매 절체에 의하여 친에너지 장비, 설비 및 시스템을 구매한 실적이 90% 이상(100), 70% 이상(70%), 50% 이상(10)

⑧ 내부심사 결과 보고서(표 2-16 참조)

[표 2-16] 내부심사 결과 보고서 사례

2011년 EnMS 내부심사 결과 보고서

1. 목적

EnMS(ISO 50001) 요건에 근거하여 내부심사를 실시함으로서 적절한 운영 관리 확인 및 부적합 및 권고 부분의 개선방향을 도출하여 보완하고 지속적인 개선이 이루어지도록 검토하고자 함

2. 내부심사 개요

1) 심사 일정 : 12. 1. 6 ~ 12. 1. 8(3일간)

2) 심사 규격 : ISO 50001 요구사항의 부합여부

3) 심사 범위 : oo 사업장 주관 부서/운영 부서

4) 심사 부서 및 세부 일정

<table>
<tr><th colspan="3" rowspan="2">구분</th><th colspan="3">심사팀장(ooo)</th><th rowspan="2">비고</th></tr>
<tr><th>A팀(ooo)</th><th>B팀(ooo)</th><th>C팀(ooo)</th></tr>
<tr><td rowspan="6">심사 부서 및 일정</td><td rowspan="2">1/6</td><td>9:00~11:30</td><td colspan="3">심사자 교육</td><td>시작 회의</td></tr>
<tr><td>13:30~16:00</td><td>제조1P</td><td>기술G1</td><td>설비G</td><td></td></tr>
<tr><td rowspan="2">1/7</td><td>9:00~11:30</td><td>제조2P</td><td>기술G2</td><td>유틸리티G</td><td></td></tr>
<tr><td>13:30~16:00</td><td>제조3P</td><td>기술G3</td><td>전기G</td><td></td></tr>
<tr><td rowspan="2">1/8</td><td rowspan="2">9:00~11:30</td><td colspan="3">에너지P(주관부서 심사)</td><td rowspan="2">종료 회의</td></tr>
<tr><td colspan="3">심사자: ooo, ooo, ooo</td></tr>
</table>

5) 심사 인력

구분	성명	직책	경력 및 자격
심사팀장	ooo	Part 장	에너지 부문 경력 20년
심사원	ooo	부서/차장	환경/안전 20년
심사원	ooo	부서/차장	에너지 부문 경력 10년
심사원	ooo	부서/과장	에너지 부문 경력 5년
심사원	ooo	부서/과장	ISO 심사원보 2년
심사원	ooo	부서/대리	온실가스 실무 2년
심사원	ooo	부서/대리	에너지 실무 2년
심사원	ooo	부서/사원	EnMS 실무자 2년

6) 심사 결과 요약

- 심사 부서 A : 부적합 사항 10건, 권고사항 5건
- 심사 부서 B : 부적합 5건, 권고사항 8건

7) 부적합 권고사항 세부 내용

- oooo ooooo.......

(4) 부적합, 시정, 시정조치 및 예방조치

- 다음 사항을 포함하는 시정, 시정조치 및 예방조치
- 실제적 및 잠재적 부적합 처리

a) 부적합 또는 잠재적 부적합 검토
b) 부적합 또는 잠재적 부적합에 대한 원인 결정
c) 부적합이 발생 또는 재발하지 않음을 보장하기 위한 조치의 필요성에 대한 평가
d) 필요한 적절한 조치의 결정 및 실행
e) 시정조치 및 예방조치 기록 유지
f) 취해진 시정조치 및 예방조치의 효과성 검토

- 시정조치 및 예방조치는 실제적 또는 잠재적 문제의 크기 및 직면한 에너지성과 결과에 적절
- EnMS에 필요한 변경이 이루어졌음을 보장

① 부적합 검토 및 처리 절차(그림 2-11)

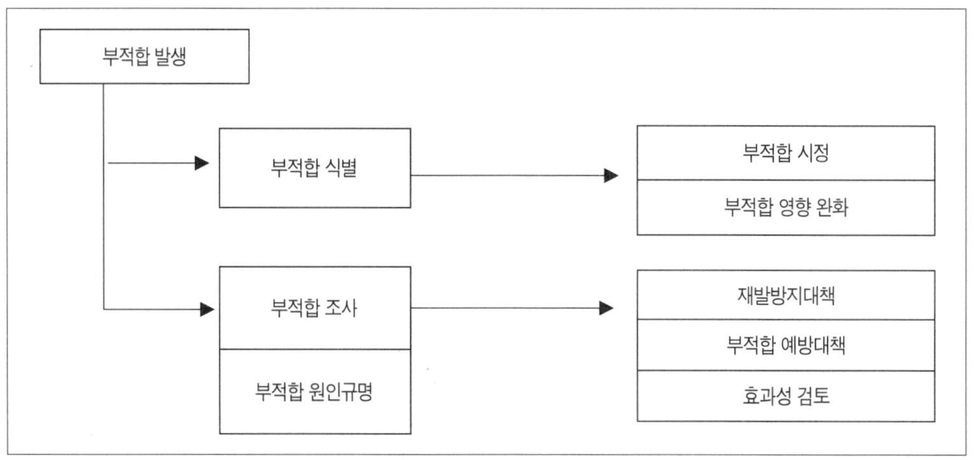

※ 재발방지대책 및 부적합예방대책은 문제의 크기 및 직면한 영향에 적절

[그림 2-11] 부적합 검토 및 처리 절차

② 부적합의 정의와 형태별 분류

o 부적합의 정의: 요구사항의 불충족

o 부적합의 형태

- 에너지경영시스템 문서가 규정된 요구사항을 만족하지 않음
- 규격에서 요구하고 있는 사항에 대한 절차 수립 혹은 이행 미비
- 문서에 따라 실행 또는 준수되지 않음

o 중부적합

- 요구사항을 충족시키기 위한 시스템의 부재 또는 동일 요구사항에 대한 다수의 경부적합은 시스템에 대한 전체적 붕괴로 나타날 수 있음.

o 중부적합으로 간주

- 부적합이 에너지경영시스템의 운영능력을 현저히 감소시킬 수 있는 경우

o 경부적합

에너지경영시스템의 실패를 초래하거나 또는 운영능력을 감소시키지 않은 것으로 사료되는 부적합

- 어느 한 요구사항의 준수에 있어서 단순한 실패
- 에너지경영시스템 운영에 악영향을 미치지는 않지만 계속될 경우에 중부적합으로 간주될 수 있는 사항

o 개선을 위한 제안 사항

- 요구사항에는 위배되지 않으나 조직의 시스템과 실제의 운용내용에 차이가 있는 경우로 향후 부적합사항으로 발생할 수 있는 요소
- 에너지경영시스템 발전을 위해 개선이 필요하다고 판단되는 경우
- 부적합의 명백한 증거는 없으나 사후관리 심사 시 확인이 필요한 경우

③ 부적합 보고서 작성요령

o 객관적 증거에 근거

o 부적합의 근거 제시

o 다른 심사원에 의해서 추적 가능

o 부적합 종류(중/경 부적합, 개선을 위한 제안)의 구분

o 피 심사자가 수용, 서명

④ 부적합 내용의 기술 방법

o Ⅰ형식 : 요구사항 + (객관적 증거 + 부적합 상황)

부적합의 근거(요구사항)을 먼저 명시하고, 부적합 내용을 기술하는 방법

(예) XX규정/지침에 ~하게 되어 있으나, XX이 ~하였음.

o Ⅱ형식 : (객관적 증거 + 부적합 상황) + 요구사항

부적합 내용을 먼저 기술하고, 부적합의 이유(요구사항)을 명시하는 방법

(예) XX이 ~하였음. 이는 ~을 요구하는 XX 규정/지침에 위배됨.

⑤ 부적합 보고서 작성(표 2-17 참조)

[표 2-17] 부적합 보고서 사례

부적합 보고서				관리번호	120108
대상부서	에너지팀	대상공정/ 설비 / 항목	생산1팀 가공 공정	심사원	000
조항번호	4.4.6	조항명	에너지 목표, 세부목표 및 에너지 경영 실행 계획		
부적합 내용					
개선과제를 추진하면서 추진 일정, 책임자, 진행 현황, 달성도, 기대 효과 등의 정보관리를 세부적으로 관리하고 있으나, 에너지성과지표에 대한 모니터링, 검증 방법에 대한 구체적인 자료, 실행결과의 방법이 누락되어 있으며, 이는 4.4.6 에너지 실행 요구사항에 위배된다.					

(5) 기록관리

- EnMS와 이 표준 요구사항에 대한 적합성 및 달성된 에너지성과를 실증 하는 데 필요한 기록의 작성, 유지
- 기록의 식별, 검색 및 보유기간에 대한 관리의 규정, 실행
- 기록은 관련된 활동에서 읽을 수 있고, 식별 및 추적이 가능

① 기록 관리에 대한 절차(예시)

o 기록 파악 : 관리할 기록물 파악. 규격 요구사항 포함

– 에너지검토결과, 교육훈련 실행결과 기록물

- 에너지 장비, 설비, 시스템 구매활동
- 에너지 시설 등의 성능, 효율 개선 실행내용
- 장비 및 프로세스 관리활동 내용
- 에너지 설계에 영향을 미치는 설비개선의 주요 결정내용
- 에너지경영 개선과제 선정, 계획, 실행결과 등
- 에너지 모니터링 및 측정결과, 모니터링/측정정치 관리활동 및 평가
- 에너지경영성과, 법규/기타 요구사항 준수 및 점검결과
- 시정조치 및 예방조치 활동내용
- 내부심사 결과, 경영검토 결과
  • 파악된 기록 → 기록 관리 대장 작성 및 해당 부서장 승인

o 기록 작성 : EnMS 운영관련 모든 기록이 절차대로 수행됨을 증명하도록 해당기록 작성

o 기록 Filing/보관 : 주관 및 운영부서는 기록 식별 용이하도록 기록관리 대장에 부여한 관리번호에 따라 파일링/보관, 전산화 형태로 작성 및 보관 가능

o 기록 보존

- 보존기간 설정, 안전한 장소 보관/유지 (기록 손상방지)
- 전자매체 보관 시는 연도별 Back-up 하여 보존
- 유효문서는 지속적 유지

o 기록 폐기

보존기간 지난 기록, 해당부서장 승인, 폐기기록 관리대장에 기록 폐기

② 기록 관리 절차도(그림 2-12)

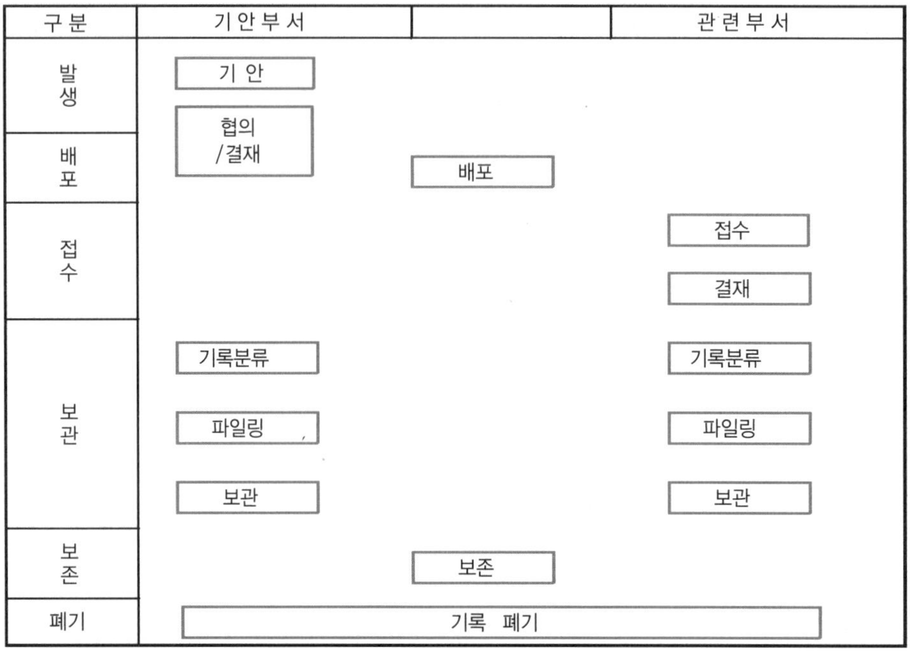

구 분	기 안 부 서		관 련 부 서
발생	기 안		
배포	협의/결재	배포	
접수			접수 결재
보관	기록분류 파일링 보관		기록분류 파일링 보관
보존		보존	
폐기	기록 폐기		

[그림 2-12] 기록 관리 절차도 예시

③ 기록 보관, 보존기간 관리규정(표 2-18 참조)

[표 2-18] 기록 보관, 보존기간 관리규정

구 분	기 록 내 용	보관기간	보존기간	비 고
부서 관리	-	3년	3년	유효한 문서 계속 유지
시스템 문서 및 자료관리	• 시스템 문서 • 자료	3년		
자원관리	• 에너지경영 조직현황	3년	3년	
시스템 운영	• 표준관리 • 내부감사 및 경영검토 • 시정조치 • 불만 및 이의처리 • 기록관리	3년	3년	
기 타	• 기타기록관리	3년	3년	

2.2.7 경영검토

(1) 일반사항

- 최고경영자의 지속적인 적절성, 충족성 및 효과성을 보장위해 계획된 주기로 조직의 EnMS 검토
- 경영검토에 관한 기록 유지

(2) 경영검토 입력

① 경영검토는 에너지경영시스템 적용범위를 다루어야 한다. 그러나 에너지 경영시스템의 모든 내용이 한 번에 검토될 필요는 없으며 그 검토 프로세스는 일정기간 동안 일어날 수 있다.

o 경영검토의 입력 포함 사항
a) 이전 경영검토에 따른 후속조치
b) 에너지방침 검토
c) 에너지성과 및 관련된 EnPIs 검토
d) 법적 요구사항에 대한 준수평가와 법적 요구사항 및 조직이 동의한 그 밖의 요구사항의 변동 결과
e) 에너지 목표 및 세부목표 충족 정도
f) EnMS 심사 결과
g) 시정조치 및 예방조치 현황
h) 차기에 예상되는 에너지성과
i) 개선을 위한 제안

(3) 경영검토 출력

o 경영검토의 출력은 다음 사항 관련된 결정사항 및 조치 포함

a) 조직의 에너지성과 변동

b) 에너지방침 변동

c) EnPIs 변동

d) 지속적 개선에 대한 조직의 의지와 일관성이 있도록 목표, 세부목표 또는 그 밖의 EnMS 요소의 변동

e) 자원 배분 변동

제3장

에너지경영시스템 실행을 위한 기본적 이해

3.1 에너지의 기본적 이해

3.1.1 에너지의 정의 및 분류

에너지를 일반적으로 정의하면 물리적인 일을 할 수 있는 능력을 말한다. 여기에서 일은 힘과 힘이 작용하는 방향으로의 이동거리의 곱으로 정의되는 물리적 일을 의미한다. 이러한 에너지를 분류해보면 다음과 같다.

- 운동에너지 : 운동체에 대해서 작용하며 물체 속도의 제곱과 질량에 비례
- 위치에너지 : 중력에 의한 위치에너지, 탄성위치에너지, 전기력에 의한 위치에너지(전압 또는 전위)
- 역학적 에너지 : 운동에너지 + 위치에너지
- 자연계에는 여러 물리적 상태에 따라 그 크기가 결정되는 많은 에너지 : 열에너지, 화학에너지, 소리에너지, 빛에너지 등

아인슈타인의 특수상대성이론에 따르면 질량과 에너지는 등가이다. 따라서 물체의 질량이 감소하면 그에 해당하는 에너지가 발생한다. 핵융합 과정에서 발생하는 질량감소를 이용하여 원자력발전을 한다.

3.1.2 에너지의 형태

기업에서 실무적으로 취급하는 에너지의 관점에서 에너지의 사용형태 및 전환되는 에너지 형태를 서술하면 다음과 같이 나눌 수 있다.

- 화학 에너지 : 가스, 유류, 수소 등 연료형태로 구입 및 공급받는 에너지
- 전기 에너지 : 전기적 에너지로서 주로 수전설비를 통해 외부에서 공급 받거나 자체 발전설비를 통해 공급하는 에너지
- 기계적 에너지 : 압축공기, 유압, 기타 동력 등으로 공급받은 화학, 전기 에너지를 전환

하여 기계적으로 이용되는 에너지

- 열에너지 : 가스, 유류 등의 연소 및 전기에너지를 통해 열을 가진 2차 에너지로 전환된 것으로 스팀, 온수, 냉수 등
- 기타 : 공업용수, 생활용수 등

3.1.3 에너지의 특성

에너지의 특성을 보면 형태에 따라서 구입 및 판매될 수 있고, 사용 과정에서 열, 전기, 동력, 기계 등의 형태로 전환되며 이송, 사용/전환, 폐기과정에서 손실이 발생한다.

전체적으로 에너지는 열역학 제1법칙에 따라 에너지가 어떠한 형태로 변환 되어도 에너지 총량은 일정하다. 즉 에너지는 보존된다. 그러나 에너지 보존의 법칙이 성립되지만 실제로는 이용 가능한 에너지는 감소된다. 대부분의 에너지 사용은 비가역적 과정으로서 필연적으로 에너지 손실이 발생하기 때문에 실제 이용 가능한 유효에너지의 개념이 중요하다. 이러한 유효에너지를 엑서지라 하며 엑서지율로써 물질이 가진 에너지의 질을 나타내기도 한다.

3.1.4 에너지의 측정단위 및 전환계수

에너지의 측정단위는 일반적으로 MJ, kcal, kWh(전력), toe(석유환산톤)으로 나타내며 에너지원별 전환계수는 표 3-1, 에너지 단위별 전환계수는 표 3-2와 같다.

[표 3-1] 에너지원별 전환계수

에너지원	측정 단위	kWh 전환계수
전기	kWh	1
천연가스	m^3	10.7
천연가스	100 Cubic feet	30.3
천연가스	kWh	1
디젤	liter	10.6
중유	liter	11.4

에너지원	측정 단위	kWh 전환계수
Propane	tonne	13,780
Propane	kg	13.78
Coal	tonne	9,000
Coal	kg	9
Steam	tonne	630

[표 3-2] 에너지 단위별 전환계수

물리적 양	단위	계수	변환된 양	단위
British thermal units	Btu	778.1693	feet pounds	ft-lb
British thermal units	Btu	1055.0559	Joules	J
British thermal units	Btu	107.5858	kilogram meters	kg-m
British thermal units	Btu	2.931E-04	kiloWatt hours	kW-hr
British thermal units	Btu	1.000E-05	Therms	therms
British thermal units/hour	Btu/hr	2.931E-04	kiloWatts	kW
British thermal units/hour	Btu/hr	0.2931	Watts	W
British thermal units/hour	Btu/hr	3.930E-04	Horse Power	HP
feet pounds	ft-lb	1.285E-03	British thermal units	Btu
feet pounds	ft-lb	1.3558	Joules	J
feet pounds	ft-lb	0.1383	kilogram meters	kg-m
feet pounds	ft-lb	3.766E-04	Watt hours	Wh
feet pounds/minute	ft-lb/min	1.286E-03	British thermal units/minute	Btu/min
feet pounds/minute	ft-lb/min	3.030E-05	Horse Power	HP
feet pounds/minute	ft-lb/min	2.260E-05	kiloWatts	kW
Horse Power	HP	33000	feet pounds/minute	ft-lb/min
Horse Power	HP	745.7	Watts	W
Horse Power	HP	2544.5292	British thermal units/hour	Btu/hr
Joules	J	1	Newton meters	N-m
Joules	J	9.478E-04	British thermal units	Btu
Joules	J	0.7376	feet pounds	ft-lb
Joules	J	1	Watt seconds	W-s
Newton meters	N-m	1	Joules	J
kiloWatt hours	kWh	3412.1416	British thermal units	Btu
kiloWatt hours	kWh	2655220	feet pounds	ft-lb

물리적 양	단위	계수	변환된 양	단위
Therms	therms	100000	British thermal units	Btu
Watt hours	Wh	3.4121	British thermal units	Btu
Watt hours	Wh	3600	Joules	J

- 힘(Power)이란?

  에너지의 전달 또는 전환속도로서

  – 초당 전달된 MJ, kWh

  – 마력(HP: Horse Power), 1HP = 745.7 Watts

3.1.5 에너지보존 법칙의 실무적 적용

열역학 제 1 법칙으로서 에너지가 어떠한 형태로 변환되어도 항상 에너지총량은 일정하다. 이러한 법칙을 실무적으로 기업 현장에 적용하여 에너지 밸런스를 검토하고 손실구조를 파악하는데 이용할 수 있다.

일반적 제조사업장에 사업장의 일정 설비를 하나의 시스템경계로 할 때 외부에서 시스템에 투입되는 에너지의 합은 공정 처리 후에 시스템외부로 배출되는 에너지의 합은 항상 같아야 한다.

일반 사업장의 투입에너지와 배출에너지를 나타내면 표 3–3과 같다.

[표 3–3] 투입에너지와 배출에너지

투입에너지	배출에너지
전기	마찰, 열, 동력에너지변환
연료(열량 or 사용량) + 공기	대기배출(CO_2, NOx, SOx, CH_4 등) 공정반응열, 열손실, 배출손실 등
스팀, 공정수, 기타 용수	응축수, 폐수

여기서 투입에너지의 합은 배출에너지의 합과 같으며 전체, 항목별 동일한 원칙을 가지고 에너지 밸런스를 검토하여야 한다.

전기 총 사용량 = 마찰, 열, 동력에너지이나 실제로 전기의 경우 사용량은 측정가능하나 변환과정에서의 에너지손실을 측정하기는 거의 불가능하므로 일반적으로 전기는 별도로 분리하여 검토한다.

연료사용의 경우 예로서 보일러를 분석하면 그림 3-1과 같다.

[그림 3-1] 보일러의 투입에너지와 배출에너지

연료가 공기와 함께 투입되어 연소되어 열량을 발생시켜 공급수를 스팀으로 생산한다. 보일러의 에너지효율을 계산하기 위한 식들을 정리하면 다음과 같다.

투입에너지 = 연료사용에너지 + 공기투입에너지 (3.1)

배출에너지 = 스팀발생에너지 + 손실에너지 + 대기배출에너지 (3.2)

에너지보존법칙에 따라 투입에너지와 배출에너지는 같아야 하므로

연료사용에너지 + 공기투입에너지 (3.3)
= 스팀발생에너지 + 손실에너지 + 대기배출에너지

여기서 공기투입에너지와 대기배출에너지를 상쇄하여 무시하면 식 (3.4)를 얻는다.

연료에너지의열량 (연료사용량 × 해당연료단위당 총발열량) (3.4)
= 스팀열량 (스팀발생량 × 스팀의 단위열량) + 손실열량

이 된다.

따라서 보일러의 에너지효율은 식 (3.5)와 같이 계산할 수 있다.

에너지효율 = 스팀열량 ÷ 투입연료열량 (3.5)

보일러의 에너지효율 개선방안으로서 손실열량을 분석하여 보일러 방열, 배기가스 배출열 등의 원인 및 개선책을 수립하여야 한다.

3.1.6 에너지효율

3.1.5절의 에너지보존의 법칙에 따라 투입된 에너지와 유효한 에너지를 분석함으로써 에너지효율(energy efficiency)을 식 (3.6)과 같이 계산할 수 있다.

에너지효율 = 유효에너지발생량 ÷ 투입된전체에너지량 (3.6)

일반적으로 보일러 80~90%, 자동차 엔진 30%, 전등 2%의 효율을 나타낸다. 에너지효율 계산 예를 들면 다음과 같다

예 1) 보일러 에너지효율 계산)

보일러의 투입된 연료로 LNG를 시간당 100Nm³사용, 급수 60℃ 500kg/hr이며, 스팀 발생량은 1kg/cm³(계기압력)으로 시간당 1,500kg이다. 이 보일러의 에너지효율은?

풀이)

o LNG 총발열량 10,430kcal/Nm³이므로

LNG 열량 = 100Nm³ × 10,430kcal/Nm³ = 1,043,000 kcal

급수의 현 열량 = 60kcal/kg × 500kg = 30,000kcal

총 투입열량 = 1,043,000 + 30,000 = 1,073,000kcal

o 포화증기압 표에 의하면 절대압 2K, 포화온도 120℃에서

스팀 1kg의 열량 = 646.45kcal/kg이므로

스팀 100kg 열량 = 646.45 × 1500 = 969,675kcal이다

즉, 유효에너지 발생량 969,675kcal,

투입된 전체 에너지량 1,073,000kcal

따라서, 에너지 효율(열효율) = 969,675 ÷ 1,073,000 = 90.4%

예 2) 디젤엔진 에너지 사용량 계산

40마력 디젤엔진 3시간 동안 최대출력으로 가동하였다. 에너지 사용량은?

풀이)

HP = 746W이므로 40 × 746 × 3 = 89.52kWh

예 3) 디젤엔진 효율 계산

위 엔진에 30리터 디젤연료 사용되었다. 디젤엔진의 효율은?

풀이)

에너지투입량 : 30 Liter × 10.6kWh/Liter = 318kWh

디젤엔진효율 : (89.52 ÷ 318) × 100 = 28.15 %

3.1.7 에너지성과지표

① 에너지성과지표(EnPI: Energy Performance Indicator)는 조직에 의해 결정된 에너지 성과의 정량적인 가치 및 측정값으로서 다음과 같은 예를 들 수 있다.

o 단위 생산 당 에너지 소비량

- 제품에 대한 에너지 원단위 개념으로서 일반적으로 제조업에 대해 많이 사용하는 에너지 성과지표이다. 즉 제품 1kg, 1톤 또는 1개 등
- 단위 생산에 대한 필요한 에너지소비량으로서 에너지소비량은 toe, 전력 소요량(kWh), 열량(MJ, kcal) 등으로 나타낼 수 있다.
- 단위 : toe/제품 1kg, kcal/제품1톤, kWh/제품 1개 등

o 단위 시간 당 에너지 소비량

- 이 경우 생산제품보다 주로 서비스, 건물 등을 대상으로 많이 사용된다. 에너지소비량(MJ, MWh, kcal)/시간(hour, 일, 주, 월, 년) 등으로 나타낼 수 있다.

o 냉난방부문 도일(Degree Day) 당 에너지 소비량

- 냉난방의 경우 주로 기온의 변동에 영향성이 크므로 기온변동의 영향을 최소화하여 평가할 필요가 있다.
- 에너지소비량(MJ)/Degree Day로 나타낸다.

참조) 난방도일(CDD) 및 냉방도일(HDD)이란?
o Cooling/Heating Degree Day, 매일의 일평균 기온과 기준 온도 18℃의 차이를 일별로 누적하여 일 평균기온이 기준 온도보다 높을 경우 냉방도일, 낮은 경우는 난방도일을 계산한다. 표 3-4에서 서울 지역의 경우 2008년, 2009년 대비 2010년 난방도일과 냉방도일 모두 증가를 나타낸다.

[표 3-4] 2010년 냉난방 도일(기상청 통계자료)

기준 온도	년도	2010년	2009년	2008년
18℃	난방도일	2,953.4	2,585.4	2,589.0
서울 지역	냉방도일	814.8	743.3	745.9

② 그 외의 에너지 성과지표로서는 목표대비 달성율, 세부설비에 있어 에너지효율(%), 전년대비 에너지 절감율(%) 등 기업의 특성을 반영하여 객관적이고 검증이 가능한 지표를 선정하여 관리하여야 한다.

3.1.8 중요에너지이용

① 에너지 사용량이 많거나 또는 에너지 성과개선의 가능성이 있는 공정, 설비, 사람, 절차 등으로 중요도 기준은 조직에 적합하게 결정하여 평가하도록 한다.

② 중요에너지이용(significant energy use) 선정 시 다음사항을 충분히 고려하여 평가 및 선정함이 바람직하다.

- 에너지 사용량, 에너지 성과개선 가능성, 에너지 효율 개선, 신재생 에너지 사용, 주변지역 사회와 에너지 교환, 에너지 전환

3.1.9 에너지 베이스라인

① 에너지베이스라인(energy baseline)은 에너지 성과비교를 위한 정량적인 기준으로서 특정기간을 반영하여 에너지 절감 산정에 있어 평가의 기준선이다. 즉, 절감성과는 각 에너지성과지표(EnPIs)에 대해 베이스라인을 기준으로 비교되고 평가되어야 한다.

② 베이스라인은 특정기간을 기준으로 에너지 소비량 등의 평가를 통해 설정하며 아래와 같은 예를 들 수 있다.

o 특정 기간 단위 사업장의 에너지 소비량

- 2010년도 A사업장의 에너지 소비량 500GJ/년

o 3개년도(2008~2010년) A사업장의 연평균 에너지 소비량 600GJ/년

o 특정기간 단위 생산량(수량) 당 에너지 소비량

- 2011년도 A제품 단위 생산량 당 에너지 소비량(MJ) 100MJ/Ton
- 2010년도 B제품 단위 생산량 당 에너지 소비량(MJ) 10MJ/개

o 특정기간의 에너지 기준단위

- 2010년도 A공정 가동시간당 에너지 소비량 5MJ/hr
- 2010년도 A사업장 난방부문 에너지 소비량 5MJ/Degree Day

③ 에너지 베이스라인 설정 시에 가능한 생산량에 따른 에너지 원단위 변동 요인, 품질영향에 따른 요인을 별도로 구분하여 실제 절감노력에 의한 효과를 분리함이 정확한 성과관리를 위해 요구되어진다.

예를 들어 생산량 증감에 따른 에너지원단위에 미치는 양의 기준을 분석 평가하여 평가시에 그 변동부분을 제거하여 평가하는 방법 등을 사용하도록 한다.

3.2 에너지 설비의 이해

기업에서 실무적으로 에너지를 취급하기 위해서는 기본적으로 외부에서 에너지를 공급받아 제조공정에 사용되는 에너지를 생산하는 설비, 에너지이송 설비, 에너지사용설비에 대해서 기

초적인 지식이 필요하다.

이러한 전반적인 에너지설비의 구성과 흐름을 파악함으로써 에너지의 밸런스, 에너지 흐름을 파악할 수 있고 나아가서는 세부 에너지설비의 효율을 분석함으로써 에너지경영시스템의 개선과제를 도출하는 기반으로 활용할 수 있다.

3.2.1 에너지 대상 설비의 분류

제조사업장에 있어 에너지 대상설비를 크게 분류하면 아래와 같이 유틸리티 설비, 공정 설비, 기타 설비로 분류할 수 있으며, 표 3-5, 표 3-6, 표 3-7 등과 같다.

[표 3-5] 주요 유틸리티 설비

설비 종류	주요 역할	비고
수전 설비	한전에서 고압(154kV, 22.9kV 등)의 전기를 수전하여 변압기(TR)을 통해 사용처에 적절하도록 저전압(380V, 220V, 110V)으로 변환하여 사용	전기
보일러	난방, 제조 공정에서 스팀, 온수 등의 열매체를 생산하여 공급	LNG, LPG, B-C유, 경유 등
공기 압축기 (Air Compressor)	각종 제어 계통의 작동유체, 공정 내 Air 등에 사용되며, 외부 공기를 흡입/압축하여 일정한 압력으로 공급	전기
냉동기	냉방 및 제조 공정 내 냉각을 목적으로 냉각탑을 통해 응축, 냉수의 열을 흡수하여 냉각된 냉수를 공급	전기
공조기 (Air Conditioner)	실내 공기를 쾌적한 상태로 유지하게 하는 냉방장치, 프레온 가스 등 냉매를 이용하여 액체가 증발할 때 주위에서 열을 흡수하는 원리를 이용하여 기온을 냉각하여 공급	전기
열 교환기 (Heat Exchanger)	보일러 등에서 생산된 스팀 및 열매를 열 교환기를 통해 회수된 온수 등과 열교환하여 난방 및 공정수로 활용	무

[표 3-6] 주요 공정 설비

설비 종류	주요 역할	비고
동력 설비 (전동기, 파쇄 설비, 승강기, 펌프 및 모터류)	공정 내 각 설비 등의 구동장치, 파쇄, 분쇄, 이송 장치 등	전기
성형기(프레스)	제품의 가공, 절단, 압축 등에 필요한 장치	전기

설비 종류	주요 역할	비고
가열, 건조, 농축 설비	재료, 제품 등을 열풍, 스팀, 복사열, 전기 등에 의해 가열하거나 수분을 제거하거나, 농축을 목적으로 하는 설비	연료 스팀 전기
용해로	철강 등의 원부원료 등을 고온에서 녹여서 비중이 높은 철강을 분리하는 등의 목적	전기(전기로) 연료(고로)
소성로	석회, 백운석 등 광물 등에 무연탄 등의 연료를 같이 투입하여 연소시킴으로서 경화성 물질로 가공	연료 (무연탄 등)
열처리기	제품의 물성을 부여하거나 안정적 물성을 위해 열처리를 하는 공정 설비	전기, 연료

[표 3-7] 기타 에너지 설비

설비 종류	주요 역할	비고
조명 설비	건물, 사무실, 제조 공정내에 형광등, LED, 할로겐 등의 조명	전기
소각로	폐기물 및 기타 소각을 통해 폐열, 재활용 및 기타 소각 처리를 하는 공정	연료
폐수처리	공정에서 배출되는 폐수 및 하수 등을 공기 하에서 처리하는 호기성 처리와 무 산소 상태에서 발효, 소화 처리하는 혐기성 처리	혐기성: 연료
지게차 전동차 업무 차량	물류 상/하차(지게차, 전동차) 물류 이동 등(업무용 차량)	전동차: 전기 지게차 : 경유 차량 : 연료

3.2.2 수전설비

(1) 수전설비의 용도

수전설비는 외부 송전소로부터 공급받는 고전압의 전기를 수전하여 변압기를 통해 사용처에 적합하게 저전압으로 변환하여 사용한다.

(2) 전기밸런스 및 흐름 파악

우선 해당사업장의 수전설비의 용량, 계약용량, 변압기의 용량 및 구성, 수전에서 변압, 말단설비까지의 전기흐름의 파악이 필요하며 이를 위해 전기 계통도, 단선결선도 등을 통해 전기밸런스 및 흐름을 파악함이 중요하다(그림 3-2, 그림 3-3, 그림 3-4 참조).

(3) 주요 점검 및 확인 사항

수전설비의 주요 점검 및 확인 사항은 다음과 같다.

o Main 수전전압 : 154kV, 12.9kV 등

o 계약용량 : 16000kVA, 3000kVA 등

o TR(변압기)별 용량 및 변환전압 (예: TR#1, 1000kVA, 22.9kV/0.22kV)

o TR 별 연결 설비

수용률, 부하율, 수전설비 적정용량판단, 최대 피크전력 (한전 i-smart 활용)

수전설비 계통도(단선결선도)

o 역률

최대수용전력

(4) 수전설비의 계통도

수전-변전-설비말단까지의 전력 흐름의 계통을 나타낸 것으로 전력 설비의 전체 구성 및 밸런스, 흐름을 쉽게 파악할 수 있도록 작성하여야 한다(그림 3-2와 같은 단선결선도 등을 참조하여 식별 용이하게 작성).

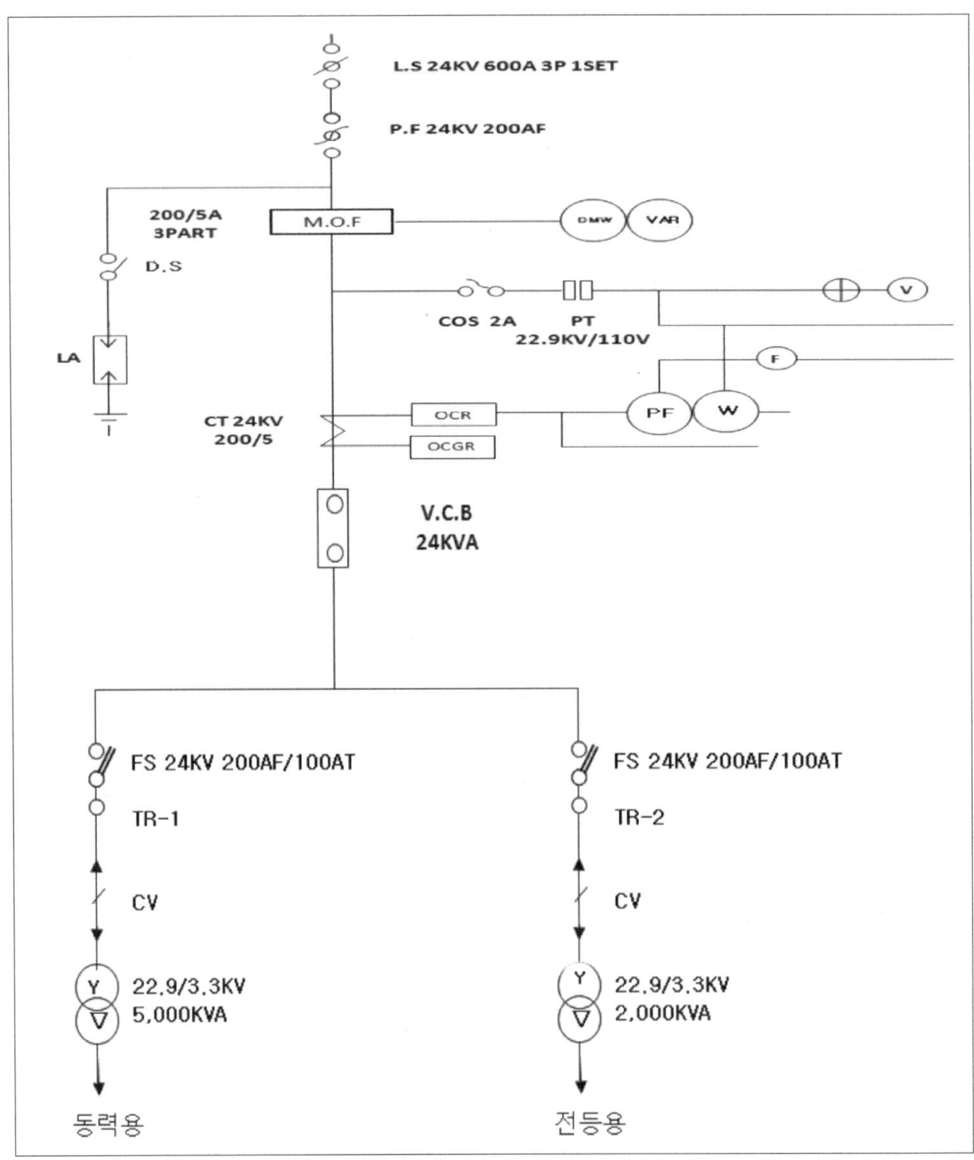

[그림 3-2] 수전설비 단선결선도 예시

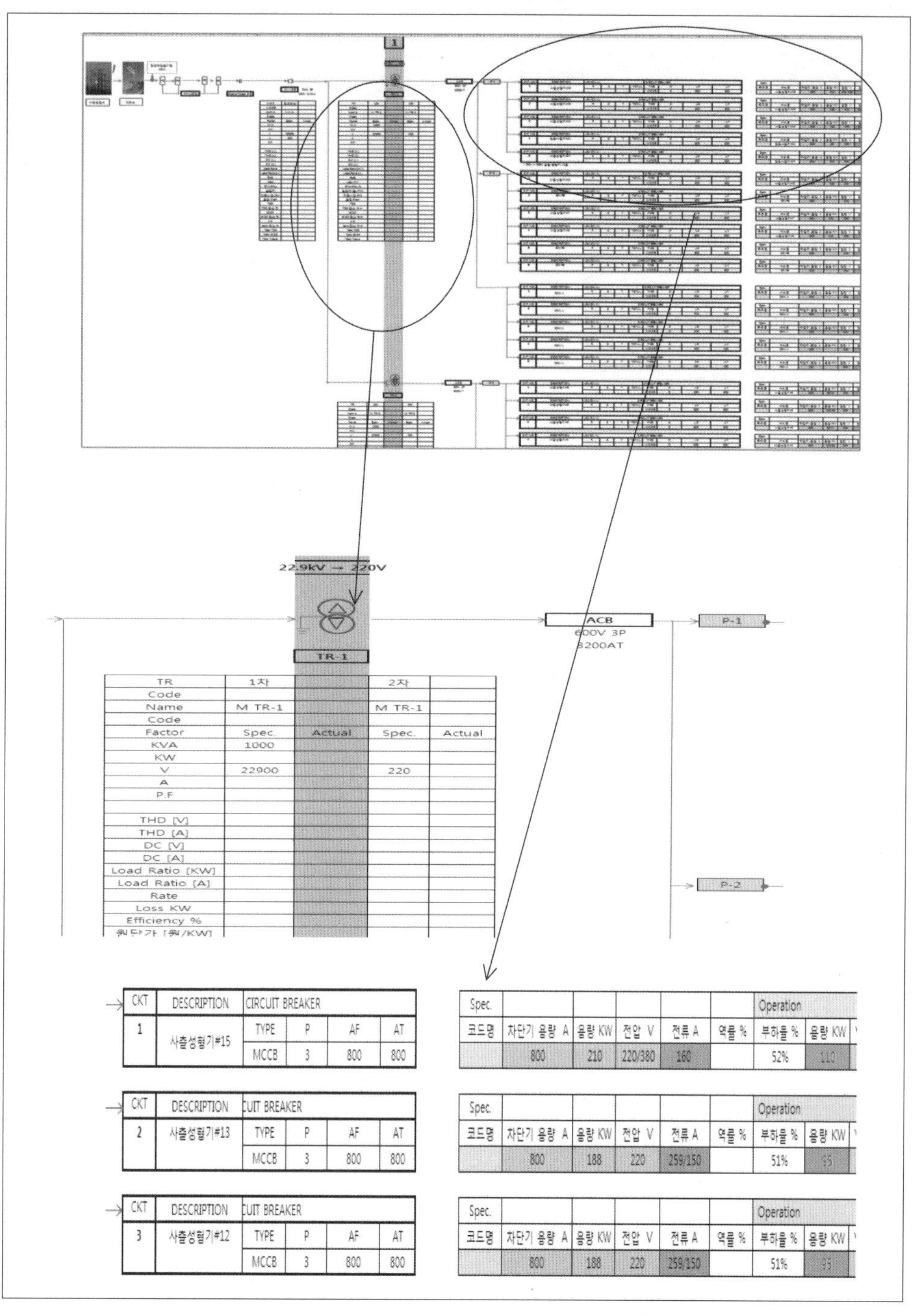

[그림 3-3] 전력 밸런스 맵 예시

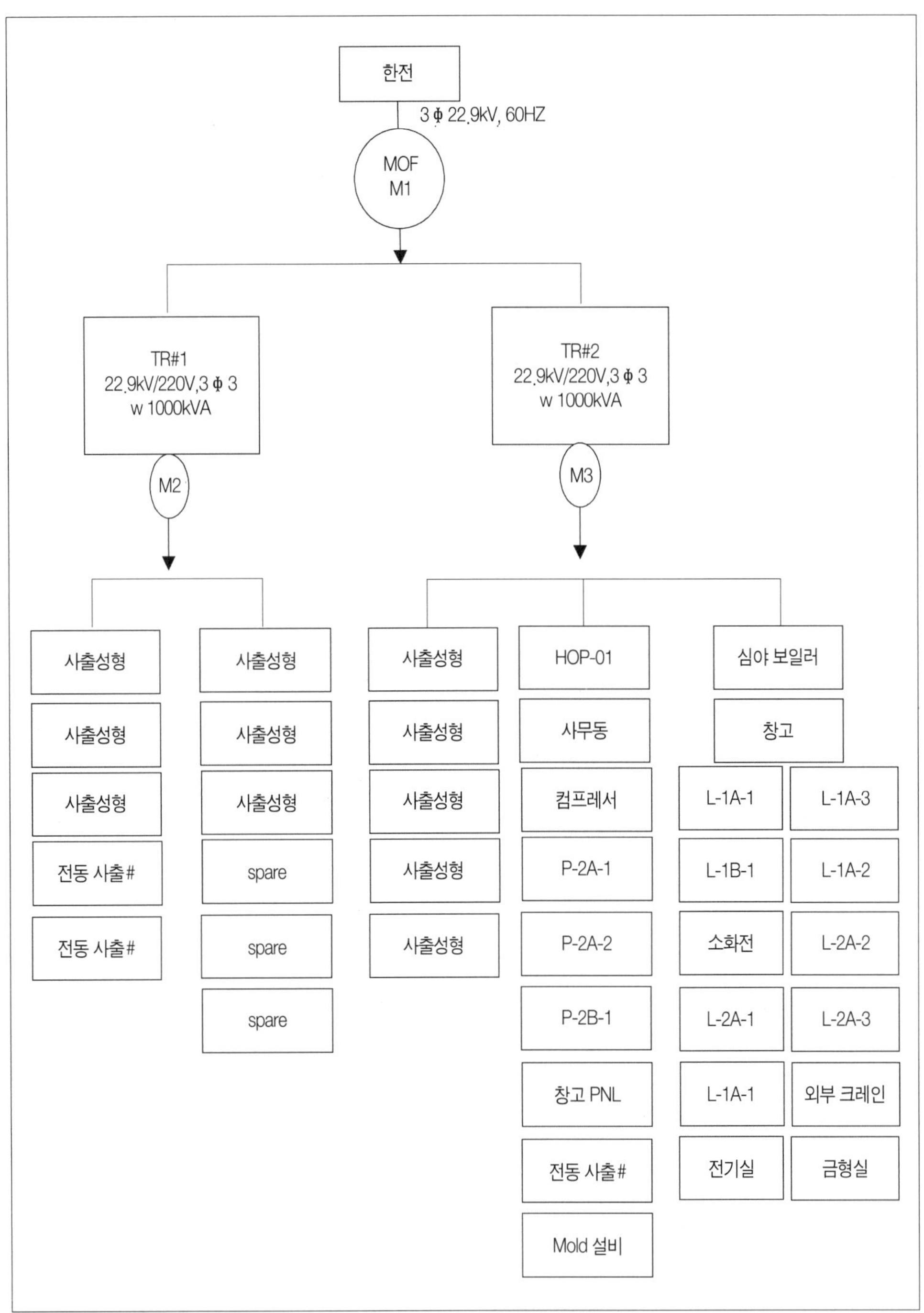

[그림 3-4] 전력 공급 계통도

(5) 수전설비의 적정용량판단

현 제조사업장에서 가동 운전 중인 설비의 전력소요량에 대해 수전설비의 용량이 적절한지를 판단할 필요가 있다. 일반적으로 사업장의 설계 시 실제 필요로 하는 전력량에 비해 수전용량을 과다하게 설정하는 경우가 많고 결과적으로 무 부하 전력손실이 발생하게 된다. 일반적으로 수전용량에 비해 사용전력의 부하가 60~70%가 적당하다.

수전설비의 적정용량을 판단하기 위해 우선 수전설비의 현황을 파악하여야 한다. 아래의 예시를 참조하여 메인 전력부터 변압기의 현황을 파악하도록 한다.

예시) 수전현황 파악

o A건물 수전현황

- 수전전압은 22.9 kV로 공급받고, 수전용 변압기로는 3φ1,000 kVA 5대가 설치되어 있으며, 배전전압 0.38/0.22 kV 변환하여 전원을 공급하고 있다.
- 수전용 변압기 5개로 전기실에서 공급하고 있으며 각각의 배전용 변압기를 통해 건물의 동력부분과 각종 펌프, 팬, 사무실의 전등, 전열전력을 공급하고 계약종별로는 일반용(을) 고압A 선택2 이다.
- 변압기 현황

구분	변압기 용량 (kVA)	구분 (3Φ, 1Φ)	댓수	전압(kV/kV)	용도	제작년월
TR-1	1,000	3Φ	1	22.9/0.38/0.22	전등전열(B4F~20층)	1993.06
TR-2	1,000	3Φ	1	22.9/0.38/0.22	일반동력(B4F~20층) - 공조기, 보일러, 흡수실, 냉동기	1993.06
TR-3	1,000	3Φ	1	22.9/0.38/0.22	냉동동력 - 터보 냉동기	1993.06
TR-4	1,000	3Φ	1	22.9/0.38/0.22	비상동력 - 1, 3, 6F UPS, 항온 항습 - 승강기, 시수, 소방 동력 등	1993.06
TR-5	1,000	3Φ	1	22.9/0.38/0.22	통신동력 - 1, 3, 6F UPS, 항온 항습 - 식당 주방	1995.03

수전설비의 적정용량을 판단함에 있어서 일반적으로 일 근무시간에 따라 수전 설비단위 용량을 기준으로 하여, 식 (3.7)과 같이 수전변압기 용량에 대한 연간 전력사용량의 비를 적정용량의 판단계수로 사용한다. 수전설비 적정용량 판단기준치는 표 3-8과 같다.

$$적정용량판단계수 = \frac{연간전력사용량(MWh)}{변압기용량(kVA)} \quad (3.7)$$

[표 3-8] 수전설비 적정용량 판단기준치

1일 근무시간	8시간 이내	8시간~12시간	12시간~16시간	16시간~20시간	20시간~24시간
수전설비 단위용량 (MWh/kVA)	1.3~1.8	2.0~2.7	2.7~3.6	3.3~4.5	4.0~5.4

※ 여기서 적정용량판단계수의 값이, 상기 표의 기준의 해당범위 값 보다 적으면 과 용량, 해당범위 값 보다 크면 용량부족을 의미한다.

수용률에 의하여 적정용량을 판단하는 경우, 수용률은 식 (3.8)과 같이 최대수요전력(최대사용전력)이 총 수전용량전력에 대하여 어느 정도의 비율을 차지하는가를 나타낸 것이다.

$$수용률(\%) = \frac{최대수요전력(kW)}{총수전전력(kW)} \quad (3.8)$$

실제 총 수전용량에 비해 최대수요전력은 적으며, 이는 수용가의 모든 부하설비가 동시에 100% 부하로 가동되지 않기 때문이다. 만약에 수용률이 100%에 가까워진다면 최대수요전력에 비해 공급해야 할 수전용량이 부족하므로 수전용량의 증설을 검토하여야 한다. 전기 설비는 일반적으로 15분, 30분, 1시간 등의 평균 전력을 취한 계단적인 값으로 나타내며 수용률은 1일, 1개월, 1년의 기간에 걸쳐 동일한 부하에서도 계절에 따라 값이 다르다.

따라서 수변전설비의 용량결정에 있어서 적정부하 산정은 물론, 예상되는 부하곡선에 따른 수용률, 부하율, 최대수요전력을 예측하고 장래의 수요를 감안하여 적정 수변전설비의 용량을 결정함이 바람직하다.

부하율에 의하여 적정용량을 판단하는 경우, 부하율은 식 (3.9)와 같이 특정기간 중의 최대

부하전력에 대한 평균부하전력의 비로서 일 부하율, 월 부하율, 연 부하율로 표시하여 수용률과 함께 적정용량의 판단기준으로 이용한다.

$$\text{부하률}(\%) = \frac{\text{평균부하전력}(kW)}{\text{최대부하전력}(kW)} \times 100 \tag{3.9}$$

부하율이 너무 낮으면(50% 이하) 무 부하 손실이 커지기 때문에 전기 설비를 운전 방법이나 부하변동을 낮출 필요가 있으며, 부하율이 높으면 전기 설비의 전력손실이 감소할 뿐 아니라 전기요금에서도 기본요금의 할인혜택을 받을 수 있다. 그러나 수용률이 낮은 상태에서 부하율이 높은 것은 변압기의 과용량을 의미하므로 표 3-9와 같이 수용률과 부하율을 동시에 고려하여야 한다.

[표 3-9] A사 수용률, 부하율 산정 예시

구분	월평균전력 (kWh)	부하율 (%)	최대수요전력 (kW)	수용률 (%)	비 고
1월	1,367	28.8%	1,328	28.0%	
2월	1,272	26.8%	1,316	27.7%	
3월	1,280	26.9%	1,319	27.8%	
4월	1,302	27.4%	1,322	27.8%	
5월	1,309	27.6%	1,820	38.3%	
6월	1,616	34.0%	1,927	40.6%	
7월	1,805	38.0%	2,028	42.7%	
8월	1,830	38.5%	2,042	43.0%	
9월	1,554	32.7%	2,010	42.3%	
10월	1,307	27.5%	1,751	36.9%	
11월	1,274	26.8%	1,316	27.7%	
12월	1,268	26.7%	1,328	28.0%	
평균	1,432	30.1%	1,626	34.2%	

(6) 역률 분석

전력은 실제 일을 하는 유효전력과 일을 하지 않고 소모만 되는 무효전력으로 구분된다(전력 = 유효전력 + 무효전력). 역률은 식 (3.10)과 같이 전체 전력에 대한 유효전력의 비율을 나타내는 것으로 실제 일을 하는 유효전력, 즉 전력의 질을 나타낸다.

$$평균역률(\%) = \frac{WH}{\sqrt{WH^2 + OH^2}} \times 100 \qquad (3.10)$$

단, WH : 유효전력량 (유효적산전력계로서 측정, 24시간)

OH : 무효전력량 (무효적산전력계로서 측정, 24시간)

역률 개선의 방법으로는 무효전력을 최소화하는 방법으로 역률 보상용 진상 콘덴서를 적절한 위치에 설치하는 것이다. 설치위치는 수전계통도의 상단에서부터 말단까지이다. 상단에서만 아니라 말단에서 역률을 측정 분석하여 필요하면 말단에서 역률을 개선하여야 한다. 무효전력은 일반적 기계식으로는 측정되지 않으므로 별도의 무효전력량계 또는 전자식전력량계를 설치하여야 한다.

역률의 개선을 위해 먼저 역률의 저하원인에 대해 충분히 인지하고 대비하는 것이 보다 효과적이다. 전기기기별 역률특성은 다음과 같다.

- 일반적 역률 저하 전기설비 : 모터, 용접기 등
- 전등, 전열기 : 무효전력 소모가 없음, 역률저하 없음, 역률 100%

역률 요금 적용대상은 주택용은 제외하고 6kW 이상의 고객이며, 역률용 계기 부설 대상은 20kW 이상의 고객이다(단, 교육용, 고압자수용은 제외).

그림 3-5는 A사의 역률 검토 사례이다. 역률은 97%이상으로 기본요금의 5%(역률 할인기준 : 95%), 100% 할인 혜택을 받고 있다.

역률개선효과 및 이점을 살펴보면, 역률개선에 의한 전기요금 경감조항(전기 공급 약관 제43조, 기준역률 90%)에 의해 역률 91~95%는 매 1%당 기본요금의 1% 감액을 받으며, 반대로 역률90% 미만은 매 1%당 기본요금의 1%가 증액된다. 따라서 역률개선으로 최대 5%의 기본요금 경감이 가능하며 병행하여 부하감소 및 전기절감의 효과가 있다.

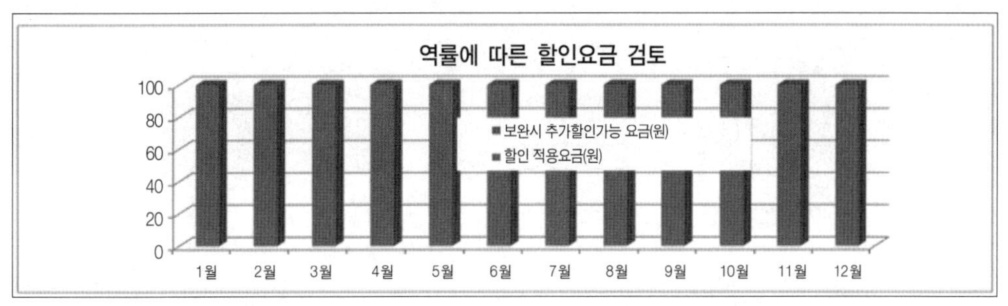

■ 역률에따른 할인요금 검토

구 분	2010년역률(%)	기본요금 지불금액적용전력(kW)	기본요금 지불금액(kW)	할인 적용요금(원)	보완시 추가할인 가능 요금(원)
1월	98	2,215	14,751,900	1,180,152	- 442,557
2월	98	2,215	14,751,900	1,180,152	- 442,557
3월	98	2,215	14,751,900	1,180,152	- 442,557
4월	98	2,215	14,751,900	1,180,152	- 442,557
5월	97	2,215	14,751,900	1,032,633	- 295,038
6월	97	2,215	14,751,900	1,032,633	- 295,038
7월	96	2,215	14,751,900	885,114	- 147,519
8월	96	2,053	13,672,980	820,379	- 136,730
9월	96	1,981	13,193,460	791,608	- 131,935
10월	97	1,981	13,193,460	923,542	- 263,869
11월	99	1,981	13,193,460	1,187,411	- 527,738
12월	99	1,981	13,193,460	1,187,411	- 527,738
합계			169,710,120	12,581,339	- 4,095,833

[그림 3-5] A사 역률 검토 사례

(7) 피크전력 제어 검토

피크전력 제어시스템(최대수요전력 제어장치)이란 한전거래용 계량기에서 펄스신호를 입력받아 피크 전력을 억제함으로써 에너지 요금절감 및 중앙통제에 의한 관리로 효율을 극대화하기 위한 시스템이다(그림 3-6 참조).

최대수요전력 관리시스템을 운용에 있어서 한전 거래용 계량기에서 계량한 전기요금 산정용 최대수요전력을 이용하며 일반적인 전기요금 전력량과 최대 수요전력의 계량은 변성기(MOF, PCT) 전력량계로 사용 전력량과 동시에 전력량에 비례한 최대수요전력을 측정한다.

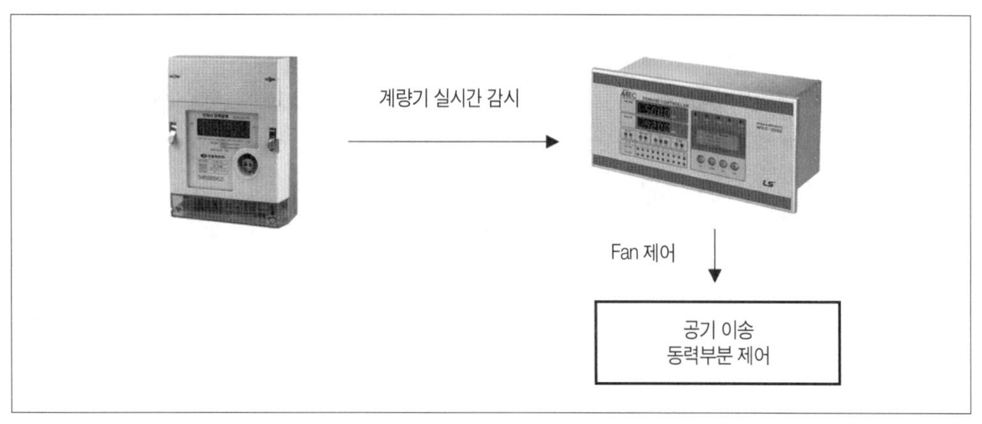

출처 : 이용신, "수배전 설비의 전력관리", 에너지관리공단.

[그림 3-6] 피크전력시스템 도식도

그림 3-7은 A사의 최대수요(peak) 전력관리에 관한 검토사례로서 피크전력으로 인한 기본요금 차이를 나타내며 이를 억제하기위해 피크 목표관리로서 피크전력 억제가 필요함을 알 수 있다.

가. 현황

- 당 현장은 2010. 7월에 피크가 발생하였다.(우측 표 참조)
- 15분 간격 최대수용사용 추이를 보면 17시 45분에 15분 동안 1,998kW 피크 전력량 계산을 하였다. 전후 시간대에 피크 전력과 비교시 40kW 이상 차이가 난다
- 2010년 6월까지는 피크 전력 2,215kW에 대한 기본 전력 요금이 부과 되었다.

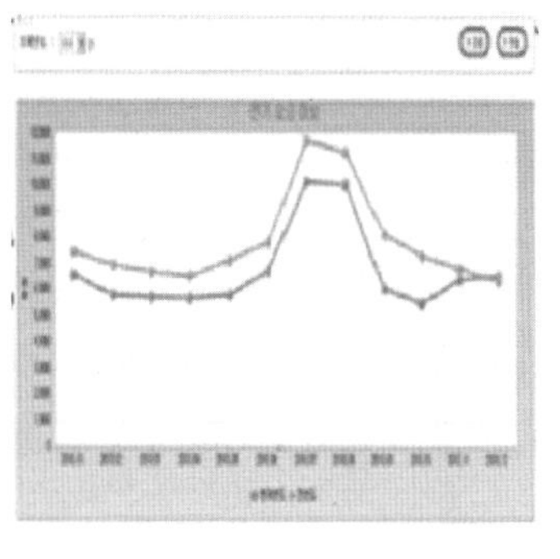

나. 문제점

- 피크목표관리에 따른 피크전력 제어가 필요하다.
  - 건물에 소비되는 전력 분석이 필요하며, 최대 피크억제를 위한 제어 시스템 접목도 필요하다. 또한 고압반 이용고객은 실시간 별 사용량 및 사용 요금을 한국 전력 사이트에서 확인 가능하다.

년월	계약전력(Kw)	요금적용전력(Kw)	사용전력량(Kw)	사용일 수(일)	역률	전기요금(원)
2010.12	4,790	1,981	589,740	31	99.00	65,392,893
2010.11	4,790	1,981	573,391	30	99.00	64,303,410
2010.10	4,790	1,981	607,848	31	97.00	55,045,140
2010.09	4,790	1,981	699,099	30	96.00	60,702,230
2010.08	4,790	2,053	851,000	31	96.00	100,651,010
2010.07	4,790	2,219	839,534	31	96.00	101,908,870
2010.06	4,790	2,219	727,391	30	97.00	67,522,590
2010.05	4,790	2,219	608,549	31	97.00	58,326,410
2010.04	4,790	2,219	585,929	30	98.00	57,131,010
2010.03	4,790	2,219	595,090	31	98.00	57,533,230
2010.02	4,790	2,219	534,323	28	98.00	58,266,580
2010.01	4,790	2,219	635,662	31	98.00	65,875,380
2009.12	4,790	2,219	590,669	31	98.00	63,548,590
2009.11	4,790	2,219	656,290	30	97.00	68,380,290
2009.10	4,790	2,219	832,659	31	96.00	73,244,720
2009.09	4,790	2,219	935,297	30	96.00	81,538,240
2009.08	4,790	2,219	1,015,937	31	96.00	113,289,620
2009.07	4,790	2,159	1,036,148	31	96.00	117,514,990
2009.06	4,790	2,159	926,939	30	96.00	78,364,020
2009.05	4,790	2,159	842,369	31	96.00	71,446,720
2009.04	4,790	2,159	748,962	30	97.00	65,625,940
2009.03	4,790	2,159	774,919	31	97.00	67,113,200
2009.02	4,790	2,159	700,057	28	97.00	69,967,380
2009.01	4,790	2,159	787,099	31	97.00	74,608,310

다. 개선 방안

- 전력 피크 목표관리제도 도입이 필요하다.
  - 매년 변동되는 최대 수요 전력을 목표관리를 통한 감시/제어로 달성/유지에 따른 포상과 이탈에 따른 경위 보고서 제시가 필요하다.
- 상기와 같이 운영하기 위해서 최대 피크 제어시스템 도입이 필요하다.

[그림 3-7] A사 피크전력시스템 도입을 위한 검토사례

3.2.3 보일러

(1) 보일러의 종류 및 특성

보일러는 소형, 중형, 대형 등으로 나눌 수 있으며 소형은 주로 가정용 온수보일러, 중소형은 산업 및 난방용, 대형은 발전용으로 사용된다. 보일러 용도별 사용처별 보일러 사용비율은 그림 3-8과 같다.

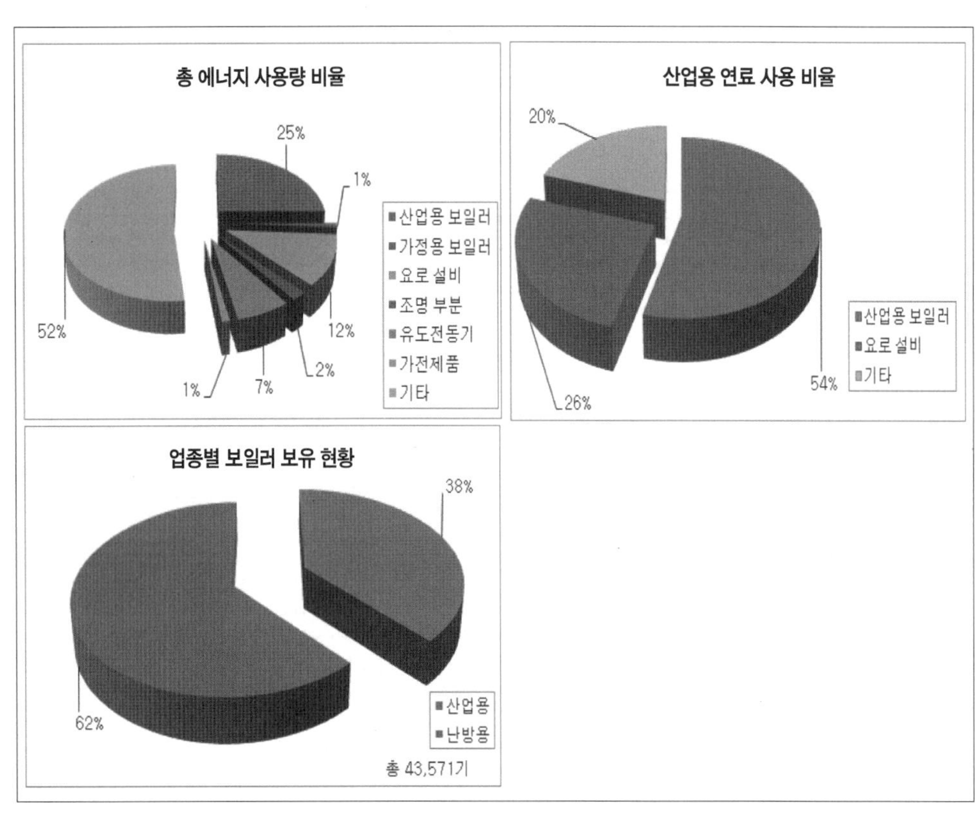

출처 : 김종진, "보일러 종류 및 특징", 한국에너지기술연구원.

[그림 3-8] 보일러 종류별 용도별 사용처별 사용 비율

보일러의 종류는 표 3-10과 같이 원통보일러, 수관보일러, 주철제보일러, 특수보일러로 분류되며 일반적으로 노통연관보일러, 수관보일러(강제순환식), 관류보일러가 흔히 사용되고 있다.

[표 3-10] 보일러 종류 및 형식

종 류	형 식
1. 원통 보일러	• 입형보일러 • 노통보일러 • 연관보일러 • 노통연관보일러
2. 수관 보일러	• 자연순환식 수관보일러 • 강제순환식 수관보일러 • 관류보일러

종 류	형 식
3. 주철제 보일러	• 주철제 조립보일러
4. 특수 보일러	• 폐열보일러 • 특수연료보일러 • 특수열매보일러 • 기타 전기보일러 등

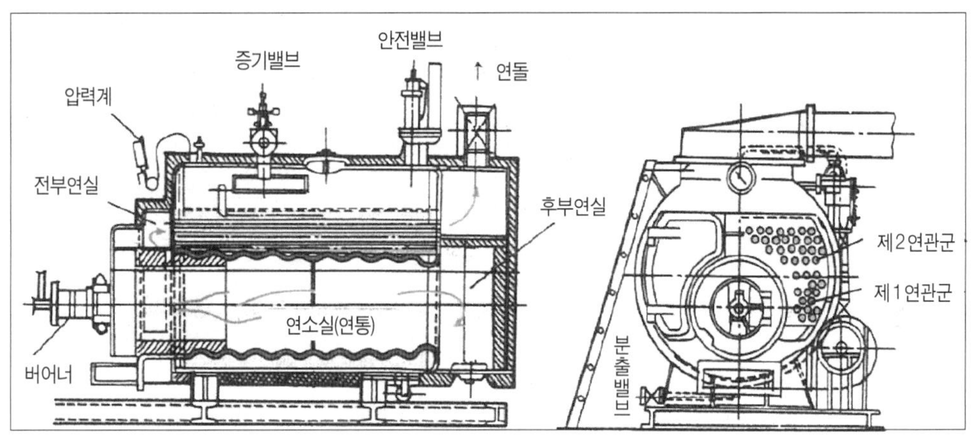

출처 : 김종진, "보일러 종류 및 특징", 한국에너지기술연구원.

[그림 3-9] 노통연관식 보일러 구조

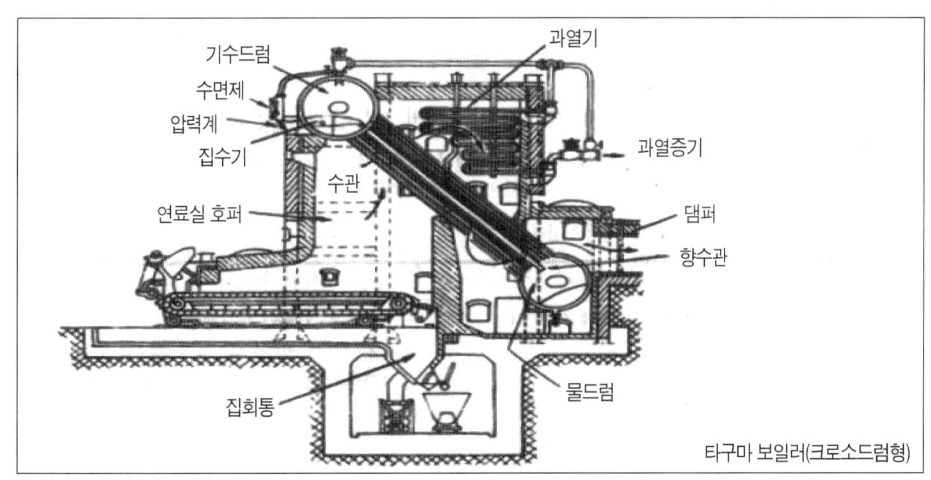

출처 : 중소기업청, 가정용 보일러(Boilers)의 시장.기술 보고서 (2009)

[그림 3-10] 수관식 보일러 구조

산업용 보일러 중에서 일반적으로 많이 사용하는 노통연관식, 수관식, 다관식관류보일러에 대해 장단점을 비교해보면 표 3-11과 같다.

[표 3-11] 산업용 보일러 종류별 장/단점 비교

구분	노통연관식	수관식	다관식관류
장점	o 구조 간단, 저가격 o 압력, 수위 변화 적음 o 보수관리 용이 o 고도 자동제어장치 불필요	o 고압에 잘 견딤 o 연료 선택 넓음 o 전열 면적 큼 → 대용량 가능 o 높은 열효율 o 증기발생 시간 짧음	o 고압에 장점 o 소형으로 대용량 가능 o 적은 보유 수량으로 관리
단점	o 고압용 곤란 o 전열 면적 적음 o 증기발생의 시간 소요 김 o 보유 수량이 많아 파열 시 위험	o 구조 복잡, 청소 난이 o 압력, 수위변동 큼 o 불순물 부착	o 고도의 자동제어 필요 o 불순물 부착 문제 → 고순도 물 사용 o 청소 난이

(2) 보일러의 에너지 검토

보일러는 제조사업장의 필요한 열매(스팀)생산 및 난방용 스팀생산 등의 열을 생산하여 공급하는 주요 유틸리티 설비이다. 즉, 연료 등의 에너지원을 사용하여 공정설비, 난방 등에 사용하기 적합한 열량의 열매(스팀 등)를 생산하여 필요한 사용처에 공급한다.

이에 따라 보일러 자체에서의 연료를 사용하여 열매를 생산하는 과정에서의 에너지 효율, 손실에 대해서 면밀한 분석 및 검토가 필요하다.

① 보일러 열정산 검토방안

보일러의 에너지효율(열효율)을 분석하고 평가하기 위해서는 1차적으로 보일러의 사양과 운전조건을 파악하여 사양과 운전조건의 적합성을 평가하여야 한다.

다음 단계로서는 보일러의 투입되는 물질 및 에너지(급수량/급수온도, 공기량/공기온도, 연료량/투입온도 등)의 투입량 합계와 배출되는 물질 및 에너지(스팀량/온도/압력, 배기가스, 응축수 등)의 산출물의 합계량을 산정하여 투입량의 합계와 산출물의 합계가 일치하는지 확인 평가한다(표 3-12, 표 3-13 참조).

즉, 에너지보존의 법칙에 따라 투입량과 산출물이 일치되지 않을 시에 차이의 원인이 무엇인지, 누실된 손실이 무엇인지를 규명함이 중요하다. 그림 3-11과 같이 물질수지를 맞추는 이

과정은 보일러 에너지 원단위 기준점으로서 매우 중요하며 열정산(에너지 물질수지)으로 나타낸다.

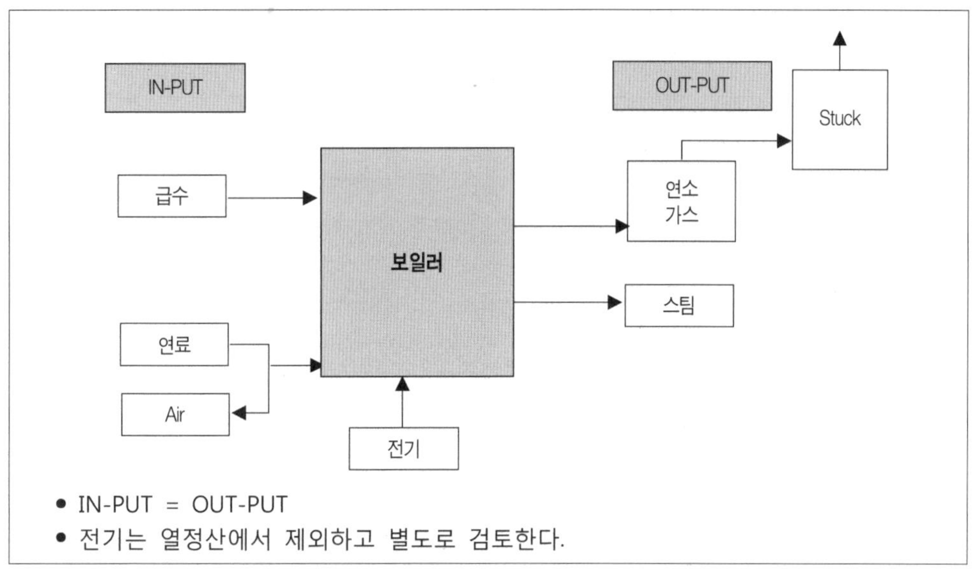

[그림 3-11] 보일러 물질수지 도식도

[표 3-12] A사 보일러 사양 예시

구 분	항 목	단 위	기 재 란	비 고
본체	보일러형식		관류식	
	최대연속증발량	kg/hr	1,500	
	최고사용압력	kg/cm².g	10	
	상용압력	kg/cm².g	5	
	전열면적	m²	9.7	
	제작일		1995. 7.	
	제작처		갑을	
버너	형식		강제혼합식	
	최대연소량	kcal/hr	1,060,000	
	유량범위	Nm³/hr		
	제작처		동방㈜	

구 분	항 목	단 위	기 재 란	비 고
송풍기	형식		터보	
	풍량	m^3/min	34	
	풍압	mmAq	720	
	동력	kW	7.5	
	제작처		나라주식	
급수펌프	유량	m^3/hr		
	양정	m		
	동력	kW		
	제작처			
GAH	형식		-	
	전열면적	m^2	-	
	열용량	kcal/hr	-	
	제작처		-	

[표 3-13] A사 보일러 운전조건 및 측정치 예시

항 목		기 호	단 위	측정치	비 고
외기온도(건)		To	℃	20	
실내온도(건)		Tr	℃	28	
연료	연료명			LNG	연료발열량 9,540
	사용량	Vt	m^3/h	57.3	
	온 도	Tf	℃	20	연료비열 0.4
	압 력	Pf	mmAq	2,050	
급수	급수량	W1L	ℓ/h	885.0	
	입구온도	Tw	℃	80	
증기	증발량	W2kg	kg/h	859.9	
	드럼압력	Ps	kg/cm^2.g	5.5	6.5 ata
연소용 공기	공기예열기입구온도	Ta1	℃	-	SAH 출구
	공기예열기출구온도	Ta2	℃	-	공기비열 0.31
	보일러입구온도	Ta3	℃	28	
배기가스	보일러본체출구온도	Tg1	℃	285	
	공기예열기입구온도	Tg2	℃	-	배가스비열 0.33
	공기예열기출구온도	Tg3	℃	-	
	CO_2성분	(CO_2)	Vol %	-	

항 목		기 호	단 위	측정치	비 고
배기가스	O_2성분	(O_2)	Vol %	6.50	
	CO성분	(CO)	VoL %	0.00	
증기건도		X		0.98	
블로우 다운량			kg/h	-	
자체열원 분입증기량			kg/h	-	
외부열원 분입증기량			kg/h	-	0.0kcal/kg
이론연소 공기량			Nm^3/Nm^3	10.742	
이론 배가스량			Nm^3/Nm^3	11.853	

② 보일러 열정산 결과 및 산정방법

다음은 앞의 운전조건 및 측정치에 의해 보일러의 열정산을 산정한 사례이다. 표 3-14와 같이 입열과 출열을 산정하여 입열과 출열을 일치시켜 열 밸런스를 맞추어야 하며 손실열에 대한 평가가 이루어져야 한다. 최종적 성능결과로 보일러 효율(열효율), 부하율을 산출한다.

[표 3-14] A사 보일러 열정산 결과

번호	항 목	기 호	입 열		출 열	
			kcal/ Nm^3	%	kcal/Nm^3	%
1	연료의발열량	HL	9,540	99.6		
2	연료의 현열	Q_1	0	0.0		
3	공기의 현열	Q_2	39	0.4		
4	로내분 입증기 열	Q_3	0	0.0		
5	발생증기 흡수열	Q_S			7,645	79.8
6	블로우다운수 흡수열	Q_d			0	0.0
7	배가스손실열	L_1			1,457	15.2
8	로내분입증기손실열	L_2			0	0.0
9	불완전연소의손실열	L_3			0	0.0
10	방열및기타손실열	L_4			477	5.0
	합 계	Qi.Li	9,579	100.0	9,579	100.0

항 목	단 위	결 과 치
보일러 효율	%	79.8
부하율	%	57.3

• 보일러 효율은 총 입열량에 대한 유효열(발생증기흡수열+블로우다운수 흡수율)의 비율로 나타내며, 부하율은 사양의 최대연속발생량에 대한 발생증발량의 비율로 계산된다.

표 3-13의 운전조건 및 측정치 예시 결과를 이용하여 열정산을 산정한 세부 결과를 보면 다음과 같다.

㉮ 기본계산

o 연료사용량(F) = 연료측정량 × 압력비 × 절대온도비

= 57.3 × (10,332+2,050) ÷ 10,332 × 273 ÷ (273+20)

= 64.0 N㎥/hr

(※ 표준온도, 압력상태의 조건으로 전환 필요)

o 급수량 (W1 kg/hr) = 급수 측정량(/hr) ÷ 급수 비체적(/kg)

= 885 ÷ 1.0292 = 859.9 kg/hr

(수량계전 온도 80℃, 급수 비체적 1.0292/kg)

o 연료 1N㎥당 급수량 (W1 kg/N㎥_연료) = 급수량 ÷ 연료사용량

= 859.9 ÷ 64 = 13.44 kg/N㎥_연료

o 발생 증발량 (W2 kg/hr)

= 급수량 - 블로우다운량(블로우다운+자체증기분입)

= 859.9 - 0.0 = 859.9 kg/hr

o 연료 1N㎥당 증발량 (W2 kg/N㎥_연료) = 발생증발량 ÷ 연료사용량

= 859.9 ÷ 64 = 13.44 kg/N㎥_연료

o 공기비(m) = 21 ÷ (21-O2) = 21 ÷ (21-6.50) = 1.448

㉯ 입열계산

o 연료발열량(고위발열량) = 9,540 kcal/N㎥_연료(LNG)

o 연료의 현열(Q1) = 연료의 비열 × (버너전 온도-외기온도(건))

= 0.4 × (20-20) = 0 kcal/N㎥_연료

o 공기의 현열(Q2)

= 실제공기량 × 비열 × (공기예열기입구 온도-외기온도(건))

= 이론연소공기량×공기비×비열× (공기예열기입구 온도−외기온도(건))

= 10,742 × 1.448 × 0.31 × (28−20)

= 39 kcal/N㎥_연료

o 로내분입증기에 의한 입열(Q3)−타보일러 공급증기 경우

= 연료1N㎥당 분입증기 × (분입118증기엔탈피−외기온도엔탈피)

= 0 × (0−600) = 0 kcal/N㎥_연료

o 총입열량 (QI) = 연료발열량 + 연료현열 + 공기현열 + 로내분입입열

= 9,540 + 0 + 39 + 0 = 9,579 kcal/N㎥_연료

㉰ 출열계산

o 발생증기의 흡수열(QS)

= 연료 1N㎥ 당 증발량 × (증기엔탈피−급수엔탈피)

= 13.44 × (648.822−80) = 7,645 kcal/N㎥_연료

• 증기엔탈피(hX) = 급수의 현열 + 잠열 × 건도

= 162.5945 + 496.1505(포화증기표) × 0.98

= 648.822 kcal/N㎥_연료

o 블로우다운수의 흡수열(QD)

= 연료 1N㎥당 블로우다운량 × (블로우다운수엔탈피−급수엔탈피)

= 0 × (169.6 − 80) = 0 kcal/N㎥_연료

o 배가스 손실열(L1)

= 실제배가스량 × 비열 × (공기예열기출구온도−외기온도(건))

• 실제배가스량

= 이론배가스량 + (공기비−1) × 이론연소공기량

• 배가스 손실열(L1)

= {11853+(1.448−1) × 10742} × 0.33 × (285−20)

= 1,457 kcal/N㎥_연료

o 로내분입증기에 의한 열손실 (L2)

= 연료1N㎥당 분입증기량 × (배가스온도증기엔탈피−외기온도증기엔탈피)

= 0 × (639 − 600) = 0

o 불완전 연소에 의한 열손실(L3)

= 30.5 × {이론배가스량 +(공기비−1) × 이론연소공기량} × CO%

= 30.5 × {11,853+(1.448−1) × 10,742} × 0 = 0

o 방열, 전열 및 기타 손실열(L4)

= QI − (QS + L1 + L2 + L3) = 477 kcal/N㎥_연료

o 출열합계(QO)

= QS + QD + L1 + L2 + L3 + L4

= 9,579 kcal/N㎥_연료

㉣ 보일러 성능치

o 보일러 부하율 = (발생증발량 ÷ 최대연속증발량) × 100

= (860 ÷ 1500) × 100 = 57.3%

o 보일러 효율

= {(발생증기의 흡수열 + 블로우다운수의 흡수열)÷총입열량} × 100

= {(7,645 + 0)÷9,579} × 100 = 79.8%

3.2.4 공기압축기

공기압축기는 공공 및 상업건물, 제조사업장 등의 각종 제어계통의 작동유체, 제조공정의 직접적인 air 공급 등의 여러 가지 용도로 널리 사용되며, 특히 제조사업장에서는 유틸리티 설비로서 매우 중요한 에너지관리설비이다.

여러 가지 용도에 이용되고 있으며, 특히 산업체에서 널리 보급되고 있다. 공기압축기는 주로 전기를 이용하여 공정에 필요한 조건으로 압축, 냉각하여 공급하며, 이의 효율적인 운전 및 관리기준은 에너지 절감의 방안으로서 중요한 의미를 지니고 있다.

(1) 공기압축기 종류 및 특성

공기압축기는 일반적으로 왕복동, 스크루, 터보형으로 구분되어 일반적으로 터보가 적용범

위가 넓어 많이 사용되고 있으며 왕복동은 소규모, 스크루는 제한적으로 사용하고 있다. 각 종류별 특징 및 장단점을 비교하면 표 3-15와 같다.

[표 3-15] 공기압축기 종류별 주요특징 및 장단점 비교

종류	주요 특징 및 장단점	비고
왕복동 압축기	• 실린더 안에 피스톤의 왕복으로 압축공기생성 • 높은 압력변화 → 유량변동이 작은 특징 • 높은 공기압력 생산가능 • 유량의 한계(3,300m³/hr), 공기사용이 많은 공정에 부적합 • 공기흐름이 비연속적	한정적 적용
스크루 압축기	• 암수로터가 맞물려 회전함으로써 압축공기를 생성 • 압력은 왕복동보다 작으나 공기유량이 많다 • 기계적 소음이 매우 크다. • 유량은 3,300m³/hr정도 생산 가능	비교적 적용 적음
터보 압축기	• Impeller고속회전 → 공기의 속도 높이고 속도에너지를 Diffuse로부터 압력에너지로 변환하여 압축공기 생성 • 왕복동과 스크루의 단점을 보완한 형식 • 압력변화 없이 유량조정 가능 • 다른 압축기와 비교시 전력당 많은 유량 생산 (에너지효율에 있어 장점) • 유량대비 압축비가 높을 때 발생하는 불연속성으로 Impeller 공회전하여 유동흐름이 불규칙하고 제어난이	적용 범위 넓음

또한 공기압축기의 구성을 보면 그림 3-12과 같다.

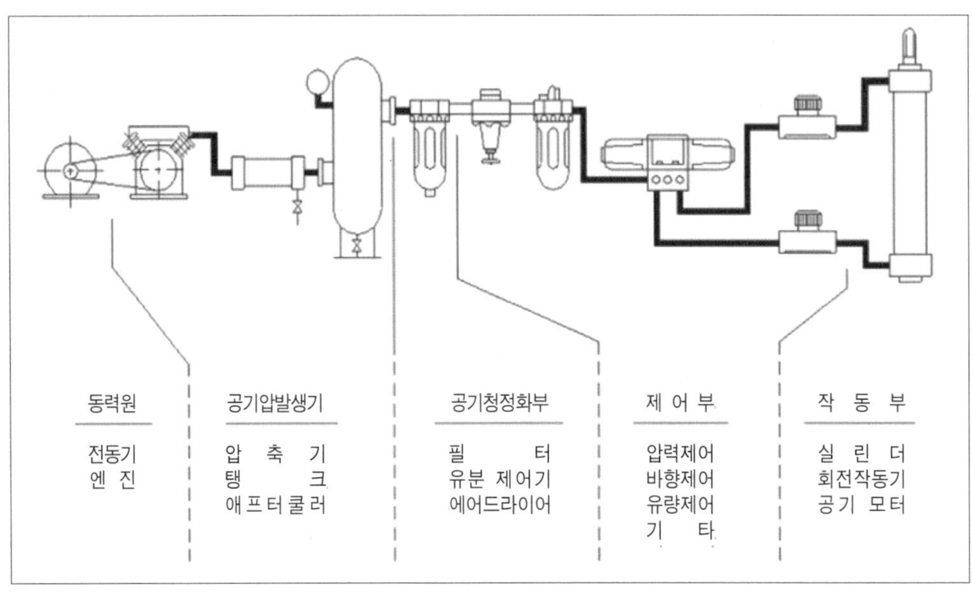

출처 : 에너지관리공단 정보교류센터 자료실, "공기압축기 효율적 이용", http://www.kemco.or.kr/iecenter/index

[그림 3-12] 공기압축기 구성

① 후부냉각기(after cooler)

압축기 후단부(discharge)에서의 에어 온도는 최고 250℃정도까지 상승하므로 탱크, 배관 등 송출 도중에서의 방열량으로는 충분히 냉각이 될 수 없으므로 송출 온도 그대로 사용할 경우 사용 기기에서 패킹의 열화를 촉진하거나, 말단에서 냉각된 수분이 배출되어 사용기기에 나쁜 영향을 미친다. 따라서 후부 냉각기를 설치하여 공기 온도를 낮추고 수분도 어느 정도 분리하여야 효과적이다.

② 공기압 탱크(receiver tank)

공기압 탱크는 공기의 압축성을 충분히 갖도록 함으로써 소비량의 변동에 대응하여 압축기의 맥동을 제거하거나 탱크 표면의 방열을 이용하여 냉각 작용을 돕는 것도 가능하다. 또한 저장된 공기를 정전시 사용하는 것도 가능하다.

③ 에어필터(air filter)

압축된 공기에 포함된 먼지 등 이물질은 공압기기 및 생산제품에 불리한 영향을 끼치므로 이를 제거하기 위하여 공기필터를 설치한다.

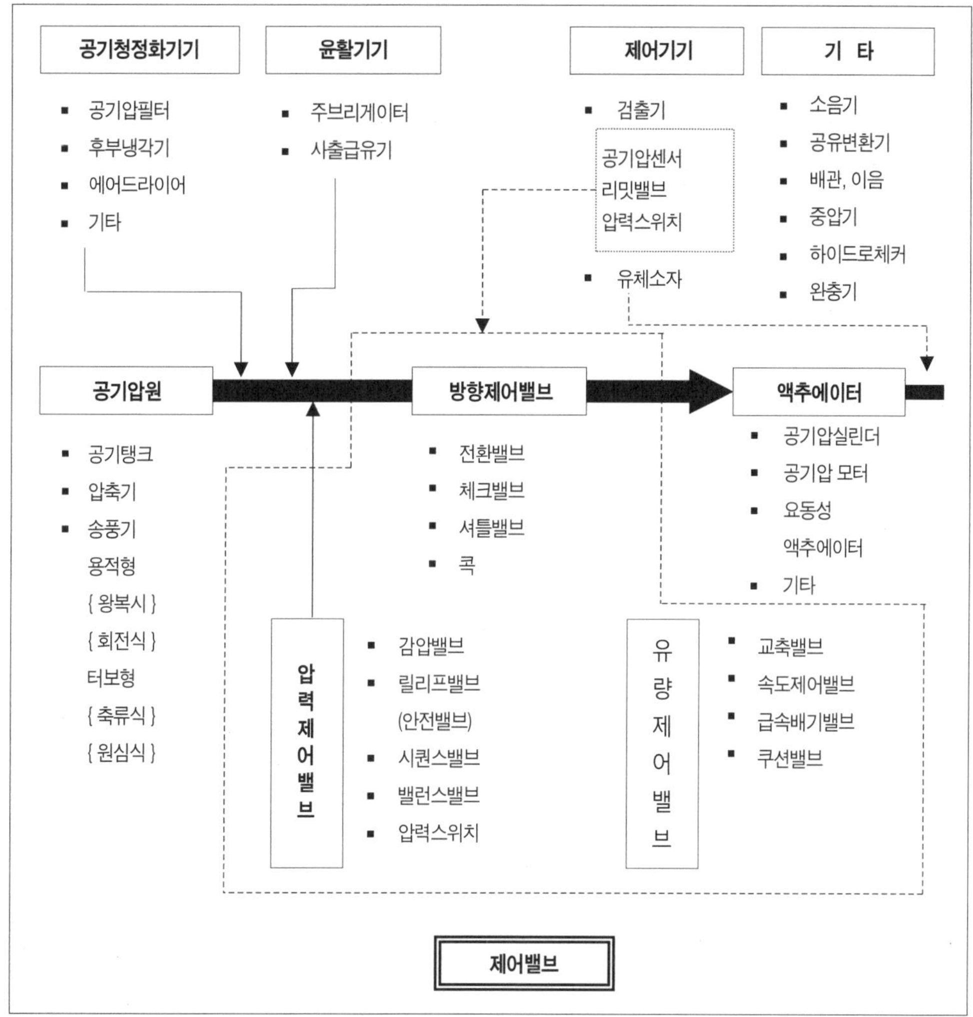

출처 : 에너지관리공단 정보교류센터 자료실, "공기압축기 효율적 이용", http://www.kemco.or.kr/iecenter/index

[그림 3-13] 공기압축기 시스템 제어계통

④ 드레인 트랩(drain trap)

후부냉각기 출구부분, 공기압탱크 하단부, 에어필터 하단부, 배관라인 도중에 부착하여 분리되는 수분이나 오일을 배출시키는 것으로 자동적으로 일정량이 모이면 배출시키는 자동 배출기나, 타이머로 작동하는 전자식(auto trap)이 있다.

⑤ 공기 건조기(air dryer)

후부냉각기나 탱크에서의 냉각으로는 수분제거가 불충분하므로 강제적으로 수분을 제거하여 가압하(압축기내 발생압력) 노점을 하향시키기 위해 에어 드라이어를 설치한다.

(2) 공기압축기의 에너지 검토

① 공기의 일반특성

공기압축기 운영을 위해서는 공기의 일반특성을 알아야 한다. 식 (3.11)과 같이 공기는 기체의 보일-샤를 법칙에 따라 부피는 절대온도에 비례하고 절대압에 반비례한다.

$$\frac{P_1 V_1}{T_1} = \frac{P_2 V_2}{T_2}, \quad V_2 = V_1 \times \frac{T_2}{T_1} \times \frac{P_1}{P_2} \tag{3.11}$$

또한 비열비(K)를 고려하면 식 (3.12)로 정의할 수 있다.

$$\frac{T_2}{T_1} = \left(\frac{V_1}{V_2}\right)^{K-1} = \left(\frac{P_2}{P_1}\right)^{\frac{K-1}{K}} \tag{3.12}$$

② 공기 압축기 소요동력 계산식

공기압축기의 소요동력은 식 (3.13)과 같이 계산할 수 있다.

$$L = \frac{(\alpha+1)k}{k-1} \frac{Ps \cdot Qs}{6,120} \left\{ \left(\frac{Pd}{Ps}\right)^{\frac{(k-1)}{(a+1)k}} - 1 \right\}^{\frac{\phi}{\eta_{cd} \cdot \eta_t}} \tag{3.13}$$

단, L : 소요 동력(kW)

Ps : 흡입공기의 압력(kg/m²abs)

Pd : 토출 공기의 압력(kg/m²abs)

Qs : 흡입공기량(m³/min)

α : 중간 냉각기의 수

κ : 공기의 단열 지수

η_{cd} : 압축기의 전단 열효율(%)

η_t : 전단 효율(%)

Φ : 여율율(%)

식 (3.13)에서 흡입공기의 압력, 토출공기의 압력, 압축률이 소요동력에 영향을 미침을 알 수 있다.

③ 공기압축기의 에너지절감 방안

앞의 공기압축기 소요동력의 계산식의 영향인자를 고려하여 공기압축기의 소요동력의 감소를 통한 에너지 절감방안을 다음과 같이 정리하였다.

㉮ 흡입공기 온도 저감

공기 압축기에 흡입되는 공기는 온도가 낮을수록 전력절감 효과가 있다. 이론 단열 공기동력은 토출 압력과 유량(체적 유량)에 비례하므로 흡입되는 공기 온도가 높을수록 체적(유량:)이 증가하므로 소비 동력은 증가한다(그림 3-14). 흡입온도 저하에 따른 전력절감율의 산출식은 (3.14)와 같다.

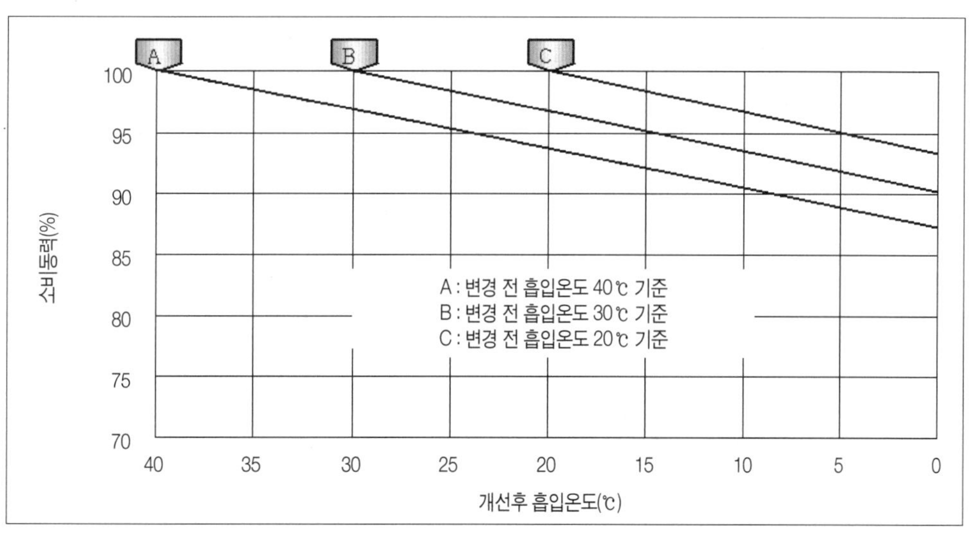

[그림 3-14] 공기압축기 흡입온도와 소비동력의 관계

$$\epsilon = (1 - \frac{T_2}{T_1}) \times 100 \quad (3.14)$$

단 ε : 전력절감율(%)

T_1 : 개선 전 흡입공기 절대온도(°K)

T_2 : 개선 후 흡입공기 절대온도(°K)

[예제 3-1]

실내 평균 온도가 30℃인 공기 압축기실에서 실내공기를 흡입하던 것을 덕트를 설치하여 외부공기를 흡입할 경우 개략적인 전력절감율은 얼마인가?

(단, 외기 평균온도 : 15℃)

$$\epsilon = [1-(273+15)/(273+30)] \times 100 = 4.95\%$$

㉯ 입공기압력 저감

공기 압축기에 흡입되는 공기의 압력을 적정압력으로 낮춤으로써 소요동력을 절감할 수 있다. 흡입압력과 소비전력의 관계는 그림 3-15와 같고, 전력절감율 계산식은 식 (3.15)와 같다.

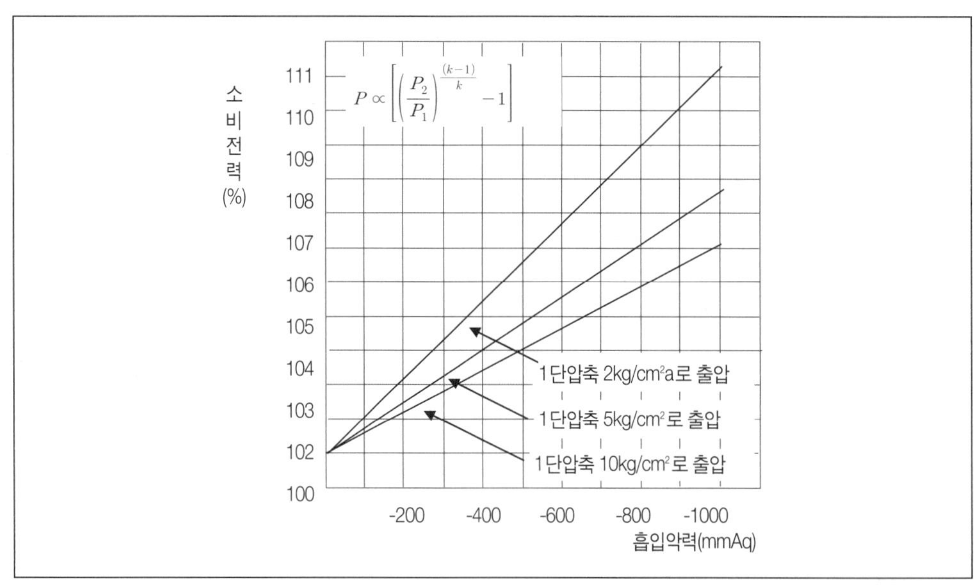

[그림 3-15] 공기압축기 흡입압력과 소비전력의 관계

$$\epsilon = \left[1 - \frac{\left\{ \left(\frac{P_2}{P'_1} \right) \right\}^{\frac{(k-1)}{(a+1)k}} - 1}{\left\{ \left(\frac{P_2}{P_1} \right) \right\}^{\frac{(k-1)}{(a+1)k}} - 1} \right] \times 100 \qquad (3.15)$$

단, ε : 전력절감율(%)

P_1 : 개선 전 흡입공기 절대 압력(kg/㎡ · a →10^4kg/㎠ · a)

P'_1 : 개선 후 흡입공기 절대 압력(kg/㎡ · a →10^4kg/㎠ · a)

P_2 : 토출공기 절대압력(kg/㎡ · a →10^4kg/㎠ · a)

α : 중간 냉각기의 수(이론 단열 공기압축 a=0)

k : 공기의 단열 지수(1.4)

[예제 3-2]

흡입압력 -500mmAq일 때 이를 개선하여 -100mmAq로 하였다면 개략적인 전력 절감율은 얼마인가?

(단, 1단 압축일 경우이며, 토출압력 3kg/㎡ · g)

$$\epsilon = \left[1 - \frac{\left(\frac{4}{0.99} \right)^{\frac{0.4}{1.4}} - 1}{\left(\frac{4}{0.95} \right)^{\frac{0.4}{1.4}} - 1} \right] \times 100 = 3.48\%$$

㉰ 입공기습도 조정

공기 압축기에 흡입되는 공기의 습도를 적정 수준으로 관리함으로써 소요동력을 절감할 수 있다. 상대습도와 소비동력의 관계는 그림 3-16과 같고, 절감율 산출식은 (3.16)과 같다.

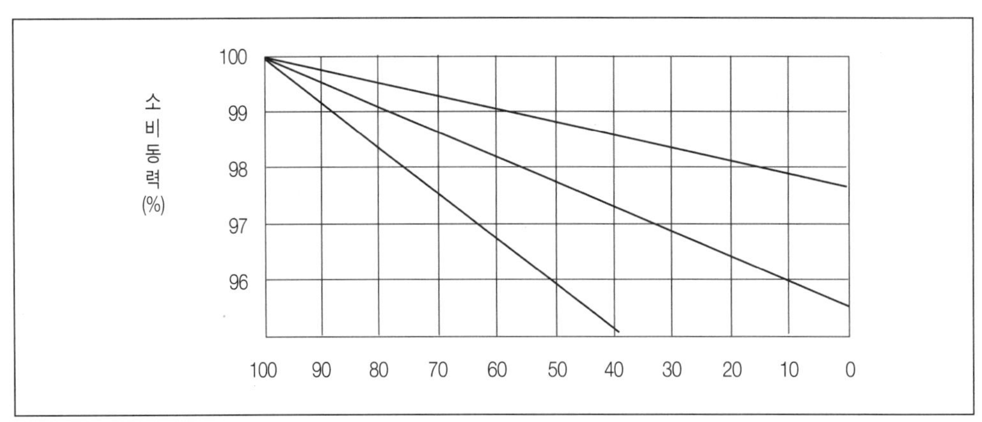

[그림 3-16] 공기압축기 상대습도와 소비동력의 관계

$$\epsilon = \left[1 - \frac{10,332 - P_W \times \dfrac{10,332}{760} \times \Phi_1}{10,332 - P_W \times \dfrac{10,332}{760} \times \Phi_2} \right] \times 100 \qquad (3.16)$$

단, ϵ : 전력 절감율(%)

P_W : 해당 온도에서의 증기압(mmHg)

Φ_1 : 개선 전 상대 습도(%)

Φ_2 : 개선 후 상대 습도(%)

[예제 3-3]

온도가 30℃인 공기의 상대 습도를 80%에서 30%로 낮추었을 때 전력절감율은 얼마인가?
(단, 30℃에서의 증기압은 31.83mmHg)

$$\epsilon = \left[1 - \frac{10,332 - 31.83 \times \dfrac{10,332}{760} \times 0.8}{10,332 - 31.83 \times \dfrac{10,332}{760} \times 0.3} \right] \times 100 = 2.12\%$$

㉣ 토출압력 조정

그림 3-17과 같이 토출압력이 높을수록 소비동력이 더 커지므로 가능한 압축기의 토출압력을 낮추는 것이 바람직하다. 따라서 토출압력을 적정하게 관리/유지함으로써 에너

지를 절감할 수 있다. 이론 단열 공기동력(kW)은 토출압력과 식 (3.17)과 같은 관계를 가지므로, 전력절감율은 식 (3.18)과 같이 계산할 수 있다.

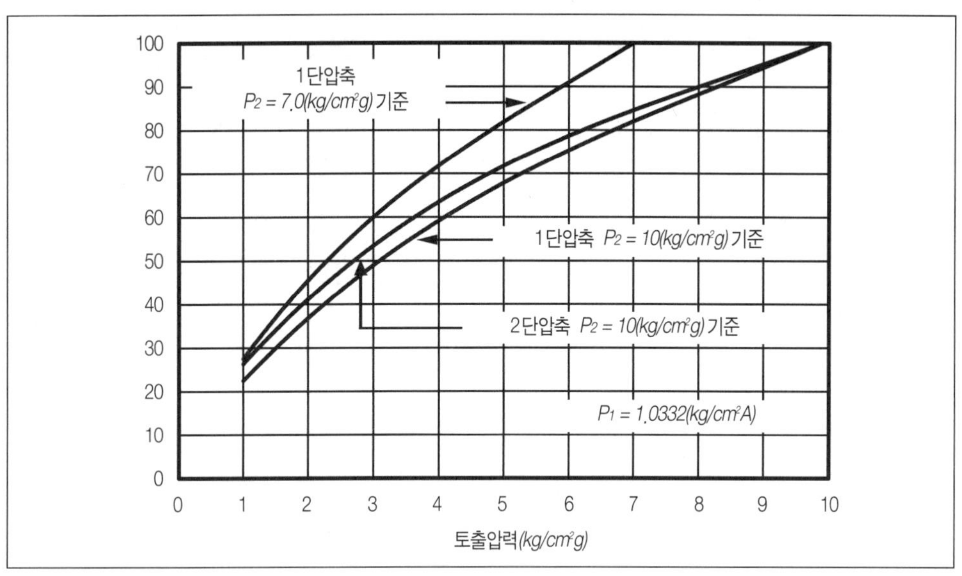

[그림 3-17] 공기압축기 토출압력과 소비동력의 관계

$$L_{AD} \propto \left\{ \left(\frac{P_2}{P_1} \right)^{\frac{(k-1)}{(a+1)k}} - 1 \right\} \tag{3.17}$$

단, P_1 : 대기압력(흡입압력)

P_2 : 개선 전후의 토출절대압력

$$\epsilon = \frac{L_{AD_1} - L_{AD_2}}{L_{AD_1}} \times 100 \tag{3.18}$$

[예제 3-4]

현 토출압력 6kg/㎠을 5kg/㎠로 낮추었다면 전력절감율은 얼마인가?

$$L_{AD_1} \propto \left\{ \left(\frac{7}{1} \right)^{\frac{0.4}{1.4}} - 1 \right\} = 0.7436$$

$$L_{AD_2} \propto \left\{ \left(\frac{6}{1} \right)^{\frac{0.4}{1.4}} - 1 \right\} = 0.6685$$

$$\epsilon = \frac{0.7436 - 0.6685}{0.7436} \times 100 = 10.10\%$$

다음은 실제 압축기의 토출압력 및 부하율과 소비동력과의 관계를 나타낸 것이다.

o 컴프레서의 사양

토출 압력(kg/cm²G)	7
토출량(m³/min)	40
용량조정(%)	0, 50, 100 3단계(흡입변 개방 방식)
전동기	3.3kW, 300kW

○토출 압력과 전동기 동력(kW)

압력(kg/㎠/G) / 부하(%)	7	6	5	4	3
100	50	226	156	216	150
205	144	190	134	166	120

○부하(풍량)와 전동기 동력(kW)

부하(%)	0	50	100
토출량(m³/min)	0	20	40
동력(kW)	44	132	220

부하율 100%일 때 사용압력을 6kg/cm²에서 5kg/cm²로 낮추면, 전동기 동력이 216kW에서 205kW로 떨어지므로 소요동력을 약 5.1%정도 절감시킬 수 있다. 또한 부하율에 따라서 동력의 변화가 큼을 알 수 있다.

㉲ 압력공기의 누출 방지

압축공기의 누출에 의한 손실을 방지함으로써 에너지의 손실을 줄일 수 있으며, 압축공기 누출에 의한 손실은 식 (3.19)와 같이 계산할 수 있다.

$$L_{AD} = \frac{k}{k-1} \frac{P_1 \cdot Q \cdot C}{6,120} \left\{ \left(\frac{P_2}{P_1} \right)^{\frac{(k-1)}{k}} - 1 \right\} \times \frac{1}{\mu} (\text{kW}) \tag{3.19}$$

단, Q : 불출공기량(N㎥/min)

C : 유량계수

μ : 압축기 효율(%)

P_1 : 흡입 압력(대기 압력)(kg/㎡ · a)

P_2 : 누설 압력(kg/㎡ · a)

[예제 3-5]

현 토출압력 6kg㎠의 압축배관에 직경 3mm의 구멍이 생겼을 때 누설되는 공기에 의해 손실되는 전력은 얼마인가?

(유량계수 , 압축기 효율 60% 가정)

$$L_{AD} = \frac{1.4}{1.4-1}\frac{1\times10^4\times(32/60)\times0.5}{6,120}\left\{\left(\frac{7}{1}\right)^{\frac{(1.4-1)}{1.4}}-1\right\}\times\frac{1}{0.6}=1.89(\text{kW})$$

누설 구경 대비 손실 전력 6kg/㎠ 기준

구경(mm)	구멍 면적(㎟)	누설량(N㎥)	환산 동력(kW)
1	0.79	3.4	0.28
2	3.14	14.5	0.7
3	7.06	32.0	1.8
5	19.63	90.0	7.4

㉶ 배관손실 저감

△P가 클 경우 토출압력 P1을 높게 할 필요가 있어 소요동력의 증가를 초래하므로 불필요한 밸브 및 배관 굴곡개소를 줄이고 충분한 굵기의 배관을 설치하는 등의 방법으로 배관손실을 줄일 수 있다.

㉷ 공기 사용방식 합리화

사용처의 사용압력 저감운전, 냉각용, 퍼즈용 공기를 핀 방식으로 전환, 연속사용을 간헐적으로 사용하는 방법 등을 고려할 수 있다.

㉧ 합리적인 용량조정 운전

적정부하 운전을 통하여 관리하는 방법으로 다음과 같다.

o 단속운전 (단일기)

Unload율 100%(무부하상태)올 운전하고 있는 경우에는 압축기 자체를 정지시킨다. 즉 부하에 대응한 단속운전을 행한다. 무부하시의 소비 동력은 스크루형인 경우는 정격동력의 약50%이고 왕복동식인 경우는 약20%로 상당히 크므로 단속운전을 하여 불필요한 손실을 줄여야 한다.

o 효율적 용량조정

o 일반적 대수제어(복수기)

대수제어에는 운전대수 제어와 용량(부하)조정이 있다.

㉨ 기타, 고효율 절전모터 도입, 인버터 제어에 의한 적정 부하율 및 unloading 전력손실 감소 등의 절감 방안이 있다.

3.2.5 냉동기

냉동기는 각종 건물, 제조사업장 공정에서 냉난방 및 온도제어를 위해 많이 사용되고 있다. 주로 전기를 이용하여 건물 및 공정에 필요한 조건으로 압축, 냉각하여 공급하며, 이의 효율적인 운전 및 관리기준은 에너지 절감의 방안으로서 중요한 의미를 지니고 있다.

(1) 냉동기 종류 및 특성

운전 중인 냉동기는 냉매의 저압과 고압의 압력상태로 존재하고 냉매의 압력을 발생시키는 방법에 따라 표 3-16과 같이 분류할 수 있다.

[표 3-16] 냉동기 종류 및 용도

종류	상세 구분		용량	용도
증기 압축식	용적실	왕복동식	소 · 중	냉장고, 에어컨, 자동차 에어컨
		로타리	소	소형에어컨
		스크롤	소 · 중	Package 에어컨
		스크류	중 · 대	중형건물 냉방
	원심식	터보식	대	대형건물 냉방
흡수식 (액체압축식)	1중 효용		대	온수열원, 대형건물 냉방
	2중 효용		대	온수열원, 대형건물 냉방
	흡수식 냉온수기		대	직화식 열원, 대형건물 냉방 난방 및 급탕

다음으로 냉동기 종류별 특성을 보면 표 3-17과 같다.

[표 3-17] 냉동기 종류별 특성

구 분	특 성
증기 압축식-용적식	o 압축기는 냉동기 성능의 65% 좌우 o 공냉식인 경우 열 교환기는 성능의 30%, 중량의 50%, 체적의 80% 차지 o 압축기 효율 - 단열 효율(Isentropic efficiency) $\eta_s = \frac{w_{ideal}}{w_{actual}} \approx 0.7$ - 체적 효율(volumetric efficiency) $\eta_v = \frac{V_{actual}}{V_{ideal}} \approx 0.9$ o 분류 : 왕복식, 로터리, 스크롤, 스크류
	• 로터리(Rotary) 압축기
	o 회전 롤로와 베인이 1조로 롤러의 회전에 따라 냉매가 흡입, 압축, 토출 o 재팽창에 의한 손실이 없어 왕복동식 대비 효율이 높음 o 가공시 높은 정밀도 요구

<table>
<tr><th>구 분</th><th>특 성</th></tr>
<tr><td rowspan="2">증기 압축식-
용적식</td><td>• 스크류(Screw) 압축기</td></tr>
<tr><td>o 수로터와 암로터가 1조가 되어 케이싱과 함께 밀폐공간 형성
o 고효율, 저진동, 저고장, 저소음
o 30RT~100RT급의 중형에서는 가장 경제적
o 간극 0.1mm
Female rotor
Male rotor</td></tr>
<tr><td>증기 압축식-
원심식</td><td>o 임펠러의 고속회전으로 원심력에 의한 운동에너지 발생
o 운동에너지가 압력으로 변환하여 고압 발생
o 압축비가 낮은 곳에 적용, 일반적으로 다단 압축
o 분자량이 높은 냉매에 적합: R11, R123
-$M_{R11} = 137.4kg/kmol, M_{R113} = 187.4, M_{R123} = 152.9$
$M_{R22} = 86.5, M_{R134a} = 102.0$
o 대표적인 방식 : 터보 냉동기
o 원심력을 크게 하기 위해 임펠러 지름 증가
o 시스템은 진공에서 작동하므로 누설 부위 에서 공기 침입 가능
o 공기 추기 장치(Purge unit)로 침입된 공기 배출 필요
o 대용량에 적합
o 최근 R134a 냉매를 사용하는 터보 냉동기 개발
터보냉동기의 임펠러</td></tr>
<tr><td>흡수식 냉동기</td><td>o 냉수/온수 공급 가능
o 소형 흡수식 냉온수기
- 기존 흡수식 냉동기는 일반적으로 100RT 이상
- 3RT~5RT급의 소형 공랭식 흡수식 냉온수기 생산 시작
- 기존의 소중형 에어컨과 경쟁
Cooling Mode
흡수식 냉동기 소형 흡수식 냉동기</td></tr>
</table>

(2) 냉동기의 원리

냉동의 기본 개념과 적용되는 열의 흐름에 대한 열역학 법칙을 나타내면 그림 3-18과 같다.

냉동의 기본 개념

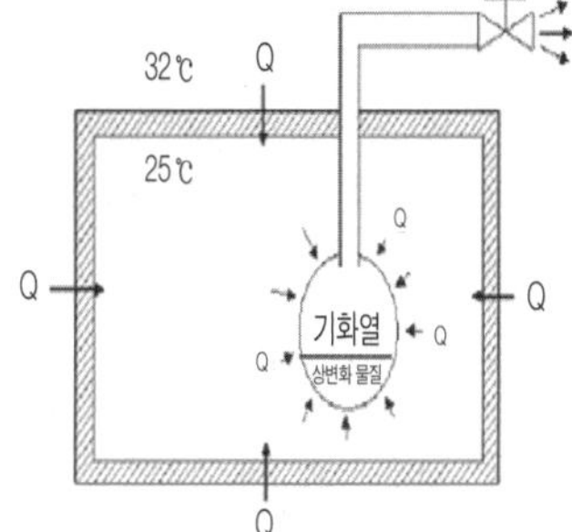

o 상변화 물질은 상변화(액체→기체)하면서 주변의 에너지 흡수
o 주변의 에너지가 흡수되면서 주변의 온도 하강
o 상변화 물질이 전부 기화되면 냉각 작용 정지
→ 연속 사용 불가
o 연속적으로 사용하려면 기화된 물질을 모아 다시 액화

열역학 제1법칙

에너지는 소멸되거나 생성되지 않는다. 에너지는 보존된다.

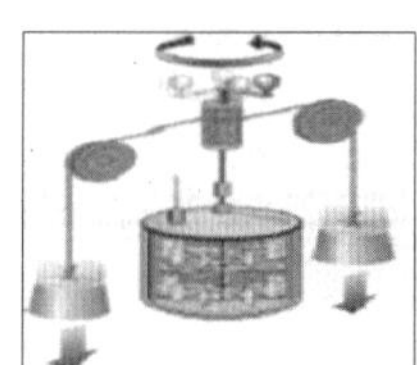

o 열역학 제1법칙의 발견은 Joule의 실험
o 추의 운동이 물속의 바람개비를 돌려 물의 온도 상승
o 일과 열은 에너지의 서로 다른 형태임을 발견

열역학 제2법칙

과정은 한 방향으로만 가능하며, 과정은 총엔트로피가 증가하는 방향으로만 진행 가능

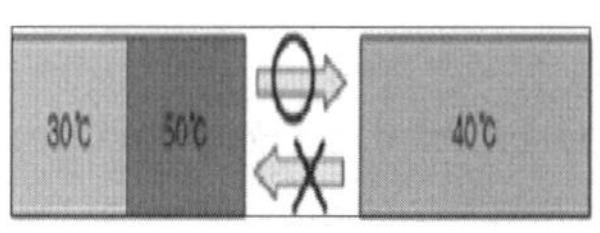

o 양쪽 다 에너지양은 같지만 엔트로피가 증가하는 좌→우 과정만 가능
o 자동차는 연료를 소모하면서 등판을 가능

o 그러나 언덕을 내려오면서 연료 재생은 불가능

[그림 3-18] 냉동기 기본 개념 및 열역학 법칙

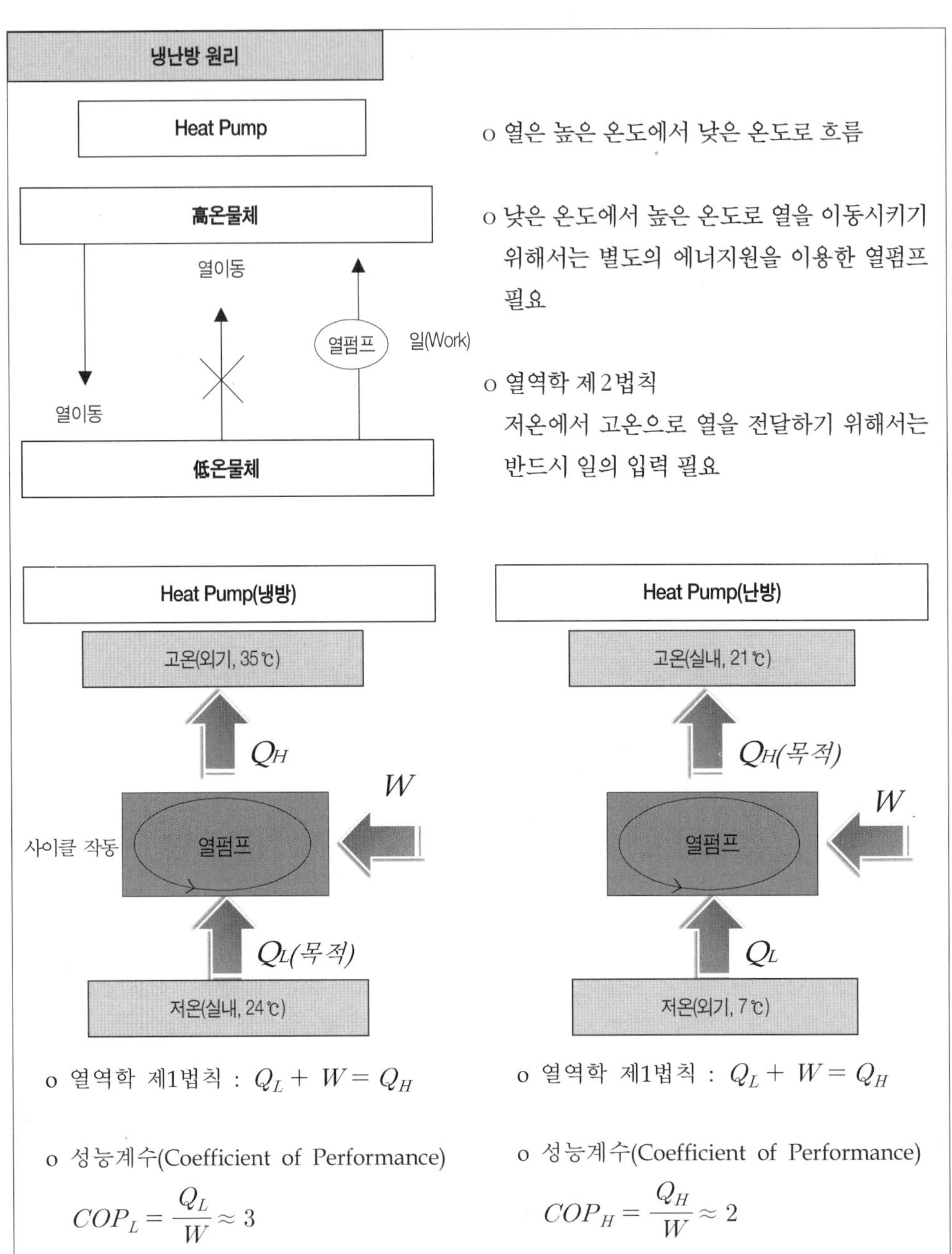

[그림 3-19] 히트펌프의 냉난방 원리

또한 냉동기의 사이클을 통하여 냉동 원리와 전체적인 에너지 흐름을 파악하고 냉동기 효율을 분석하여야 할 필요가 있으며 그림 3-20, 그림 3-21과 같이 나타낼 수 있다.

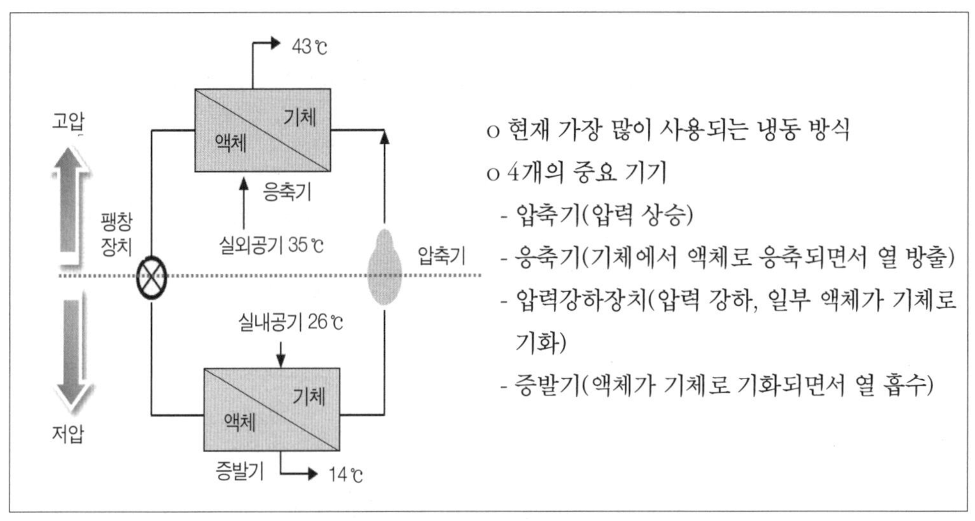

[그림 3-20] 증기 압축식 냉동 사이클

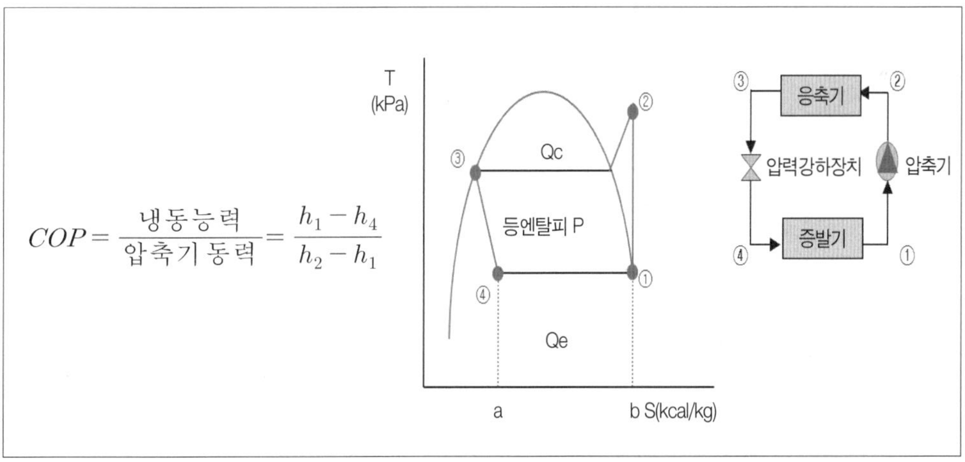

[그림 3-21] 증기 압축식 냉동기의 성능 계수(COP) 및 성능 분석

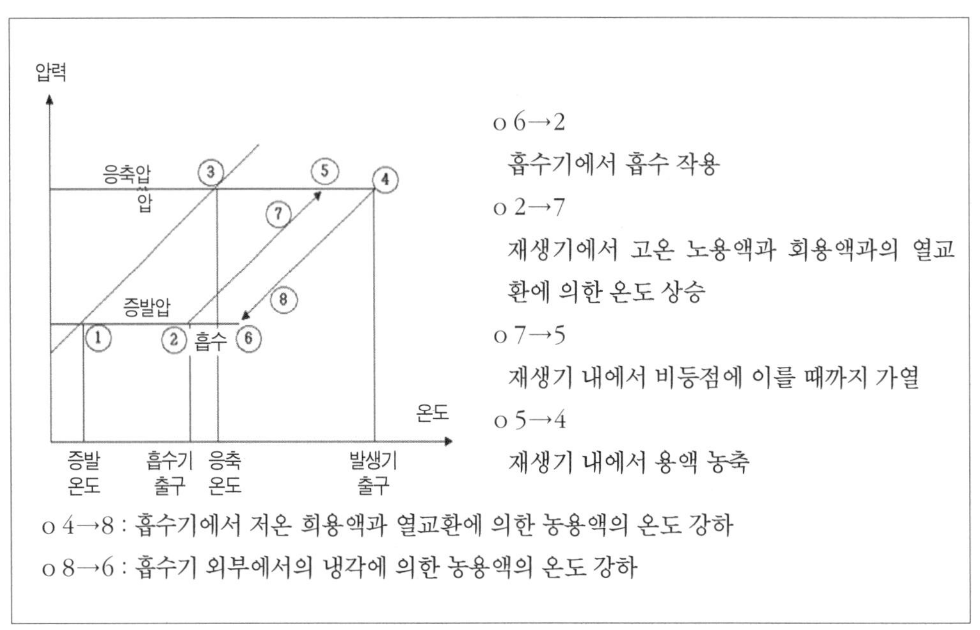

[그림 3-22] 흡수식 냉동기의 P-T 선도

(3) 냉동기의 효율분석

냉동기의 효율은 냉동기 성능지수(COP: Coefficient Of Performance)로 나타내며, 냉동기 성능지수란 소요된 전력에 대한 냉동능력의 비로서 표현된다. COP가 높을수록 냉동효율이 높다고 할 수 있다.

즉, COP = 냉동능력/압축기 동력

COP와 효율에 대해 측정 및 계산을 예시하면 표 3-18과 같다.

[표 3-18] 냉동기 성능지수(COP) 및 효율 계산 사례

■ Turbo 냉동기 효율 측정

구분	설계값			측정값							
	냉동 능력 (RT)	냉수 (㎥/m)	냉각수 (㎥/m)	냉수계				냉각수계			
				유량 (㎥/m)	온도(℃)			유량	(㎥/m)		
					온도(℃)	출구	입구		ΔT	출구	입구
1호기	1,100	11.09	13.23	19.13	13.35	16.29	2.94	14.05	31.76	36.45	4.69
2호기				19.52	13	15.78	2.78	13.95	31.9	36.5	4.6

구분	설계			측정					효율	에너지원단위 (kW/RT)
	냉동능력 (RT)	소비 전력(kW)	COP	냉동능력		소비전력		COP		
				RT	부하율 (%)	kW	부하율 (%)			
1호기	1,100	7650	5.16	1,115.9	101.4%	780.14	104.0%	5.03	97.5%	0.699
2호기				1,076.7	97.9%	789	105.2%	4.80	93.0%	0.733

o COP = 냉동 능력/압축기 동력
= (1,115.9RT × 3,024kcal/RT)÷(780.14kW × 860kcal/kW)=5.03
o 효율(설계 대비) = 5.03/5.16 = 97.5%

(4) 냉동기의 개선 절감방안 검토

냉동기의 운전 현황을 진단하고 개선방안을 검토한 예를 들면 표 3-19, 표 3-20과 같다.

[표 3-19] 냉동기의 운전비용 진단 사례 1

구분	냉동기		
	1호기	2호기	3호기
냉동능력(RT)	460	460	260
형식	터보	터보	터보
소비전력(kW)	415	415	235
냉매	CFC-11	CFC-11	CFC-11
설치년도	1981년	1981년	1981년
제조사	범양다이킨	범양다이킨	범양다이킨
용도	건물용	건물용	상가용

o 터보냉동기의 사용년수 25년 - 성능 저하 예상
o 여름철 전력 피크의 원인
o 일반용 전력 단가 적용으로 전력비 부담 큼

o 개선 대책
- 터보 냉동기 3대 중 2대를 흡수식 냉동기로 교체
- 목적 : 운전비 절약 및 전력 피크 감소
o 계산 자료
- 터보 냉동기 COP = 3.3
- 흡수식 냉동기 COP = 1.2
- 평균 전력 단가 = 101.6원/kWh
- 평균 LNG 단가 = 233원/N㎥
- 전력 발열량 = 860kcal/kWh
- LNG 저위발열량 = 9,540kcal/N㎥
- 보일러 효율 = 0.854
o 터보 냉동기 냉방 운전 원단위

$$= \frac{860[kcal/kWh] \times COP}{\text{전력단가}[\text{원}/kWh]} = \frac{860 \times 3.3}{101.6} = 27.93[kcal/\text{원}]$$

o 흡수식 냉동기 냉방 운전 원단위

$$= \frac{9,540[kcal/Nm^3] \times COP \times \text{보일러 효율}}{LNG\,\text{단가}[\text{원}/Nm^3]} = \frac{9,540 \times 1.2 \times 0.874}{233} = 42.9[kcal/\text{원}]$$

구분	터보 냉동기	흡수식 냉온수기
냉방운전 원단위	27.93	42.94
(kcal/원)	100%	154%

[표 3-20] 냉동기의 운전비용 진단 사례 2

구분	냉동기 가동 시간(h)		
	1호기	2호기	3호기
5월	61	36	129
6월	135	154	279
7월	247	255	306
8월	293	286	125
9월	163	160	224
10월	0	0	16
합계	899	892	1,081

o 개선 방향
- 2호기, 3호기를 2중 효용 흡수식 냉동기로 교체
o 계산 기준
- 평균 사용량 전력 단가 = 73.4원/kWh
- 평균 기본요금 전력 단가 = 6,350원/kW
- 평균 냉방 LNG 단가 =233원/N㎥
- 평균 냉방 부하 = 460 + 260 = 720RT
o 개선 방향
- 2호기, 3호기를 2중 효용 흡수식 냉동기로 교체

o 계산 기준
- 평균 사용량 전력 단가 = 73.4원/kWh
- 평균 기본요금 전력 단가 = 6,350원/kW
- 평균 냉방 LNG 단가 =233원/N ㎥
- 평균 냉방 부하 = 460 + 260 = 720RT
o 절감 전력

$$= \frac{\text{평균 냉방 부하}[RT] \times 3,024[kcal/h/RT]}{860[kcal/kWh] \times COP} = \frac{720 \times 3,024}{860 \times 3.3} = 767[kW]$$

o 평균 가동 시간(2호기, 3호기)

$$= \frac{\text{2호기 부하} \times \text{2호기 가동시간} + \text{3호기 부하} \times \text{3호기 가동시간}}{\text{2호기 부하} + \text{3호기 부하}} = \frac{460 \times 1,171 + 260 \times 1,459}{460 + 260}$$

$$= 1,275[h/\text{년}]$$

o 절감 전력량
= 절감 전력(kW) × 가동시간(h/년)
= 767 × 1,275 = 977,925[kWh/년]
o 사용량 절감 금액
= 절감 전력량(kWh/년) × 사용량 전력단가(원/kWh)
= 977,925 × 73.4 = 71,780[천원]
o 기본요금 절감 금액
= 절감 전력(kW) × 기본요금 단가(원/kW) × 12(월)
= 767 × 6,350 × 12 = 58,445[천원]
o 전력 절감 금액
= 사용량 절감 금액 + 기본요금 절감 금액
= 71,780 + 58,445 = 130,225[천원]

3.2.6 조명 설비

조명설비는 건물에너지, 제조공정의 작업장 등 전 부문에 필수적으로 사용되는 설비이며, 업종 및 용도에 따라 에너지 사용비중이 매우 차이가 많다. 2.6에서는 일반적인 내용보다는 조명 설비의 절감방안을 중심으로 설명하고자 한다.

(1) 조명효과와 작업율, 불량률

그림 3-23은 조도 효과와 작업율의 상관성을 나타낸 것으로서, 조도가 높을수록 작업율이 증가한다. 또한 조도가 높을수록 불량률, 사고율이 낮아진다. 그러나 전력의 절감을 위해서는 적정한 안전측면을 고려하면서 조도를 유지함이 바람직하다.

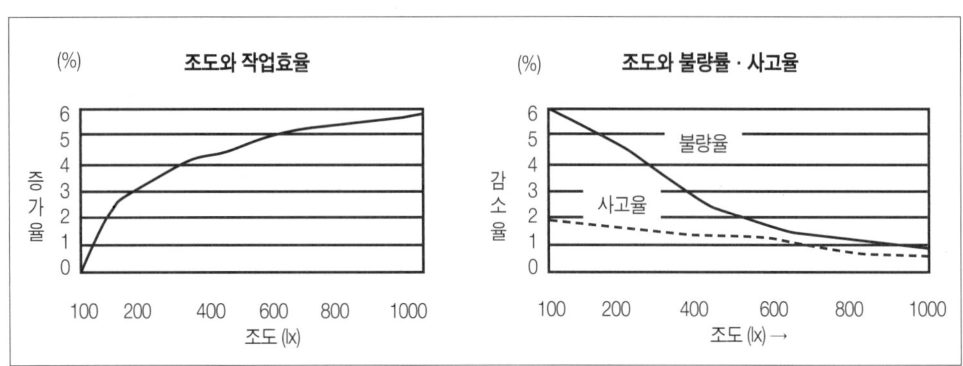

[그림 3-23] 조도 효과와 작업율의 상관성

(2) 조도와 조도 기준

표 3-21은 조도의 의미와 작업환경에 따른 조도기준을 예시적으로 나타낸 것으로 각 작업환경의 쾌적성, 안전성을 고려하여 적절한 조도 기준의 설정이 필요하다.

o 조도 E : Lux[lx] - illuminance - 단위 면적당 입사 광속 E = F/S - lm/m² - 1[fc] = 1[lm/ft²] = 10.76[lx] - 법선조도 : 빛의 진행방향에 수직인 면 $En = I/R^2$ - 수평면조도 : 수평면에 수직으로 떨어지는 조도 성분 - 수직면조도 : 수평면에 수평으로 떨어지는 조도 성분

[표 3-21] 조도 기준 예시

조도(lx)	장소	작 업
2,000	• 제어실 • 검사실	- 정밀 기계/전자 부품의 제조 - 인쇄 공장에서의 세세히 눈으로하는 작업
1,500	• 설계실	- 섬유 공장에서의 선별/검사
1,000	• 제도실	- 화학 공장에서의 분석/검사/시험
750	• 사무실 • 제어실	- 사무 작업 - 일반 제조 공정에서의 보통 눈으로하는 작업
500	-	- 조립/포장/검사/시험
300	• 전기실	- 한시 작업(포장)
150	• 기계실	- 작업을 수반하는 창고/휴게실/화장실
100	-	- 복도/계단
75	• 그 외	- 비상 계단/창고/하역 작업

(3) 절감방안

① 자연광 활용

- 태양광(자연광)의 밝기에 대응할 조명은 없으므로 주간의 창가 등은 이것을 충분히 활용하도록 한다.
- 보통 작업에 필요한 조도인 150~300lx는 용이하게 얻을 수 있으므로 필요에 따라서 창가만 점멸할 수 있는 배선 방법 또한 창가를 자동 조광하는 장치도 에너지 절약 효과가 있다.

② 램프 보수

- 램프 전수 교환 및 기구 청소만으로 초기치의 75%의 광출력이 개선되며, 먼지가 램프, 기구에 누적시의 광속 감소가 나타남으로 정기적인 램프의 보전이 필요하다(그림 3-24).

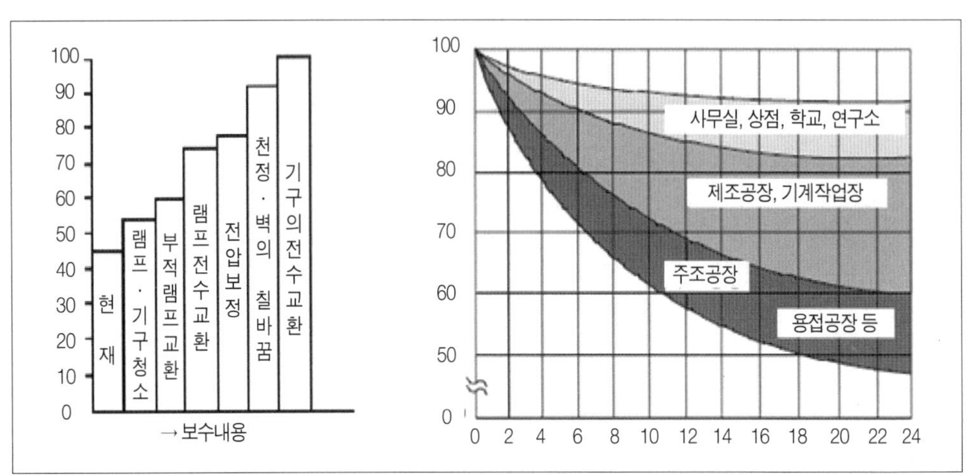

[그림 3-24] 램프 보수에 따른 개선 효과 및 램프 보전의 필요성

- 그림 3-25는 사용 시간에 따른 조도의 저하를 나타낸 것으로 설비 사용 후 시에 조명 설비의 청소, 램프 교환이라는 회복조치를 강구하면, 실제 조도는 초기 조도로부터 조명장치의 열화분(반사거울의 광학특성의 열화 등에 의한)만큼 저하된 값까지 회복됨을 보여준다.

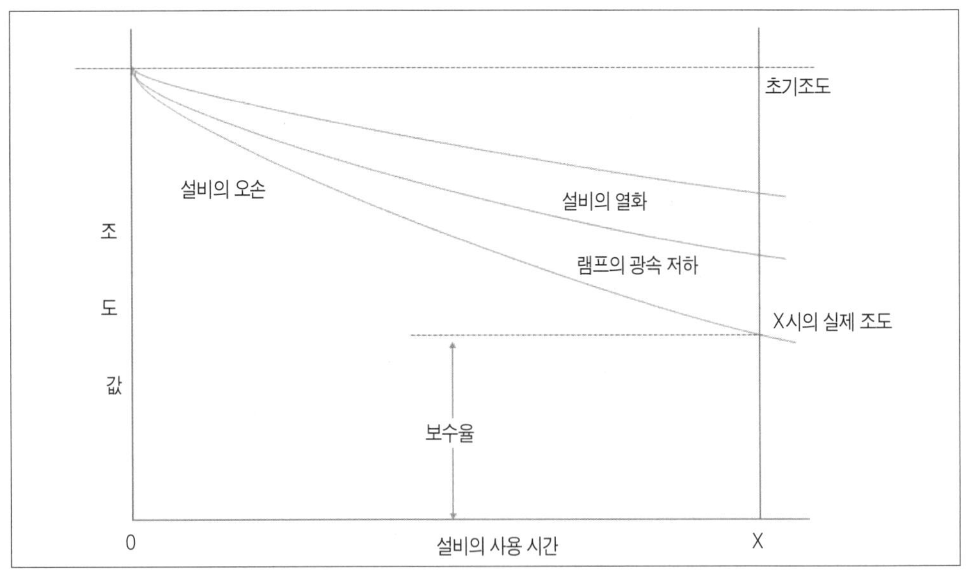

[그림 3-25] 사용 시간에 따른 조명 설비의 조도 저하

③ 고효율 조명기기 사용

표 3-22는 기존 조명과 고효율 조명광의 성능, 효율 및 경제적 효과를 비교한 것이다.

[표 3-22] 기존 조명과 고효율 조명광의 비교

	기존 형광등 (32Watt)	LED(8Watt)	LED(16Watt)	비고
전력 소비(W)	32W	8W	16W	
광속(lm)	1,100lm	720lm	1,280lm	
조도(lx)	140lx	175lx	260lx	
수명(시간)	10,000시간	50,000시간 이상		사용 조건에 따라 변동
사용 온도	-30℃~85℃	-20℃~85℃		
Beam angle	140℃	120℃		
Color rendering index	70RA	85RA		태양빛을 100으로 기준
광량 유지률	시간에 따라 저하됨	반도체 특성상 광량변화 매우 적음		

1. 소비 전력 비교 / 비교 조건: 설치 형태 — 지하 주차장지상에서 2.5m 설치; 조도 조건 — 지상으로부터 1m에서 250Lx 이상; 점등 시간 — 24시간/일

광원	소비 전력(W/1기)	조명 면적	설치 대수	총 소비 전력
LED(차량주차면) LED(차량통행로)	8W 16W	4m²	109기 41기	109기×0.008kW=0.87kW 41기×0.016kW=0.65kW
형광등	32	4m²	150기	150기×0.032kW=4.8kW

2. 유지보수 비용 비교

광원	[(등 관련 비용 × 설치 대수) + 인건비] × 교체 시기
LED	없음
형광등	형광등 : 1,700×150기×10회=2,550,000원 안정기 : 12,000×150기×3회=5,400,000원 인건비 : 1,200,000×10회=12,000,000원 10년간 유지보수 비용 : 19,950,000원

3.2.7 열사용 설비의 주요 검토 사항

건조기, 가열기, 농축기 등의 열사용 설비에 대해서 열효율 등의 설비 효율의 분석 및 평가, 효율의 개선을 위한 개선 착안사항을 정리하면 다음과 같다

(1) 열정산을 통한 열효율 산정 예시

가열로 열정산에 대한 산정을 예시하면 표 3-23과 같다.

[표 3-23] 가열로 열정산 산정 사례

	항목	열량(1,000kcal)	%
입열	연료의 발열량	480.0	92.2
	연료의 현열	2.3	0.5
	공기의 현열	15.9	3.1
	중유무화용 증기 현열	1.2	2.3
	철의 산화열	9.8	1.9
	소계	509.2	100.0
출열	강재의 함열량	210.0	41.2
	스케일의 함열량	2.0	0.4
	유효열량	212.0	41.6
	배출가스의 현열	165.5	32.5
	배출가스의 잠열	1.5	0.3
	배출가스 중 수분의 현열	28.3	5.6
	냉각수의 제거 열량	95.1	18.7
	천정, 노벽, 기타 손실	6.8	1.3
	소계	509.2	100.0
열효율(%)		41.6	

(2) 개선 착안사항

① 배열의 유효한 이용

- 열교환기에 의한 연소용 공기예열
- 보일러에 의한 증기, 전기 생산
- 공급재료의 예열에 이용
- 다른 가열설비와 유기적 결합

② 발산열량의 저감
- 손실열량 저감
- 단열강화
- 장입문 열손실 저감
- 노체 열용량 저감

③ 공기비의 개선
- 정확한 공기비로 운전
- 공기비가 커지면 손실열량 증대

④ 처리 재료 보유열의 한 유한이용

3.2.8 고효율에너지 설비

에너지경영시스템 구축을 위해서는 에너지 사용 설비의 효율을 관리하는 것이 중요하지만, 한편으로는 고효율에너지 설비의 도입을 고려하여 획기적인 개선을 도모할 필요가 있다. 물론 새로운 설비를 개발하거나 구매하여 설치하는 데는 비용이 발생하므로 경제성을 고려하여 결정해야 한다.

정부에서는 고효율에너지 설비의 도입을 촉진하기 위해 ESCO 사업과 같은 다양한 지원제도를 마련하고 있으며, 「에너지이용 합리화법」제22조 및 제23조 등에 따라 1996년 12월부터 시행해온 고효율에너지기자재 보급촉진에 관한 규정(지식경제부고시 제2011-203호)을 2012년 4월 개정 고시하였다. 이 규정에 따라 다음과 같은 41개의 고효율에너지인증기자재에 대한 적용범위가 고시되었으므로, 이를 참조하여 에너지경영시스템 구축에 활용할 필요가 있다.

(1) 수전설비

① 복합기능형 수배전시스템

전력을 수전하는 수배전반으로 그 지지구조물에 1대의 정격 용량이 1,250kVA 이하의 고효율 전력용 변압기, 최대수요전력제어기 및 자동역률제어장치가 조합되어 있는 경우에 적용된다. 고효율 시험항목은 구조 일반, 기능 작동, 수배전반, 최대 수요 전력 제어기, 자동 역률 제어장치 등이다.

② 전력용 변압기

전력용 변압기로서 유입 일단접지 변압기는 100kVA 이하, 유입 3상 변압기는 3,000kVA 이하, 건식 3상 변압기는 3,000kVA 이하인 경우에 적용된다.

유입 일단접지 변압기의 고효율 시험항목은 구조 및 외관, 변압비 측정 / 각 변위 시험, 임피던스 전압 및 부하 시험, 무부하손 및 여자전류 측정, 권선 저항 측정, 유도 내전압 시험, 온도 상승 시험, 상용 주파 내전압 시험, 동 압력/정 압력 내력 시험, 뇌 임펄스 내전압 시험, 단락 강도 시험, 절연유 시험, 붓싱 시험, 도장 막 두께 시험, 개스킷 시험, 유밀 시험 등이다.

유입 3상 변압기의 고효율 시험항목은 구조 및 외관, 변압비 측정 / 각 변위 시험, 임피던스 전압 및 부하 시험, 무부하손 및 여자 전류 측정, 권선 저항 측정, 유도 내전압 시험, 온도 상승 시험, 상용 주파 내전압 시험, 뇌 임펄스 내전압 시험, 단락 강도 시험 등이다.

건식 3상 변압기의 고효율 시험항목은 구조 검사, 권선 저항 측정, 변압비 / 극성 및 각 변위 시험, 무부하전류 및 무부하 손실 시험, 부하 손실 및 임피던스 전압 시험, 온도 상승시험, 상용 주파 내전압 시험, 유도 내전압시험, 뇌 임펄스 내전압 시험, 소음 시험, 부분 방전 시험, 단락 강도 시험 등이다.

③ 무정전전원장치

KS C 4310 규정에서 정한 교류 무정전전원장치 중 온라인 방식인 것으로 부하감소에 따라 인버터 작동이 정지되는 경우에 적용된다.

고효율 시험항목은 표시, 구조, 안전성 시험, 제어 및 감시 신호, 정상 상태 입력 전압 허용차 시험, 입력 주파수 허용차 시험, 입력 돌입 전류, 출력–일반모드–무부하, 출력–일반모드–전부하, 출력–축적 에너지모드–무부하, 출력–축적 에너지모드–전부하, 출력 전압 불평형 시험, 출력–일반모드–과부하, 출력–축적 에너지모드–과부하, 출력–일반모드–단락, 출력–축적 에너지모드–단락, UPS의 출력단 정격 단락 차단용량–일반모드, UPS의 출력단 정격 단락 차단용량–축적 에너지 모드, 동작모드의 변화–일반모드에서 축적 에너지모드로–선형 부하

(저항성의), 동작모드의 변화–축적 에너지모드에서 일반모드로–선형 부하(저항성의), 동작모드의 변화–축적 에너지모드에서 일반모드로–선형 부하(적용할 수 있는 경우), 동작모드의 변화–일반모드에서 우회로 모드로(적용할 수 있는 경우), 출력 부하 스텝 변화–선형 부하, 기준 비선형 부하 출력 왜곡–일반 동작모드, 기준 비선형 부하 출력 왜곡–축적 에너지모드, 기준 비선형 부하–동작모드의 변화–일반 에너지에서 축적 에너지모드로, 기준 비선형 부하 스텝 변화–일반모드 ≤ 4.0kVA 정격, 기준 비선형 부하 스텝 변화–일반모드 〉 4.0kVA 정격, 기준 비선형 부하 스텝 변화–축적 에너지모드, 축적 에너지 시간, 에너지 회복 시간(90% 용량까지), 효율 시험, 입력 역률 시험, 역류 시험, 전기자기 적합성, 소음 시험, 무부하 손실 시험, 저부하시 절체 시험 등이다.

(2) 보일러

① 산업 · 건물용 가스보일러

발생열매구분에 따라 증기보일러는 정격용량 20T/hr 이하, 최고사용압력 0.98MPa {10.0 kg/㎠} 이하의 것 또한 온수보일러는 100만kcal/hr 이하 최고사용압력 0.98MPa {10.0 kg/㎠} 이하의 것으로 연료는 가스를 사용하는 경우에 적용된다.

고효율 시험항목은 구조 일반, 부하 운전 성능, 정격 용량, 증기 건도, 배기가스 성분, 주위벽 온도, 배기가스 응축수, 소음, 열효율, 수압 시험 등이다.

② 기름연소 온수보일러

등유, 경유 또는 중유를 연료로 사용하고 최고사용압력 0.343MPa {3.5 kg/㎠}이하로서 표시정격출력 용량이 5만kcal/hr 이하의 온수보일러에 적용된다.

고효율 시험항목은 구조 일반, 보일러 본체 구조, 내압, 연료 누설, 난방 효율, 난방 출력, 급탕 효율, 급탕 출력, 배기가스 온도, 연료 소비량, 배기가스 성분, 연소 상태 및 사용 성능, 소화 시간, 각 부의 온도, 온도 조절, 소음, 절연 저항, 내전압, 안정장치, 정유면식 유량조절기 등이다.

③ 산업 · 건물용 기름보일러

발생열매 구분에 따라 증기보일러는 정격용량 20T/hr 이하, 최고사용압력 0.98MPa{10.0 kg/

㎠} 이하의 것, 온수보일러는 100만kcal/hr이하 최고사용압력 0.98MPa{10.0kg/㎠} 이하의 것으로 연료는 경유 또는 등유를 사용하는 경우에 적용된다.

고효율 시험항목은 구조 일반, 부하 운전 성능, 정격 용량, 증기 건도, 배기가스 성분, 주위벽 온도, 소음, 열효율, 수압 시험, 연소기의 안전 시간 등이다.

④ 축열식버너

공업로의 본체로부터 배출되는 배기가스의 현열을 축열재에 통과시켜 축열된 열을 연소공기를 예열하는데 이용하는 기술을 적용한 공업로의 가열용 축열식 가스버너 중 용량이 5만 kcal/hr에서 900만kcal/hr에 해당되는 LNG / LPG 가스를 연료로 하는 버너에 적용된다.

고효율 시험항목은 구조, 부하운전성능, 연소량 정밀도, 배기가스 성분, 배기가스 열회수율, 폐기가스 온도, 소음, 안전 차단 시간, 프리퍼지, 절연저항, 내전압 등이다.

(3) 공조설비

① 열회수형 환기장치

건물에 설치되는 실내 · 외 두 공간 사이 열교환을 위해 설치된 일체형 공냉 열교환식 공기공급장치로서 정격 전압이 600V 이하이고, 정격풍량이 3,000N㎥/hr 이하인 경우에 적용된다.

고효율 시험항목은 구조 및 표시, 전압 범위, 표시 용량, 급배기의 풍량 비율, 유효 환기량, 열교환 효율, 소음 등이다.

② 터보블로어

압력비가 약 1.1 이상 또는 송출압력이 10 kPa이상으로서 전동기 구동방식의 터보형블로어에 적용된다. 고효율 시험항목은 구조, 종합효율, 풍량, 종합효율 허용오차 등이다.

③ 환풍기

날개 지름의 크기가 0.5m 이하이고, 가정 및 사무실 등에서 사용하는 환풍기 중 단상 전동기(부속 조절기 포함)에 의하여 구동되고 축류형 또는 원심형의 날개를 가진 것으로서, 소비전력이 300W 이하인 경우에 적용된다.

고효율 시험항목은 정격 전압 및 정격 주파수, 소비전력, 유효 풍량, 소음, 환기비 효율, 포집 효율, 기름 흡착율, 표시사항 등이다.

④ 원심식 송풍기

압력비가 1.1 미만 또는 송출압력이 10kPa 미만인 직동 · 직결 및 벨트 구동의 원심식 송풍기(이하, 송풍기 또는 팬이라 한다)로서, 그 크기는 임펠러의 깃 바깥지름이 160mm에서 1,800mm까지에 적용하며, 건축물과 일반 공장의 급기 · 배기 · 환기 및 공기조화용 등으로 사용하는 경우에 적용된다. 고효율 시험항목은 구조, 공칭효율 등이다.

⑤ 고기밀성 단열창호

건축물 중 외기와 접하는 곳에 사용되는 창 및 창틀로서 KS F 2278 규정에 의한 열관류율이 2.632W/(㎡ · K) 이하{열관류 저항 0.380㎡ · K/W 이상}이며, KS F 2292 규정에 의한 기밀성 등급의 통기량이 2등급(2㎥/hr㎡) 이하인 경우에 적용된다. 고효율 시험항목은 단열성(열관류율), 기밀성 등이다.

⑥ 고기밀성단열문

건축물 중 외기와 접하는 곳에 사용되는 문으로서 KS F 2297 규정에 의한 열관류율이 1.8W/(㎡ · K) 이하이며, 기밀성 등급의 통기량이 2등급(2㎥/hr㎡) 이하인 경우에 적용된다. 고효율 시험항목은 단열성(열관류율), 기밀성 등이다.

(4) 냉난방 설비

① 원심식 · 스크루 냉동기

응축기, 부속냉매배관 및 제어장치 등으로 냉동 사이클을 구성하는 원심식 또는 스크루 냉동기로서 KS B 6270에 따라 측정한 원심식 냉동기의 냉동능력이 6,048,000kcal/hr{7,032.6㎾, 2000 USRT} 이하, KS B 6275에 따라 측정한 스크루 냉동기의 냉동능력이 1,512,000kcal/hr{1,758.1㎾, 500USRT} 이하인 경우에 적용된다.

고효율 시험항목은 구조 및 표시, 냉동 능력, 에너지효율, 정격 전류, 절연 저항, 내전압, 내압성 및 기밀성, 냉수 입 · 출구 수온, 냉수 유량, 냉각수 입 · 출구 수온, 냉각수 유량 등이다.

② 난방용 자동 온도조절기

공급온수온도 120℃ 이하, 상용압력 0.98MPa{10.0㎏/㎠} 이하인 온수를 사용하여 난방하는 방식에서 온수의 양을 자동으로 조절하여 주는 경우에 적용된다.

고효율 시험항목은 구조, 밸브 개폐 시간 측정 시험, 밸브 몸체의 내압 · 누설 시험, 밸브 콘의 누설 시험 (밸브 콘이 있는 경우에 한함), 내습성 시험 (전동식에 한함) – 절연 저항 시험 – 내전압 시험, 내열성 시험, 내한성 시험, 내충격성 시험, 내구성 시험, 공칭 유량 및 작동 온도 범위 측정 시험 (비례제어식에 한하며, 작동 온도 범위는 자력식에 한함), 용량 계수 측정 시험 (개폐식에 한함), 온도 설정기의 정밀도 측정 시험(전동식에 한함), 소비전력 측정 시험 (전동식에 한함) 등이다.

③ 직화흡수식 냉온수기

가스, 유류를 연소하여 냉수 및 온수를 발생시키는 직화흡수식 냉온수기로서 정격난방능력 1,060,000kcal/hr{1233㎾}, 정격냉방능력 400USRT{1407㎾} 이하의 경우에 적용된다.

고효율 시험항목은 구조 및 표시, 냉방 능력, 성적 계수(고위 발열량 기준), 성적 계수(저위 발열량 기준), 난방 공기비, 난방 배기가스, 연료 소비량, 표면 온도, 냉수 유량, 절연 저항, 내전압, 안전장치 작동 등이다.

④ 항온항습기

항온항습기 중 정격냉방능력이 6kW{5160kcal/hr} 이상 35kW{30100kcal/hr} 이하인 경우에 적용된다. 고효율 시험항목은 구조 일반, 표시치 (Qn, Qc, Pn, Pc), 성능계수 (EER, COP, CH, CD) 등이다.

⑤ 가스히트펌프

천연가스를 연료로 사용하는 가스 엔진에 의해서 증기 압축 냉동 사이클의 압축기를 구동하는 히트 펌프식 냉 · 난방 기기이며, 실외기 기준 정격 냉방 능력이 23kW 이상인 경우에 적용된다.

고효율 시험항목은 구조 및 일반, 성능 요구사항, 성적계수, 기밀성능, 절연저항, 연소성능 (CO) 등이다.

(5) 조명설비

① 조도자동조절 조명기구

가정용, 사무실용 및 이와 유사한 용도로 사용하는 스위치 장치로서 옥내용 및 옥외용 전기 스위치 장치인 조도자동조절조명기구에 적용한다. 이 규격은 전기를 절약할 목적으로 필요한 경우에만 전등을 점등하도록 설계된 스위치 장치로서 교류전압 250V 이하, 정격전류 16A 이하인 경우에 적용된다.

고효율 시험항목은 접지 장치, 절연 저항 및 내전압, 온도 상승, 개폐 용량, 연면 거리 및 공간 거리, 전압 범위, 서지 보호 시험, 표시 최대 거리, 작동 감지 시간, 조도 자동 감지 작동, 내구성 시험, 점멸 수명, 내열성, 난연성, 표시사항 등이다.

② 메탈할라이드 램프

KS C 7607에서 정한 메탈할라이드 램프로서 정격 램프 전력이 150W, 200W, 350W인 제품의 경우에 적용된다. 고효율 시험항목은 구조 및 표시, 겉모양 및 치수, 베이스 접착 강도, 시동 특성, 안정 시간, 재시동 시간, 초특성, 내구성 등이다.

③ LED 유도등

LED(Light Emitting Diode)를 광원으로 사용하는 유도등에 적용된다. 고효율 시험항목은 평균휘도, 소비전력, 수명가속 등이다.

④ 컨버터 외장형 LED 램프

정격전압 AC/DC 50 V 이하에서 사용하는 30W 이하의 일반 조명용 컨버터 외장형 LED 램프에 적용된다. 고효율 시험항목은 점등 특성, 입력 전력 및 입력 전류, 광원색 및 연색성, 광출력 (초기광속, 광효율, 광속유지율), 수명가속, 내구성, 표시사항 등이다.

⑤ 컨버터 내장형 LED 램프

AC 220V, 60Hz 에서 사용하는 60W 이하의 일반 조명용 컨버터 내장형 LED 램프(컨버터 일체형만 적용)에 적용된다. 고효율 시험항목은 점등 특성, 입력 전력 및 입력 전류, 역률, 전류 고조파 함유율, 광원색 및 연색성, 광출력 (초기광속, 광효율, 광속유지율), 수명가속, 서지, 내구성, 표시사항 등이다.

⑥ 매입형 및 고정형 LED 등기구

AC 220V, 60Hz 에서 일체형 또는 내장형 LED 모듈 및 LED 소자를 광원으로 사용하는 일반 조명용 매입형 및 고정형LED 등기구에 적용된다. 고효율 시험항목은 점등 특성, 입력 전력 및 입력 전류, 역률, 전류 고조파 함유율, 광원색 및 연색성, 등기구효율 (초기광속, 광효율, 광속유지율), 서지 시험, 내구성, 표시사항 등이다.

⑦ LED 보안등기구

AC 220V, 60Hz 에서 사용하는 LED 보안등기구에 적용된다. 고효율 시험항목은 내습시험 후 절연저항 절연내력, 온도상승 한도, 내열성 시험, 내화성 시험, 내트래킹성 시험, 보호 등급 시험, 전기자기 장해 및 내성 시험, 점등 특성 시험, 입력전력 및 입력전류, 역률, 전류고조파함유율, 광출력 (초기광속, 광효율, 광속유지율), 개폐 시험, 광특성, 분광특성, 표시사항 등이다.

⑧ LED 센서 등기구

AC 220V, 60Hz 로 사용되며, 전기용품안전관리법에 의한 안전인증을 받은 제품 중 정격 30W 이하의 LED 센서 등기구에 적용된다. 고효율 시험항목은 역률, 입력 전류 및 입력 전력, 전류 고조파 함유율, 표시 최대 거리 시험, 서지 보호 시험, 개폐 용량 시험, 내구성 시험, 광효율 (초기광속, 광원색 및 연색성, 광효율), 점멸 수명 시험, 표시사항 등이다.

⑨ LED 모듈 전원 공급용 컨버터

AC 220V, 60Hz 와 출력전압 DC 250V 이하의, LED 모듈과 램프에 적용되는 전자 구동장치에 적용된다. 고효율 시험항목은 입력 전류 및 입력 전력, 역률, 전류 고조파 함유율, 입출력 효율 및 무부하전력, 전자파장해(EMI), 입력전압변동에 의한 출력변동율, 부하변동에 의한 출력변동율, 내구성, 표시사항 등이다.

⑩ PLS(Plasma Lighting System) 등기구

1,000V 이하의 ISM 대역의 마이크로파 에너지를 이용하는 옥내 및 옥외용 PLS 방식의 무전극램프(700W, 1,000W)에 적용된다. 고효율 시험항목은 입력 전류 및 고조파 함유율, 입력 전

력, 역률, 광속 및 광효율, 연색지수, 광속 유지율, 안정시간, 재시동시간, 서지 시험, 내구성 시험, 점멸 시험, 전자파 장해 시험, 표시사항 등이다.

⑪ 초정압 방전램프용 등기구

AC 220V, 60Hz 에서 사용하는 150W 이하 초정압 방전램프용 등기구(~50W, 50W~100W, 100W~150W 이하)에 적용된다. 고효율 시험항목은 점등 특성, 입력 전력 및 입력 전류, 역률, 전류 고조파 함유율, 광원색 및 연색성, 등기구 효율, 보호 등급, 내구성, 염수 분무 시험 등이다.

⑫ LED 가로등기구

AC 220V, 60Hz 에서 사용하는 400W 이하의 일체형 또는 내장형 LED 모듈 및 LED 소자를 광원으로 사용하는 LED 가로등기구에 적용된다. 고효율 시험항목은 내습시험 후 절연저항 절연내력, 온도상승 한도, 내열성 시험, 내화성 시험, 내트래킹성 시험, 보호 등급 시험, 염수분무 시험, 전기자기 장해 및 내성 시험, 진동 시험, 점등 특성 시험, 입력전력 및 입력전류, 역률, 전류고조파함유율, 광출력 (초기광속, 광효율, 광속유지율), 개폐 시험, 광특성, 분광특성, 등기구무게, 표시사항 등이다.

⑬ LED 투광등기구

고압방전램프 및 백열전구 등을 사용하는 투광등기구를 대체할 목적으로 LED 모듈 및 LED 소자를 광원으로 사용하는 AC 220V, 60Hz, 400W 이하의 LED 투광등기구에 적용된다.

고효율 시험항목은 내습시험 후 절연저항 및 절연내력, 누설 전류, 보호접지, 온도 상승 한도, 내열성, 내화성, 내트래킹성, 연면거리 및 공간거리, 기계적 강도, 보호 등급(IP 코드), 진동 시험, 전기자기 장해 및 내성, 점등 특성, 입력전력 및 입력전류, 역률, 전류 고조파 함유율, 광출력 (초기광속(또는 초기광도), 광효율(또는 지향각), 광속유지율(또는 광도유지율)), 분광 특성, 개폐(ON/OFF)시험, 표시사항 등이다.

⑭ LED 터널등기구

AC 220V, 60Hz 에서 일체형 또는 내장형 LED 모듈 및 LED 소자를 광원으로 사용하여 자동차 도로 주행 시 운전자의 안전을 목적으로 도로터널에 사용되는 LED 터널등기구에 적용된다.

고효율 시험항목은 내습시험 후 절연저항 및 절연내력, 누설전류, 보호접지, 온도 상승 한도, 내열성 시험, 내화성 시험, 내트래킹성 시험, 연면거리 및 공간거리, 기계적 강도, 내부식성, 보호 등급(IP 코드), 진동시험, 전기자기 장해 및 내성 시험, 점등 특성, 입력전력 및 입력전류, 역률, 전류고조파함유율, 광출력 (초기광속, 광효율, 광속유지율), 개폐(ON/OFF)시험, 분광특성, 표시사항 등이다.

⑮ 직관형 LED 램프 (컨버터 외장형)

램프전력이 22W 이하이고 K60061-1에 규정된 G13 캡과 K20001에 규정된 D12 캡을 사용하는 직관형 LED 램프(컨버터 외장형)와 이 램프를 구동시키는 LED 모듈전원공급용 컨버터를 포함하여 적용된다.

고효율 시험항목은 램프전력, 광원색 및 연색성, 광출력 (초기광속, 광효율, 광속유지율), 효율 (입출력 효율, 시스템 효율), 내구성 (온도사이클, 개폐 반복), 표시사항 등이다.

(6) 전동 설비

① 펌프

흡입구경 및 토출구경의 호칭지름이 200mm 이하, 규정 토출량이 15.0㎥/min 이하인 경우에 적용된다. 고효율 시험항목은 규정 토출량, 흡입전양정, 펌프(종합)효율, 성능 허용오차, 운전 상태, 내수압 등이다.

② 인버터

전동기 부하조건에 따라 가변속 운전이 가능하여 에너지를 절감하기 위한 인버터로 최대용량 220㎾ 이하의 경우에 적용된다. 고효율 시험항목은 대상 인버터 및 전동기, 출력 주파수 변동, 과부하 전류 내량, V/f 패턴, 출력 전압, 발전 제동, 출력 전류 고조파 함유율, 온도 상승, 효율, 온도 운전 내구성, 재시동 운전 내구성, 내진동, 보호기능, 서지 내력 시험, 상용 주파 내전압, 절연 저항 등이다.

③ 단상 유도전동기

정격주파수 60㎐, 정격전압 교류 220V, 4극의 단상 유도전동기로서 콘덴서 유도형의 경우는 1.5㎾ 이하, 콘덴서 기동형의 경우는 2.2㎾ 이하의 경우에 적용된다.

고효율 시험항목은 토크 특성, 소음도, 절연 저항 및 내전압, 사용 전압의 변화, 온도 상승, 고효율 인증기준 (기재된 효율값 이상일 것) 등이다.

(7) 기타 설비

① 메탈할라이드 램프용 안정기

메탈할라이드 램프의 점등에 사용하는 안정기로서, 정격입력전압 및 정격2차 전압이 교류 220V/60㎐, 1000V 이하로서 전기용품안전관리법에 따라 인증을 득한 안정기로써 입출력효율이 95.0% 이상인 것. 단, 175W 미만 100W 이상의 메탈할라이드 램프 점등에 사용하는 안정기는 93.0%, 100W 미만 램프 점등에 사용하는 안정기는 90.0% 이상인 경우에 적용된다.

고효율 시험항목은 연면 거리 및 공간 거리, 충전부에 닿을 우려에 대한 보호 장치, 관련 부품의 보호, 내습 절연, 내전압 시험, 비정상 동작 조건, 고장 조건, 내열성 및 난연성, 내식성, 점호 특성, 입력 전류 및 고조파 함유율, 입력 전력, 역율, 광출력비, 음향 공명 현상, 램프 전류 파형, 자기 차폐, 충격파 전압 시험, 내구성 시험, 입출력 효율, 고장 유무 판단 및 출력 제한 장치, 온도 가속 시험, 전자파 장해 시험, 표시사항 등이다.

② 나트륨램프용 안정기

KS C 7610, KS C IEC 60192 및 KS C IEC 60662에서 규정하는 고압 및 저압 나트륨램프의 점등에 사용하는 안정기로서, 입력 주파수 60㎐, 교류 1,000V 이하로서 전기용품안전관리법에 따라 인증을 득한 안정기로써 입출력효율이 93.0% 이상인 경우에 적용된다.

고효율 시험항목은 메탈할라이드 램프용 안정기와 같다.

③ LED 교통신호등

LED를 이용한 차량 및 보행자 교통신호등으로 역률이 90% 이상이며, 경찰청고시 "LED 교통신호등 표준지침"을 만족하는 경우에 적용된다.

고효율 시험항목은 제어기호환성 시험, 온도 순환, 온도 상승, 광출력 변동, 내열 충격성, 내진성, 내수성, 진동시험, 내구성, 절연 저항, 내전압, 광출력 주파수, 전원의 호환성, 전원의 Cut-Off 시험, 배선 구조, 전자 잡음, 소비전력, 역률, 고조파 함유율, 색도, 휘도균일도 시험, 광도 분포, 점 · 소등 응답 시험, 썬팬텀 시험, 신호등 명판 등이다.

④ 고휘도 방전 (HID) 램프용 고조도 반사갓

정격 소비전력이 400W 이하인 고휘도 방전(HID) 램프를 광원으로 하는 1등용 등기구의 반사갓에 적용하는 경우에 적용된다. 고효율 시험항목은 반사판의 반사율, 등기구 반사효율, 퇴색성, 융점, 재료의 부식, 도료의 두께 균질, 필름의 접착력, 설치간격비 등이다.

제4장

에너지경영시스템 구축절차

4.1 추진 절차 개요

에너지경영시스템(EnMS)의 추진 절차는 크게 초기 단계, 준비 단계, 구축 단계, 시행 단계인 총 4단계로 구분하여 추진되며, 추진 단계별 세부 내용은 그림 4-1과 같다.

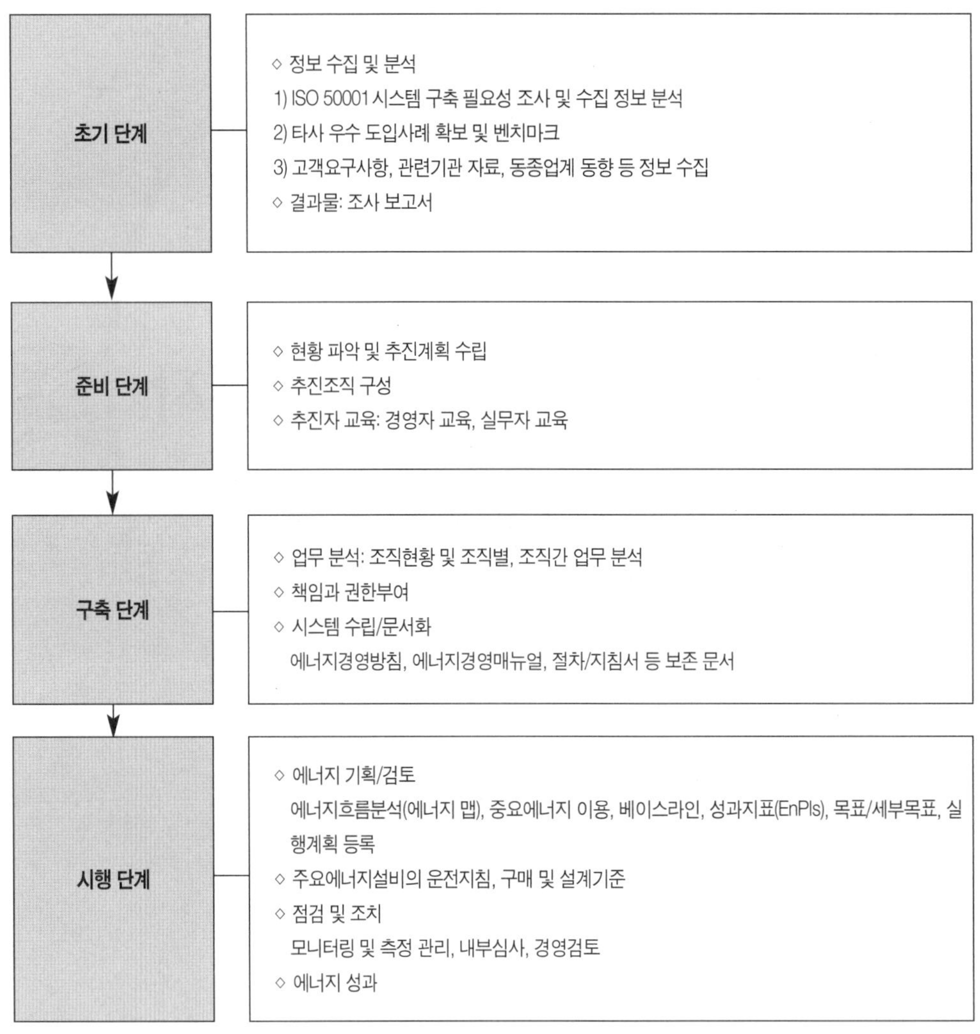

[그림 4-1] 에너지경영시스템 추진 절차

4.2 단계별 세부 추진 방법 및 절차

4.2.1초기단계: 정보 수집 및 현황 분석

에너지경영시스템을 구축하기 위해서는 다음과 같은 정보가 수집되고 분석되어야 한다.

① ISO 50001 시스템 구축 필요성 조사 및 수집 정보 분석
② 타사 우수 도입사례 확보 및 벤치마크
③ 고객요구사항, 관련기관 자료, 동종업계 동향 등 정보 수집

에너지경영시스템은 제1장에서 언급한 바와 같이 "에너지 효율 향상 활동을 통합적이고 체계적인 경영 전략으로 구축하여 전사적이고 지속적으로 추진할 수 있는 기술 측면과 경영 측면이 조화된 관리시스템"이다.

에너지경영시스템 표준의 목적은 에너지 효율, 이용 및 사용량을 포함한 에너지 성과를 개선하기 위하여 필요한 시스템과 프로세스를 수립할 수 있도록 하는 것이다. 더불어 에너지경영시스템은 P(계획)-D(실행)-C(점검)-A(조치)의 PDCA 사이클을 통해 지속적 개선 체계에 기초하여 에너지경영을 일상적, 주기적 활동으로 포함하여 접근하게 된다.

에너지경영시스템이 기존 에너지 절감활동과 다른 점은 단순한 아이디어 위주나 일부 중심 조직이나 부서에 의한 일회성 절감활동이 아니라 최고경영자가 중심이 되어 전 조직원이 참여하여 중장기적으로 지속성 있게 추진하는 에너지 절감 시스템이며, 기존에 비해 보다 적극적이고 전략적이며, 또한 전 방위적으로 고려한 경영전략이라는 점이다.

최근 국내 기업들은 에너지경영시스템의 국제표준 ISO 50001이 공표되면서 에너지경영시스템을 활발히 도입하고 있는 상황으로서, 최근 현대제철, 삼성중공업, 현대건설 등이 현재 ISO 50001 인증을 취득하였다.

참고 | 국내 기업 에너지경영시스템 인증 업체 사례

• 2011. 12. 28
- 인증 취득 기업: 현대제철
- 에너지관리공단 에너지경영시스템 시범 사업 참여
- 철강업체 최초로 ISO 50001 인증 획득

• 2012. 02. 02
- 인증 취득 기업: 삼성중공업
- 삼성중공업 거제조선소 ISO 50001 인증 취득(인증 기관: 로이드)
- 조선업계 최초 인증 취득

• 2012. 03. 14
- 인증 취득 기업: 현대건설
- 본사 설계, 구매 등 주요 부서, 기술 연구소, 현대제철 3호기 고로 및 코크스 현장 등 5개 현장 중심으로 에너지경영시스템 구축을 추진함
(현대 건설 고로 공사 현장 중심)
- 건설 업계 최초로 ISO 50001 인증 취득(인증 기관: 로이드)

• 2012. 02. 17
- 인증 취득 기업: 한국항공공사
- 김포 국제공항을 대상으로 ISO 50001 인증 취득
- 단일 공항 중 마드리드 공항에 이어 두 번째로 ISO 50001 인증 취득

에너지경영시스템(EnMS)의 인증 절차를 간략히 살펴보면 그림 4-2에서 보는 바와 같다.

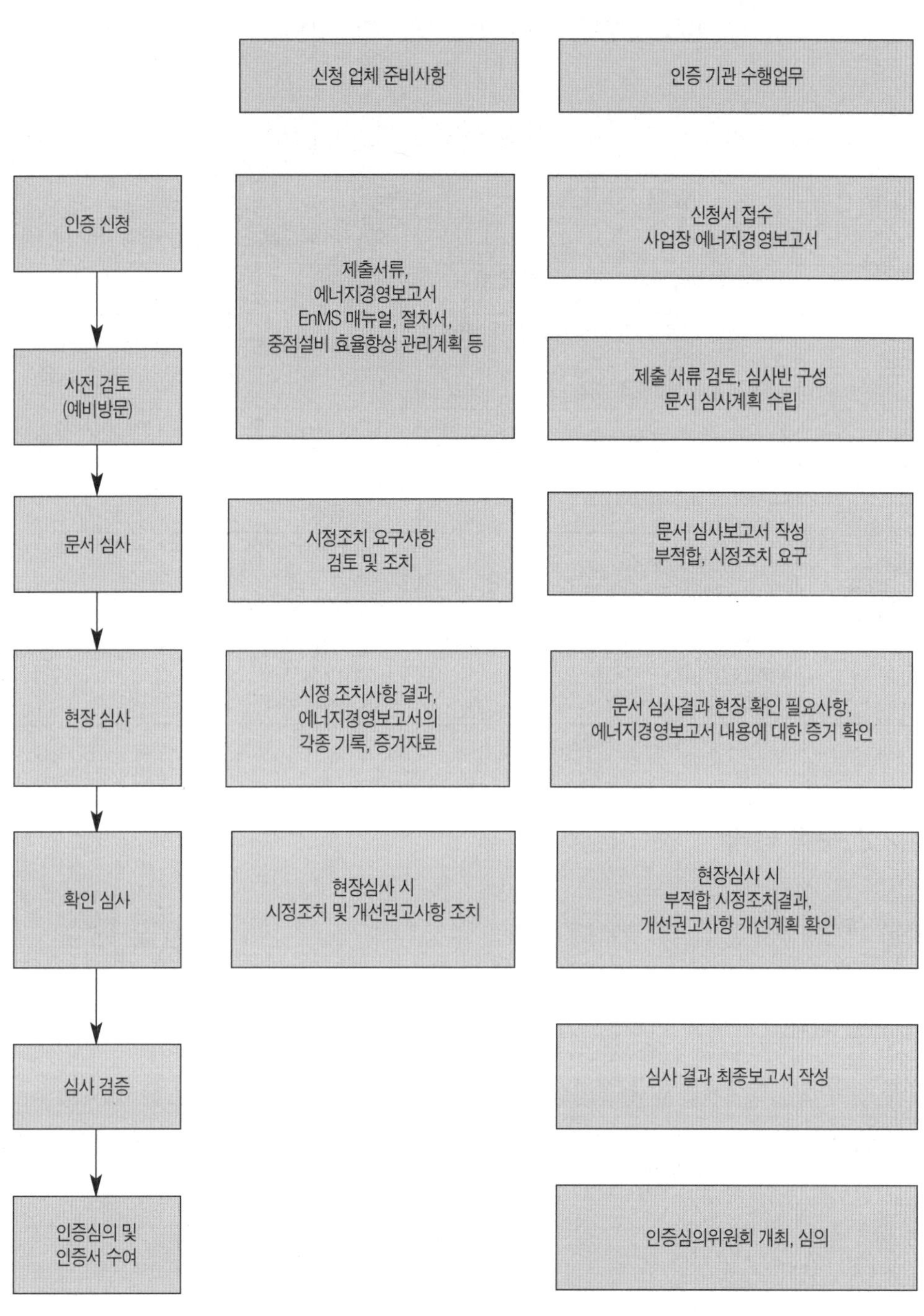

[그림 4-2] 에너지경영시스템 인증 심사 절차

또한 해외 기업들의 에너지경영시스템에 대한 도입 효과 사례를 보면 표 4-1과 같다.

[표 4-1] 에너지경영시스템 도입 효과 사례

기업명	기업개요 및 현황	도입효과
DuPont	• 농업, 가정용, 건설, 운송, 어패럴 등 광범위 범위의 제품을 제공하는 체계적인 제조업체	• 90년 이후 온실가스 배출량 68% 감축, 생산성은 38% 증가 (에너지 사용량 증가 없음)
3M	• 산업용 제품, 의료, 안전, 사무용품, 전자, 정밀화학제품 등 제조 • 전 세계적 138개소 제조시설	• 에너지 원단위 27% 감축('00~'02) • 2005년 목표 20% 초과달성 → 마케팅 활용
Frito-Lay	• 스낵제조업체, 연간 에너지사용 비용 $1억 이상 • 에너지관리 지출 예산의 2%	• '02년-'99년비 물 2%, 연료 11% ,전기 12% 감축 • '04년 절감금액 예상 초과하여 내부 수익율 30% 달성
C&A Floor coverings	• 상업용 카페트 제조업체 • 연간 에너지비용 $2백만('04년)	• '04년 EnMS 도입, 2년만에 천연 가스 사용량 10% 절감 • 주요절감 : 설비발생열 감소
SOLUTIA	• 영국 화학제조회사 Action Energy와 파트너쉽 • 에너지집약적 • 연간에너지비용 £5백만	• 도입첫해('00년) 에너지 13%, 연간 에너지비용 £35만 절감 • '04년까지 에너지소비량 33% 감축

4.2.2 준비 단계

준비 단계에서는 현황 파악, 추진계획 수립, 추진조직 구성, 추진자 교육이 실시된다.

(1) 현황 파악

현황 파악에서 실시되는 활동은 다음과 같다.

o 에너지경영시스템(EnMS)의 요구사항 목록, 기타 요건 목록, 시행 중인 품질 문서 목록, 상호 대비표 작성, 미비/수정/보완사항, 작업항목 목록 작성

① ISO 50001 요구사항 목록(표 4-2 ~ 표 4-8 참조)

② 관련법규 및 정책

저탄소녹색성장 기본법, 목표관리 운영 지침, 에너지 이용합리화법(별도 발행자료 참조)

③ 사내 표준, 경영시스템, 품질문서 목록

ISO 9001, ISO 14001, QA/QC 표준 등 대상회사 문서 참조

④ 상호 대비표 작성

ISO 50001, ISO 9001, ISO 14001, 기타(표 4-9 참조)

⑤ 미비, 수정, 보완사항 추출

⑥ 작업항목 목록 작성

[표 4-2] 에너지경영시스템 요구사항 (1. 일반 요구사항)

항목	규 격
1. 일반 요구사항	이 국제표준 요구사항에 따라 EnMS를 수립, 문서화, 실행, 유지 및 개선
	EnMS 적용범위와 경계의 규정 및 문서화
	EnMS 및 에너지성과의 지속적 개선을 위해 이 국제표준 요구사항을 충족하는 방법의 결정

[표 4-3] 에너지경영시스템 요구사항 (2. 경영책임)

세부항목	규 격
2.1 최고 경영자	최고경영자는 EnMS를 지원하고, 그 효과성을 지속적으로 개선하는 의지를 다음을 통하여 실증 1. 에너지방침의 규정, 수립, 실행, 유지 2. 경영대리인 선임 및 에너지경영팀 구성의 승인 3. EnMS와 그 결과인 에너지성과를 수립, 실행, 유지 및 개선에 필요한 자원의 제공 [비고] 자원은 인적자원, 특화된 숙련도, 기술 및 재정자원 포함 4. EnMS에서 제시된 적용범위 및 경계의 파악 5. 에너지경영의 중요성에 대한 조직과 의사소통 6. 에너지 목표 및 세부목표가 수립됨을 보장 7. EnPIs가 조직에 적절함을 보장 8. 중장기 계획에 에너지성과 고려 9. 결과가 정해진 주기로 측정 및 보고됨을 보장 10. 경영검토 수행
2.2 경영 대리인	최고경영자의 적절한 숙련도와 적격성을 가진 경영대리인 선임
	다른 책임과 무관하게, 경영 대리인은 다음의 책임과 권한을 갖는다. 1. EnMS가 이 국제표준에 일치하게 수립, 실행, 유지 및 지속적으로 개선됨을 보장 2. 에너지경영 활동을 지원함에 있어서 경영 대리인과 함께 일하도록 적절한 경영층에 의해 권한을 받은 사람(들)의 파악 3. 에너지성과를 최고경영자에 보고 4. EnMS 성과를 최고경영자에 보고

세부항목	규 격
2.2 경영 대리인	5. 에너지경영 활동 기획은 조직의 에너지방침을 지원하도록 설계됨을 보장 6. 효과적인 에너지경영 촉진을 위한 책임과 권한의 규정 및 의사소통 7. EnMS 운영과 관리가 효과적임을 보장하는 데 필요한 기준과 방법의 결정 8. 조직의 모든 계층에 에너지방침과 목표에 대한 인식 증진

[표 4-4] 에너지경영시스템 요구사항 (3. 에너지방침)

항목	규 격
3. 에너지방침	에너지방침에 에너지성과 개선을 달성한다는 조직의 의지 명시
	최고경영자는 에너지방침을 규정하고 에너지방침이 다음과 같음을 보장 1. 조직의 에너지 이용 및 사용량에 대한 성격과 규모에 적절함 2. 지속적인 에너지성과 개선에 대한 의지를 포함 3. 에너지 목표 및 세부목표 달성에 필요한 자원과 정보의 가용성 보장에 대한 의지 포함 4. 에너지 이용, 사용량 및 효율과 관련하여 적용되는 법규 요구사항 및 조직이 동의한 그 밖의 요구사항을 준수한다는 의지 포함 5. 에너지 목표 및 세부목표의 수립 및 검토를 위한 틀 제공 6. 에너지성과 개선을 위한 에너지 효율적인 제품 및 서비스의 구매와 설계를 지원 7. 문서화되고 조직 내 모든 계층에 의사소통 8. 정기적인 검토 및 필요 시 갱신

[표 4-5] 에너지경영시스템 요구사항 (4. 에너지 기획)

세부항목	규 격
4.1 일반사항	에너지기획 프로세스의 수행 및 문서화
	에너지기획의 에너지방침과의 일관성 유지 및 에너지성과의 지속적 개선 활동 유도
	에너지기획의 에너지성과에 영향을 줄 수 있는 조직 활동에 대한 검토 포함 [비고] 그 밖 지역, 국가 표준에서 에너지 파악 및 검토 또는 에너지 프로파일 개념은 에너지검토 개념에 포함
4.2 법규 및 그 밖의 요구사항	에너지 이용, 사용량 및 효율과 관련 적용되는 법적 요구사항, 조직이 동의한 그 밖 요구사항을 파악, 실행 및 접근
	조직은 이러한 요구사항이 에너지 이용, 사용량 및 효율에 적용되는 방법을 결정하고, 이러한 법적 요구사항 및 조직이 동의한 그 밖의 요구사항이 EnMS의 수립, 실행 및 유지에 고려됨을 보장
	법적 요구사항 및 그 밖의 요구사항의 정해진 주기의 검토
4.3 에너지 검토	에너지검토의 개발, 기록 및 유지
	에너지검토를 개발하는 데 사용된 방법론과 기준의 문서화
	측정과 그 밖의 데이터에 근거한 에너지 이용 및 사용량 분석 1. 현재 에너지원 파악 2. 과거와 현재 에너지 이용 및 사용량 평가
	에너지 이용 및 사용량 분석에 근거한 중요에너지 이용 부분의 파악 1. 에너지 이용 및 사용량에 중대한 영향을 주는 설비, 장비, 시스템, 공정의 파악 그리고 조직에 근무하거나 조직을 대신해 업무를 수행하는 인원의 파악 2. 중요에너지 이용에 영향을 주는 그 밖의 관련 변수의 파악

세부항목	규 격
4.3 에너지 검토	3. 파악된 중요에너지 이용과 관련된 설비, 장비, 시스템, 공정의 현재 에너지성과의 결정 4. 미래 에너지 이용 및 사용량 예측
	에너지성과를 개선하기 위한 기회 파악, 우선순위 결정 및 기록 [비고] 기회는 잠재적 에너지원, 재생에너지 이용, 또는 그 밖의 대체 에너지원과 관련될 수 있음
	에너지검토는 정해진 주기뿐만 아니라 설비, 장비, 시스템, 공정의 중대한 변화에 대응해 갱신
4.4 에너지 베이스라인	조직은 초기 에너지검토의 정보를 이용하고, 조직의 에너지 이용 및 사용량에 적합한 데이터 기간을 고려하여 에너지베이스라인을 수립.
	에너지성과의 변화는 에너지베이스라인에 대응하여 측정
	다음의 경우에 베이스라인을 조정 1. EnPIs가 더 이상 조직의 에너지 이용 및 사용량을 반영하지 못할 때 2. 공정, 운전 방식 또는 에너지 시스템의 중대한 변동이 있을 때 3. 미리 정해진 방법에 따라서
	에너지베이스라인의 유지 및 기록
4.5 에너지성과지표 (EnPIs)	에너지성과의 모니터링 및 측정을 위한 적절한 EnPIs의 파악
	EnPIs 결정 및 갱신을 위한 방법론의 기록 및 정기적 검토
	해당되는 경우, EnPIs의 에너지베이스라인과 비교 및 검토
4.6 에너지 목표, 에너지 세부목표 및 에너지 경영 실행계획	조직 내부의 관련 기능, 계층, 공정, 설비에 대하여 문서화된 에너지 목표 및 세부목표의 수립, 실행 및 유지
	목표 및 세부목표의 달성을 위한 일정의 수립
	목표 및 세부목표의 에너지방침과 일관성 및 세부목표의 목표와 일관성
	목표 및 세부목표 수립 및 검토 시 다음의 사항을 고려 1. 법적 요구사항 및 조직이 동의한 그 밖의 요구사항 2. 중요에너지 이용 및 에너지검토에서 파악된 에너지성과를 개선하기 위한 기회 3. 조직의 기술적 대안, 재정적, 운영적 및 사업상의 요구사항 4. 이해관계자의 견해
	목표 및 세부목표의 달성을 위한 실행계획의 수립, 실행 및 유지
	실행계획은 다음 사항을 포함 1. 책임 지정 2. 각 세부목표 달성을 위한 수단 및 일정 3. 에너지성과 개선이 검증되는 방법의 명시 4. 실행계획의 결과를 검증하는 방법의 명시
	실행계획의 문서화 및 정해진 주기의 갱신

[표 4-6] 에너지경영시스템 요구사항 (5. 실행 및 운영)

세부항목	규 격
5.1 일반사항	실행 및 운영을 위하여 실행계획 및 에너지기획 프로세스로부터 도출된 그 밖의 결과물 이용
5.2 적격성, 교육훈련 및 인식	중요에너지 이용과 관련된 조직에 근무하거나 조직을 대신해 업무를 수행하는 모든 인원의 적절한 교육, 훈련, 숙련도 또는 경험에 근거한 적격성 보장

세부항목		규 격
5.2 적격성, 교육훈련 및 인식		EnMS 운영 및 중요에너지 이용의 관리와 연계된 교육훈련의 필요성 파악
		교육훈련 필요성을 충족시키기 위한 교육훈련의 제공 또는 그 밖의 대처
		적절한 기록의 유지
		조직에 근무하거나 조직을 대신해 업무를 수행하는 인원의 다음 사항 인식 보장 1. 에너지방침 및 절차 그리고 EnMS 요구사항에 대한 적합의 중요성 2. EnMS 요구사항의 달성을 위한 그들의 역할, 책임 및 권한 3. 개선된 에너지성과의 혜택 4. 에너지 이용 및 사용량에 관계된 그들의 실제적 또는 잠재적 영향, 에너지 목표 및 세부목표 달성에 그들의 활동과 행동이 공헌하는 방식 5. 규정된 절차로부터 벗어날 때의 잠재적 결과
5.3 의사소통		조직의 규모에 적절한 에너지성과 및 EnMS와 관련한 내부적 의사소통 수행
		조직에 근무하거나 조직을 대신해 업무를 수행하는 모든 인원이 의견을 개진하거나 EnMS 개선을 제안할 수 있는 프로세스의 수립 및 실행
		에너지방침, EnMS 및 에너지성과에 대한 외부와의 의사소통 여부 결정 및 조직 결정의 문서화 - 외부와 의사소통하는 것으로 결정한 경우, 그 외부 의사소통을 위한 방법의 수립 및 실행
5.4 문서화		EnMS 핵심요소와 그들의 상호작용 기술 → 종이, 전자 또는 어떠한 다른 매체로 된 정보를 수립, 실행 및 유지
	5.4.1 문서화 요구 사항	다음의 사항을 문서화 [표준에서 요구하는 필수 문서화 요구사항] 1. EnMS의 적용범위 및 경계 2. 에너지방침 3. 에너지목표, 세부목표 및 실행계획 4. 기록을 포함하여, 이 국제표준에서 요구하는 문서 5. 조직에 의하여 필요하다고 결정한 그 밖의 문서 [비고] 문서화 정도는 다음의 이유로 조직에 따라 다양할 수 있음 1. 조직 규모 및 활동의 종류 2. 프로세스와 그 상호작용의 복잡성 3. 인원의 적격성
	5.4.2 문서 관리	이 국제표준과 EnMS에서 요구하는 문서(기술적인 문서화 포함)의 관리
		다음 절차의 수립, 실행 및 유지 1. 문서는 발행 전에 충족함을 승인 2. 필요 시 주기적인 검토 및 갱신 3. 문서의 변경 및 최신 개정 상태의 식별을 보장 4. 적용되는 문서의 해당본이 사용되는 장소에서 가용성을 보장 5. 문서가 읽을 수 있게 유지되고, 쉽게 식별됨을 보장 6. EnMS를 기획하고 운영하기 위하여 필요하다고 조직이 결정한 외부 출처 문서의 식별 및 배포가 관리됨을 보장 7. 효력이 상실된 문서의 의도되지 않은 사용을 방지하며, 어떤 목적을 위해 보유할 경우에는 적절하게 식별
5.5 운전관리		다음 사항의 실행을 통해 규정된 조건에서 수행됨을 보장하기 위하여 에너지방침, 목표, 세부목표 및 실행계획과 일관되고 중요에너지 이용과 관련된 운전 및 보존 활동의 파악 및 계획 1. 운전 및 보전을 위한 기준이 없어서 효과적인 에너지성과와 중대한 차이가 생긴다면, 중요에너지 이용에 대한 효과적 운전 및 보전을 위한 기준의 수립 및 설정 2. 운전 기준에 따른 설비, 공정, 시스템, 장비의 운전 및 보전

세부항목	규 격
5.5 운전관리	3. 조직에 근무하거나 조직을 대신해 업무를 수행하는 인원에게 운전관리에 관한 적절한 의사소통 [비고] 만일의 사태, 비상사태 또는 잠재적 재난에 대한 기획 시, 조직은 장비의 구매를 포함하여 이러한 상황에 대응하는 방법을 결정하면서 에너지성과를 포함하는 것을 선택할 수 있음.
5.6 설계	에너지성과에 중요한 영향을 줄 수 있는 신규, 변경 및 개선된 설비, 장비, 시스템, 공정을 설계할 때 에너지성과 개선의 기회 및 운전 관리를 고려
	에너지 성과 평가 결과는, 해당되는 경우, 관련된 개선과제의 시방서, 설계 및 구매 활동에 포함
	설계활동 결과의 기록
5.7 구매: 서비스, 제품, 장비, 에너지	중요에너지 이용에 영향을 주거나 줄 수 있는 에너지 서비스, 제품, 장비를 구매할 때, 공급자에게 구매가 에너지성과에 근거하여 일부 평가된다는 것을 공지
	조직의 에너지 성과에 중대한 영향을 준다고 있다고 예상되는 에너지를 이용하는 제품, 장비, 서비스를 구매할 때, 계획된 또는 기대되는 운전 생애시간 동안 에너지 이용, 사용량 및 효율을 평가하는 기준의 수립과 실행
	해당되는 경우, 효과적인 에너지 이용을 위한 에너지 구매 시방서의 규정 및 문서화

[표 4-7] 에너지경영시스템 요구사항 (6. 점검)

세부항목	규 격
6.1 모니터링, 측정 및 분석	계획된 주기로 에너지성과를 결정하는 다음 주요 운영 특성의 모니터링, 측정 및 분석을 보장 1. 중요에너지 이용 및 그 밖의 에너지검토 결과 2. 중요에너지 이용과 관련된 적절한 변수 3. EnPIs 4. 목표 및 세부목표를 달성하기 위한 실행계획의 효과성 5. 실제 에너지 사용량 대비 예측된 에너지 사용량 평가
	주요 특성에 대한 모니터링 및 측정 결과의 기록
	조직과 모니터링 및 측정 장치의 규모 및 복잡성에 적절한 에너지 측정 계획의 규정 및 실행 [비고] 측정의 적용범위는 소규모 조직을 위한 단순 유틸리티 계량으로부터 데이터를 종합하고 자동 분석할 수 있는 소프트웨어와 연계된 완벽한 모니터링 및 측정 시스템까지 다양하며, 측정 수단 및 방법은 조직이 결정
	측정 필요성 규정 및 주기적인 검토
	주요 특성을 모니터링 및 측정하는데 이용된 장비가 정확하고 반복 가능한 데이터를 제공한다는 것을 보장
	교정 및 정확도와 반복 정밀도를 수립하는 그 밖의 수단에 대한 기록의 유지
	에너지성과와의 중대한 차이에 대한 조사 및 대응
	모니터링, 측정 및 분석 요구사항의 모든 활동 결과 유지
6.2 법규 및 그 밖의 요구사항에 대한 준수평가	계획된 주기로, 에너지 이용 및 사용량에 관련된 조직이 동의한 법적 요구사항 및 그 밖의 요구사항 준수여부 평가
	준수 평가의 결과에 대한 기록 유지

세부항목	규 격
6.3 EnMS 내부심사	EnMS가 다음 사항을 보장하기 위하여 계획된 주기로 내부심사 수행 1. 이 국제표준 요구사항을 포함하여 에너지경영에 대하여 계획된 결정사항에 적합함 2. 수립된 에너지 목표 및 세부목표에 적합함 3. 효과적으로 실행되고 유지되며 에너지성과 개선됨
	이전 심사 결과뿐 아니라 심사 대상 프로세스 및 분야의 현황과 중요성을 고려한 내부심사 계획 및 일정의 개발
	심사원 선정 및 심사수행에는 심사 프로세스의 객관성 및 공정성이 보장되어야 함
	심사 결과에 관한 기록의 유지 및 최고경영자에게 보고
6.4 부적합, 시정, 시정조치 및 예방 조치	다음을 포함하는 시정, 시정조치 및 예방 조치를 취함으로써 실제적 및 잠재적 부적합을 처리 1. 부적합 또는 잠재적 부적합 검토 2. 부적합 또는 잠재적 부적합에 대한 원인 결정 3. 부적합이 발생 또는 재발하지 않음을 보장하기 위한 조치의 필요성에 대한 평가 4. 필요한 적절한 조치의 결정 및 실행 5. 시정조치 및 예방조치 기록 유지 6. 취해진 시정조치 및 예방조치의 효과성 검토
	실제적 또는 잠재적 문제의 크기 및 직면한 에너지성과 결과에 적절한 시정조치 및 예방조치
	필요한 변경이 EnMS에 이루어졌음을 보장
6.5 기록관리	EnMS와 표준 요구사항에 대한 적합성 및 달성된 에너지성과를 실증하는 데 필요한 기록의 작성 및 유지
	기록의 식별, 검색 및 보유기간에 대한 관리의 규정 및 실행
	관련된 활동에서 읽을 수 있고, 식별 및 추적이 가능하도록 기록을 유지

[표 4-8] 에너지경영시스템 요구사항 (7. 경영검토)

세부항목	규 격
7.1 일반사항	1. 최고경영자는 EnMS의 지속적인 적절성, 충족성 및 효과성을 보장하기 위하여 계획된 주기로 조직의 EnMS 검토 2. 경영검토에 관한 기록의 유지
7.2 경영검토 입력	경영검토 입력에 다음의 사항을 포함 1. 이전 경영검토에 따른 후속조치 2. 에너지방침 검토 3. 에너지성과 및 관련된 EnPIs 검토 4. 법적 요구사항에 대한 준수평가와 법적 요구사항 및 조직이 동의한 그 밖의 요구사항의 변동 결과 5. 에너지 목표 및 세부목표 충족 정도 6. EnMS 심사 결과 7. 시정조치 및 예방조치 현황 8. 차기에 예상되는 에너지성과 9. 개선을 위한 제안

세부항목	규 격
7.3 경영검토 출력	경영검토 출력에 다음과 관련된 결정사항 및 조치를 포함 1. 조직 에너지성과 변동 2. 에너지방침 변경 3. EnPIs 변동 4. 지속적 개선에 대한 조직의 의지와 일관성이 있도록 목표, 세부목표 또는 그 밖의 EnMS 요소의 변동 5. 자원 배분 변동

[표 4-9] 상호대비표: ISO 50001, ISO 9001, ISO 14001, ISO 22000

ISO 50001 (2011)		ISO 9001 (2008)		ISO 14001 (2004)		ISO 22000 (2005)	
항	기준	항	기준	항	기준	항	기준
-	머리말	-	머리말	-	머리말	-	머리말
-	개요	-	개요	-	개요	-	개요
1	적용범위	1	적용범위	1	적용범위	1	적용범위
2	인용표준	2	인용표준	2	인용표준	2	인용표준
3	용어와 정의	3	용어와 정의	3	용어와 정의	3	용어와 정의
4	에너지경영시스템 요구사항	4	품질경영시스템	4	환경경영시스템 요구사항	4	식품안전 경영시스템
4.1	일반 요구사항	4.1	일반 요구사항	4.1	일반 요구사항	4.1	일반 요구사항
4.2	경영책임	5	경영자 책임	-	-	5	경영책임
4.2.1	최고경영자	5.1	경영자 의지	4.4.1	자원,역할,책임 및 권한	5.1	경영의지
4.2.2	경영대리인	5.5.1 5.5.2	책임과 권한 경영대리인	4.4.1	자원,역할,책임 및 권한	5.4 5.5	책임 및 권한 식품안전팀장
4.3	에너지방침	5.3	품질방침	4.2	환경방침	5.2	식품안전방침
4.4	에너지기획	5.4	기획	4.3	기획	5.3 7	식품안전경영 시스템 기획 안전한 제품의 기획 및 실현
4.4.1	일반사항	5.4.1 7.2.1	품질목표 제품과 관련된 요구사항 결정	4.3	기획	5.3 7.1	식품안전경영 시스템 기획 일반사항
4.4.2	법규 및 그 밖의 요구사항	7.2.1 7.3.2	제품과 관련된 요구사항 결정 설계 및 개발 입력	4.3.2	법규 및 그 밖의 요구사항	7.2.2 7.3.3	(제목없음) 선행요건프로그램 제품특성
4.4.3	에너지검토	5.4.1 7.2.1	품질목표 제품과 관련된 요구사항 결정	4.3.1	환경측면	7	안전한 제품의 기획 및 실현
4.4.4	에너지베이스라인	-	-	-	-	7.4	위해요소분석

ISO 50001 (2011)		ISO 9001 (2008)		ISO 14001 (2004)		ISO 22000 (2005)	
항	기준	항	기준	항	기준	항	기준
4.4.5	에너지성과지표	-	-	-	-	7.4.2	위해요소파악 및 허용가능한 수준의 결정
4.4.6	에너지목표, 에너지 세부목표, 에너지 경영활동계획	5.4.1 7.1	품질목표 제품실현의 기획	4.3.3	목표, 세부목표 및 추진계획	7.2	선행요건프로그램
4.5	실행 및 운영	7	제품실현	4.4	실행 및 운영	7	안전한 제품의 기획 및 실현
4.5.1	일반사항	7.5.1	생산 및 서비스 제공의 관리	4.4.6	운영관리	7.2.2	(제목없음)
4.5.2	적격성, 교육훈련 및 인식	6.2.2	적격성, 교육훈련 및 인식	4.4.2	적격성, 교육훈련 및 인식	6.2.2	적격성, 인식 및 교육훈련
4.5.3	의사소통	5.5.3	내부의사소통	4.4.3	의사소통	5.6.2	내부의사소통
4.5.4	문서화	4.2	문서화 요구사항	-	-	4.2	문서화 요구사항
4.5.4.1	문서화 요구사항	4.2.1	일반사항	4.4.4	문서화	4.2.1	일반사항
4.5.4.2	문서관리	4.2.3	문서관리	4.4.5	문서관리	4.2.2	문서관리
4.5.5	운전관리	7.5.1	생산 및 서비스 제공의 관리	4.4.6	운영관리	7.6.1	HACCP계획
4.5.6	설계	7.3	설계 및 개발	-	-	7.3	위해요소 분석을 위한 예비단계
4.6.2	법규 및 그밖의 요구사항에 대한 준수평가	7.3.4	설계 및 개발검토	4.5.2	준수평가	-	-
4.6.3	EnMS 내부심사	8.2.2	내부심사	4.5.5	내부심사	8.4.1	내부심사
4.6.4	부적합,시정, 시정조치 및 예방 조치	8.3 8.5.2 8.5.3	부적합제품의 관리 시정조치 예방조치	4.5.3	부적합, 시정조치 및 예방조치	7.10	부적합의 관리
4.6.5	기록관리	4.2.4	기록관리	4.5.4	기록관리	4.2.3	기록관리
4.7	경영검토	5.6	경영검토	4.6	경영검토	5.8	경영검토
4.7.1	일반사항	5.6.1	일반사항	4.6	경영검토	5.8.1	일반사항
4.7.2	경영검토 입력	5.6.2	검토 입력	4.6	경영검토	5.8.2	검토 입력
4.7.3	경영검토 출력	5.6.3	검토 출력	4.6	경영검토	5.8.3	검토 출력

(2) 추진 계획 수립

추진 계획 수립에서 실시되는 활동은 다음과 같다.

- o 에너지경영시스템(EnMS) 구축 추진 계획서, 요구 사항별 주관부서 Matrix 표, 에너지경영시스템 표준 종류, 주관부서 및 작성 계획

① 에너지경영시스템 구축 추진 계획서 작성

[표 4-10] 에너지경영시스템 구축 추진 계획서

추진항목	주관부서	일정	2012년												비고
			M				M+1				M+2				
1. 추진계획수립															
1.1 시스템 구축방침결정	최고경영자	계획													
		실적													
1.2 동종업체 현황조사	주관팀	계획													
		실적													
1.3 추진품의															
1) 추진조직구성	기획팀	계획													
		실적													
2) 자원, 책임, 권한, 역할 결정	기획팀	계획													
		실적													
3) 기존시스템 ,문서, 자료 확보	기획팀	계획													
		실적													
4) 설명회	기획팀	계획													
		실적													
5) 마스터 플랜 확정	기획팀	계획													
		실적													
2. 교육, 홍보															
2.1 최고경영자 및 임원교육	기획팀	계획													
		실적													
2.2 사내 전사원 교육	기획팀	계획													
		실적													
2.3 실무자/내부심사자 교육	기획팀	계획													
		실적													

추진항목	주관부서	일정	2012년												비고
			M				M+1				M+2				
2.4 사내홍보	기획팀	계획									■	■			
		실적													
3. 시스템 구축															
1 업무분장	기획팀	계획										■	■		
		실적													
3.2 에너지방침 수립	기획팀	계획										■	■	■	
		실적													
3.3 시스템 문서작성 (운영매뉴얼/절차서/지침서)	주관팀	계획											■	■	
		실적													

추진항목	주관부서	일정	2012년												비고
			M+3				M+4				M+5				
4. 에너지 기획, 실행															
4.1 법적 및 기타요구사항 정리	주관팀	계획	■	■											
		실적													
4.2 에너지 검토															
1) 현황분석/에너지맵 작성 (공정분석, 에너지밸런스 작성)	각부서	계획		■	■										
		실적													
2) 중요에너지이용 파악 및, 평가 우선순위 결정	주관부서	계획			■	■									
		실적													
3) 베이스라인, 성과지표 설정	주관부서	계획			■	■									
		실적													
4) 에너지목표, 세부목표, 실행계획 수립	각부서 주관부서	계획				■									
		실적													
4.3 실행 및 운영관련 구축															
1) 운전관리지침, 구매실적관리	각부서	계획					■	■							
		실적													
2) 모니터링 및 측정 관리기준	주관부서	계획					■	■							
		실적													
3) 주요설비 운전기준	각부서	계획						■	■						
		실적													
5. 내부심사															
5.1 내부심사 실시	내부심사자	계획							■	■					
		실적													

추진항목	주관부서	일정	2012년												비고
			M+3				M+4				M+5				
5.2 시정조치	각부서	계획								■	■				
		실적													
6. 경영검토															
6.1 경영검토 실시	최고경영자	계획									■	■			
		실적													
6.2 검토에 따른 개선	각부서	계획										■	■		
		실적													
7. 인증심사															
7.1 인증심사 신청	기획팀	계획										■			
		실적													
7.2 문서심사 및 부적합시정조치	주관부서 각부서	계획										■	■		
		실적													
7.3 현장심사 및 부적합시정조지	주관부서 각부서	계획										■	■	■	
		실적													
8. 인증획득	기획팀	계획												■	
		실적													

② ISO 50001 요구사항별 주관부서 행렬표 작성(표 4-11 참조)

[표 4-11] ISO 50001 요구사항별 주관부서 행렬표

● 주관부서, ○ 관련부서

ISO 50001요구사항		최고 경영자	경영 대리인	기획	주관팀 (공무)	생산	구매	설계	설비 보전	기타
4.1 일반요구사항										
4.2 경영책임	4.2.1 최고경영자	●	○	○	○	○	○	○	○	○
	4.2.2 경영대리인	○	●	○	○	○	○	○	○	○
4.3 에너지방침										
4.4 에너지 기획	4.4.1 일반사항			●	○	○	○	○	○	○
	4.4.2 법규 및 그밖의 요구사항			●	●	○	○	○	○	
	4.4.3 에너지 검토				●	●			○	
	4.4.4 베이스라인				●	●	○	○	○	
	4.4.5 에너지 성과지표			○	●	○	○	○	○	

ISO 50001요구사항		최고 경영자	경영 대리인	기획	주관팀 (공무)	생산	구매	설계	설비 보전	기타
4.4 에너지 기획	4.4.6 에너지목표 및 세부목표			○	●	○	○	○	○	○
	에너지경영실행계획			○	●	○	○	○	○	○
4.5 실행 및 운영	4.5.1 일반사항			●	○	○	○	○	○	○
	4.5.2 적격성, 교육훈련 및 인식			●	○	○	○	○	○	●
	4.5.3 의사소통			●	○	○	○	○	○	
	4.5.4 문서화			○	●	○	○	○	○	
	4.5.5 운전관리				○	●			○	
	4.5.6 설계				○	○		●		
	4.5.7 서비스,제품장비 및 구매				●	○	●			
4.6 점검	4.6.1 모니터링, 측정 및 분석				○	○			●	
	4.6.2 법규 등 준수평가			●	○	○	○	○	○	
	4.6.3 EnMS내부심사			●	●	○	○	○	○	
	4.6.4 부적합,시정,시정조치,예방조치			○	●	○	○	○	○	
	4.6.5 기록관리			○	●	○	○	○	○	
4.7 경영 검토	4.7.1 일반사항			●						
	4.7.2 경영검토입력		●	●						
	4.7.3 경영검토 출력		●	●						

③ 에너지경영시스템 표준종류, 주관부서 및 작성계획(표 4-12 참조)

[표 4-12] 에너지경영시스템 표준종류, 주관부서 및 작성계획

관련표준	입안부서	표준번호	작성계획			비 고
			초안	검토	완료	
1) 에너지 방침	기획팀	STQ1203210	4/20	4/30	5/10	
2) 에너지 운영 매뉴얼	주관팀	STQ1203211	4/20	4/30	5/10	
3) 에너지검토규칙	주관팀	STQ1203212	4/20	4/30	5/10	중요에너지검토절차 등
4) 교육훈련 운영절차	기획팀	STQ1203213	4/20	4/30	5/10	
5) 구매절차	구매팀	STQ1203214	4/20	4/30	5/10	고효율에너지설비
6) 의사소통 절차	기획팀	STQ1203215	4/20	4/30	5/10	정보전달 규정
7) 모니터링 및 측정 절차	생산팀	STQ1203216	4/20	4/30	5/10	
8) 모니터링장치 및 측정장치 관리규칙	설비관리팀	STQ1203217	4/20	4/30	5/10	

관련표준	입안부서	표준번호	작성계획			비 고
			초안	검토	완료	
9) 문서작성지침	주관팀	STQ1203218	4/20	4/30	5/10	
10) 기록관리절차	주관팀	STQ1203219	4/20	4/30	5/10	
11) 에너지법규 준수평가절차	기획팀	STQ1203220	4/20	4/30	5/10	
12) 부적합,시정조치,예방조치 운영규정	주관팀	STQ1203221	4/20	4/30	5/10	
13) 내부심사절차	기획팀	STQ1203222	4/20	4/30	5/10	
14) 목표 및 세부목표 수립절차	기획팀	STQ1203223	4/20	4/30	5/10	
15) 경영자검토 절차	기획팀	STQ1203224	4/20	4/30	5/10	
16) 기타 절차 및 지침	각 부서	STQ1203225	4/20	4/30	5/10	

(3) 추진 조직 구성

추진 조직 구성 단계에서는 다음과 같은 활동들을 수행한다.

① Task Force Team 구성

: 각 부서 중간관리자급 이상 에너지관련 업무분야 핵심요원

(에너지경영시스템(EnMS) 구축, 인증 획득의 중심적 역할 수행)

② Working Group 편성

: 실무작업 전담팀을 부서별, 표준작성별로 편성(하부조직)

- 필요에 의해 구성
- 추진 조직 사례

추진 조직: EnMS 추진조직(그림 4-3)

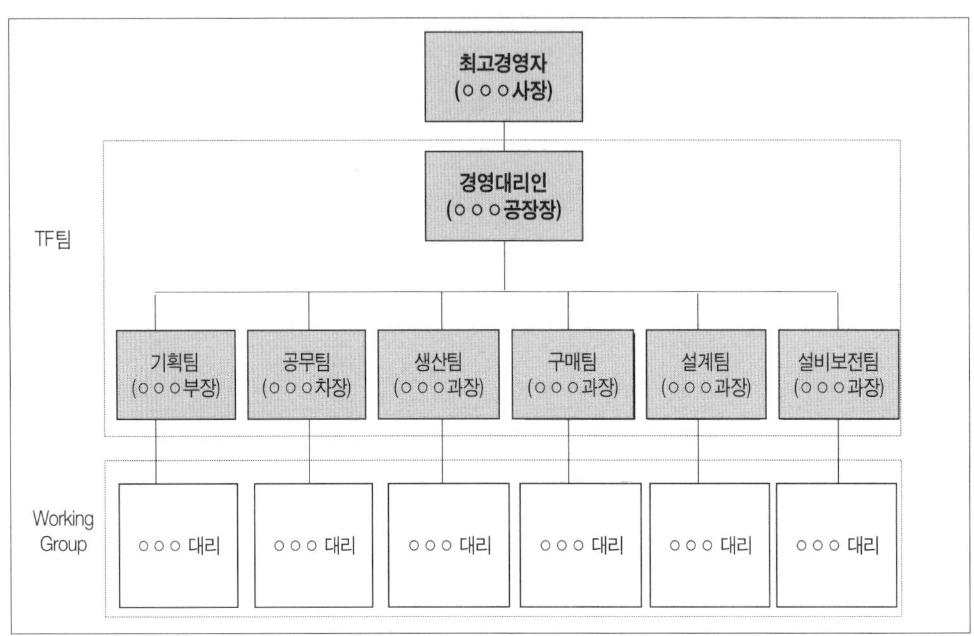

[그림 4-3] 에너지경영시스템 추진 조직 사례

(4) 추진자 교육

추진자 교육에서는 다음과 같은 활동이 실시된다.

o 에너지경영시스템(EnMS) 규격, 관련 법규, 추진내용 등 주기적 교육

① 교육 목적

ISO 50001 요구사항 합의를 위한 추진사항의 기본적 이해

경영자, 실무추진자, 전사원의 공유 및 인식 제고

② 교육 세부내용 및 추진계획 수립(표 4-13 참조)

[표 4-13] 교육 세부내용 및 추진계획

	교육명	대상	시간	교육기관	일정
1	EnMS 규격 소개	전사원	2	내부	
2	EnMS 인정 절차 및 일정	대상 부서	2	내부	
3	에너지관련 법규	관리자	2	내부	
4	모니터링 및 계측기관리	관련부서	2	외부강사	
5	에너지검토, 설비효율 관리	관련부서	4	외부강사	
6	EnMS 추진 계획 및 개요	경영자	2	내부	
7	EnMS 중간 결과 점검	TFT	4	내부	
8	EnMS 구축 결과 설명	TFT	4	내부	

4.2.3 구축 단계

구축 단계에서는 업무를 분석하고 책임과 권한을 부여하며, 시스템을 수립하여 문서화하는 활동이 실시된다.

(1) 업무 분석

업무 분석에서는 각 조직의 업무를 조사(사업장 조직도, 부서별/담당별 업무 현황 등)하고 업무 흐름도를 작성(부서별 업무 Flow 등) 한다. 업무 흐름도의 경우 조직, 인원 배치, 업무 분담, 책임과 권한부여 등 기초자료로 활용된다.

① 각 조직 업무 조사

각 조직 업무 조사에서는 사업장 조직도, 부서별/담당별 업무현황 등을 파악한다.

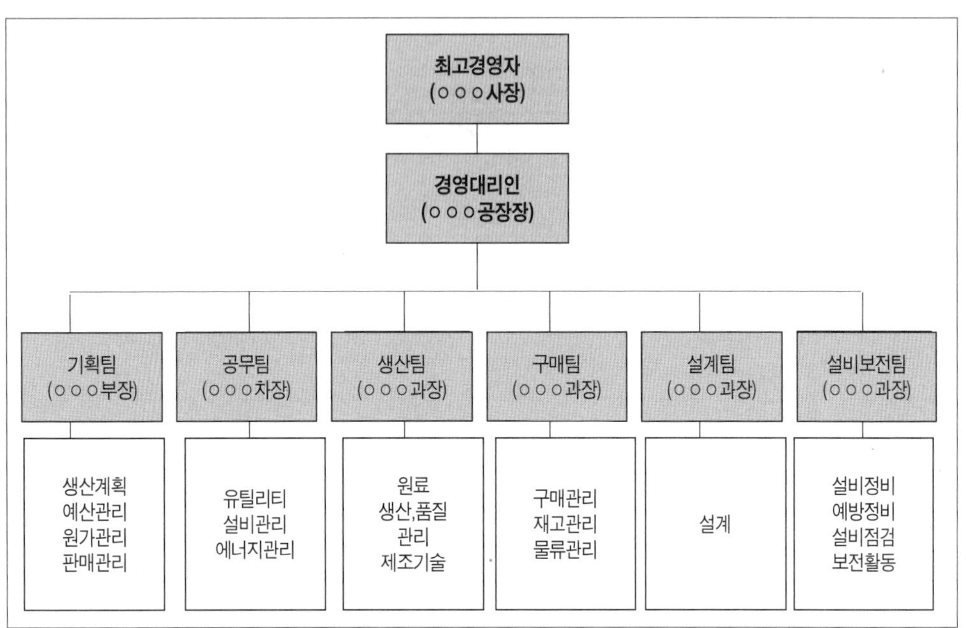

[그림 4-4] 각 조직의 업무 조사 예시

② 업무 흐름도 작성

표준 문서의 업무 흐름도는 Plan – Do – Check – Action을 기반으로 작성하며, 예를 들면 그림 4-5와 같다.

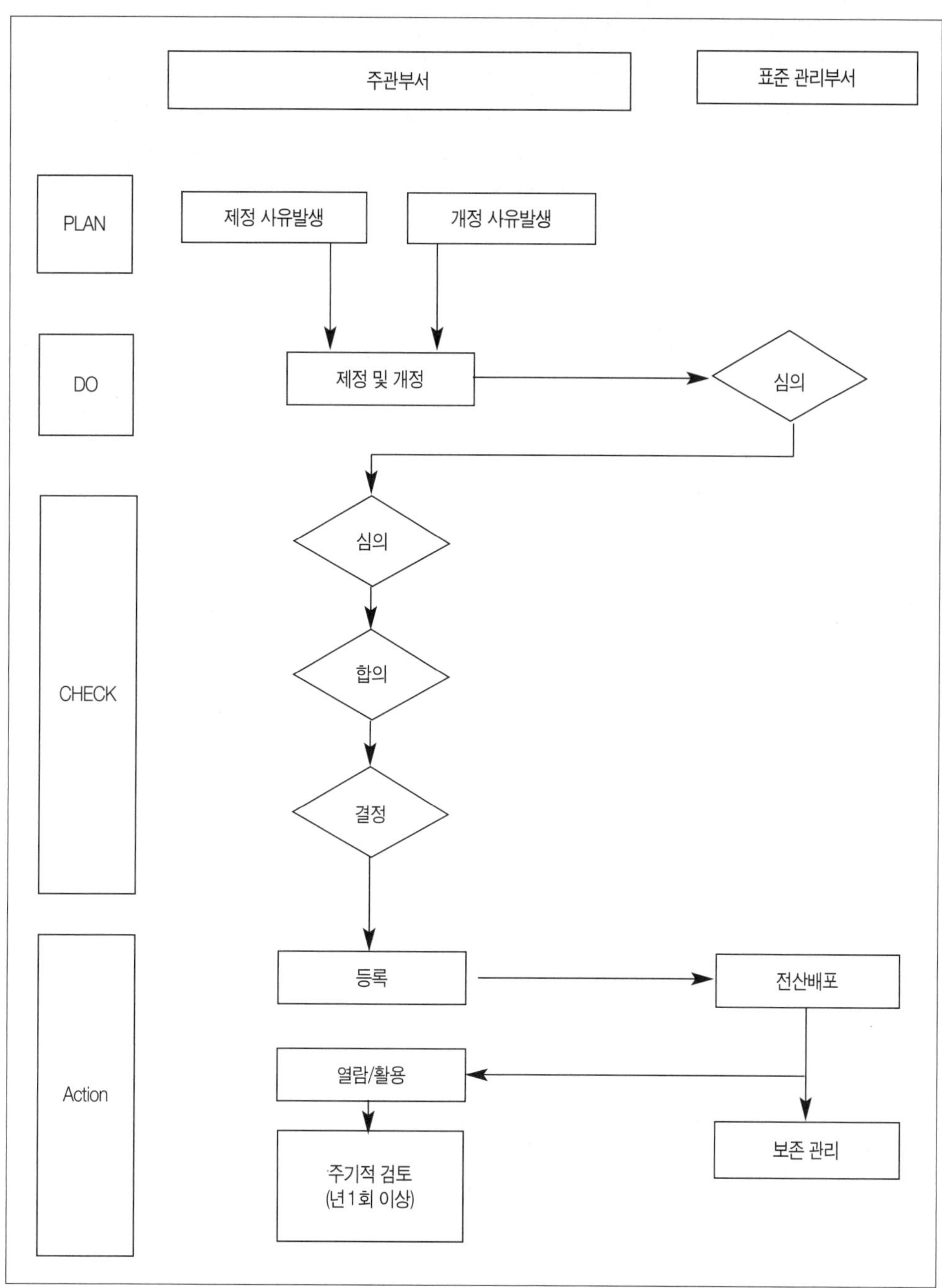

[그림 4-5] 표준 문서 업무 흐름도 예시

또한 물품 구매 업무 흐름도의 예를 들면 그림 4-6과 같다.

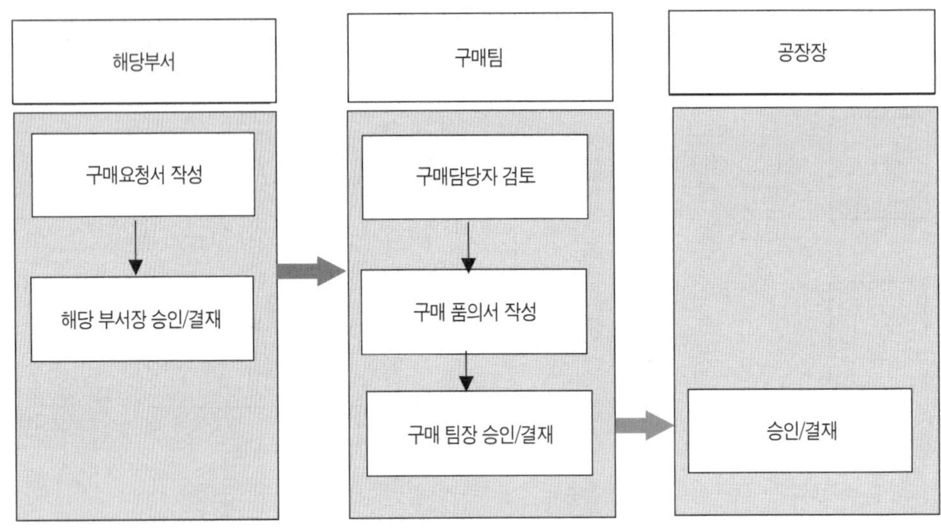

[그림 4-6] 물품 구매 업무 흐름도 예시

(2) 책임과 권한 부여

책임과 권한부여에서는 사업장 범위 및 경계설정, 에너지경영시스템(EnMS) 추진 조직의 구성과 부서별 책임과 업무 분장(책임/권한/역할 규정)을 진행한다.

① 사업장 범위 및 경계 설정

사업장 범위 및 경계 설정에서는 대상 사업장의 범위와 경계를 설정하고 부지경계의 모든 공정 및 건축물을 조사한다(그림 4-7 참조). 관련 참조 자료들은 다음과 같다.

o 사업장 약도/지도 사진, 사업장 부지 Lay-out, 시설배치도, 공정도(PFD, P&ID)

o 경계 설명: 사업장 대지 면적, 건물 연면적, 건물별 용도, 유틸리티 공급 및 운영 현황 등

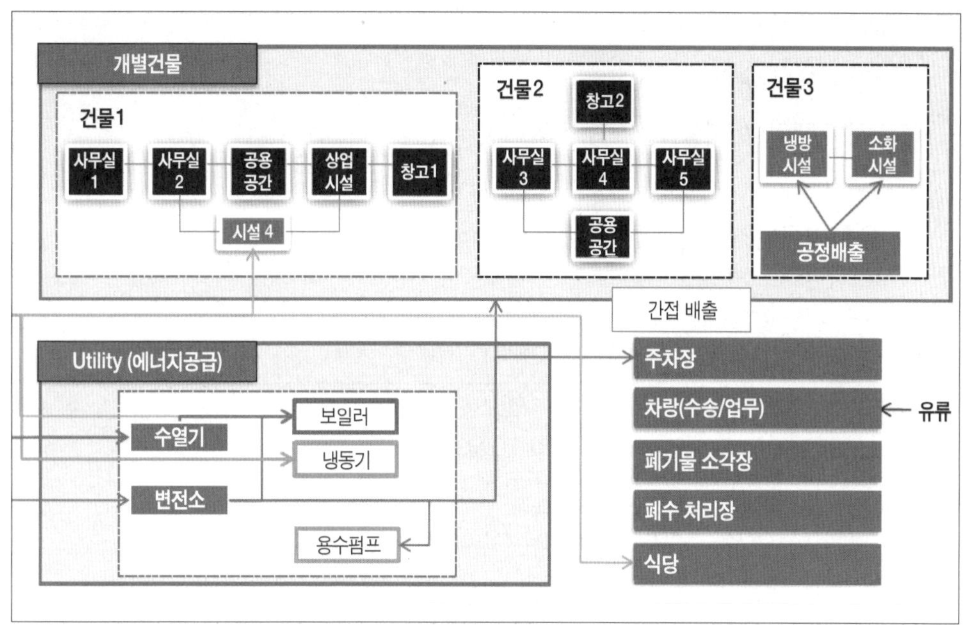

[그림 4-7] 사업장 범위 및 경계 예시

o 공정 설명 예시

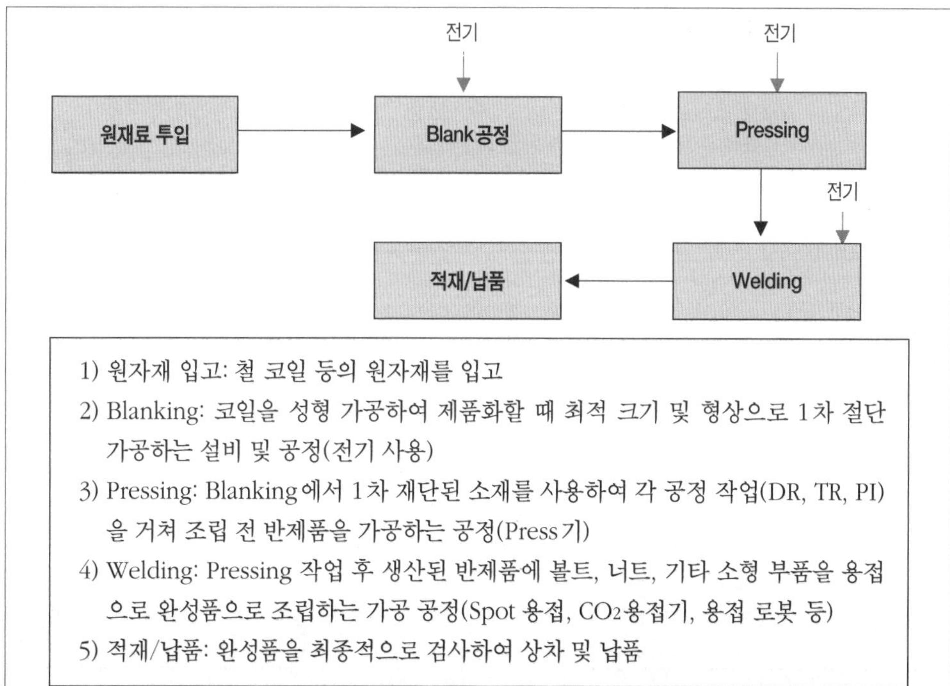

1) 원자재 입고: 철 코일 등의 원자재를 입고
2) Blanking: 코일을 성형 가공하여 제품화할 때 최적 크기 및 형상으로 1차 절단 가공하는 설비 및 공정(전기 사용)
3) Pressing: Blanking에서 1차 재단된 소재를 사용하여 각 공정 작업(DR, TR, PI)을 거쳐 조립 전 반제품을 가공하는 공정(Press기)
4) Welding: Pressing 작업 후 생산된 반제품에 볼트, 너트, 기타 소형 부품을 용접으로 완성품으로 조립하는 가공 공정(Spot 용접, CO_2용접기, 용접 로봇 등)
5) 적재/납품: 완성품을 최종적으로 검사하여 상차 및 납품

② EnMS 추진조직 책임 및 역할 규정

o 추진조직 예시(그림 4-3)

o 부서별 책임 및 역할(표 4-14 참조)

o 에너지경영 추진팀 세부 책임 및 역할(표 4-15 참조)

- 기존 경영시스템 규격(ISO 9000, ISO 14000 등) 참조

[표 4-14] 부서별 책임 및 역할

구 분	책임 및 역할	비 고
최고 경영자	o 지속적 개선의지 및 중장기전략에 EnMS 포함 표명 o 에너지방침, 목표 승인 o EnMS 운영에 필요한 자원의 보장 o 경영 대리인 임명, 에너지경영팀 구성승인 및 경영검토 수행	
경영자 대리인	o 에너지성과를 최고경영자에게 보고 o EnMS에서 요구하는 사항 이행 및 개선여부 확인 o 관련규정에 EnMS 책임과 권한 부여	공장장
주관부서 (추진팀)	o 에너지방침 초안 작성 및 승인된 방침 유지 o 에너지 목표, 에너지 검토 분석 o 에너지경영 성과평가 및 사후관리 o 에너지경영 교육계획 수립 및 실행 o 에너지 소비, 비용, 주요에너지검토 및 EnPIs 변화 파악 및 기록 o 목표달성여부 및 에너지법규, 규정의 이행여부 확인 o 에너지 공급 및 사용량 측정기록 o 내부 심사 수행 및 외부 심사 실시 대응 등	기획팀 에너지팀
운영부서	o 부서내 에너지 설비현황 파악 o 주요에너지검토 분석 및 세부목표 수립 o 에너지경영 프로그램 실행, 유지 o 고효율기기 구매 평가 및 관리 (각 사업부 구매담당 포함) o 에너지교육실시 (분기 1회)	생산팀 설비팀 보전팀 구매팀

[표 4-15] 에너지경영 추진팀 세부 책임 및 역할

에너지 절감 활동 및 시스템 구축	o 에너지경영시스템 구축 o 사업장 에너지진단 및 개선아이템 도출 o 프로젝트 유지관리 표준화 및 실적관리 o 에너지경영시스템 실적 취합(월 1회) 및 분기별 보고 o 분기별 교류회 실시 및 절감기술 정보공유 o 전사 에너지 사용실적관리, 목표수립, 절약 홍보 등
에너지 검토	o 계측기 계통도 관리 o 계측기 보정 및 검교정 관리 o 에너지공급 및 사용량 관리

에너지 검토	o 에너지 설비 관리(이력, 보수, 교체, 점검사항 등) - 전력설비점검/보수, 발전기 유지보수, 무정전 설비관리 - 신증설 전력공급설비 Capa. 검토 분석 - 수전설비 및 전력품질 분석 대응 - 비상발전기 운전 및 관리 - 전력감시시스템 운영, 유지보수 - 유틸리티 설비 효율 - 냉난방 관리 - 유틸리티 예방보전, 점검/보수 등

(3) 시스템 수립/문서화: 표준 작성(매뉴얼, 절차서, 지침서)

시스템 수립 및 문서화 단계에서는 에너지경영방침, 에너지경영매뉴얼, 절차/지침서 등 보존 문서 등을 작성한다.

① 적절한 업무 분석과 책임 및 권한 부여 → 표준에 반영

② 문서 체계

문서 체계는 에너지경영에 대한 표준을 정립하는 것으로서 그림 4-8과 같이 매뉴얼, 절차서, 지침서를 통해 체계적인 관리 방안을 제시하는 것이다.

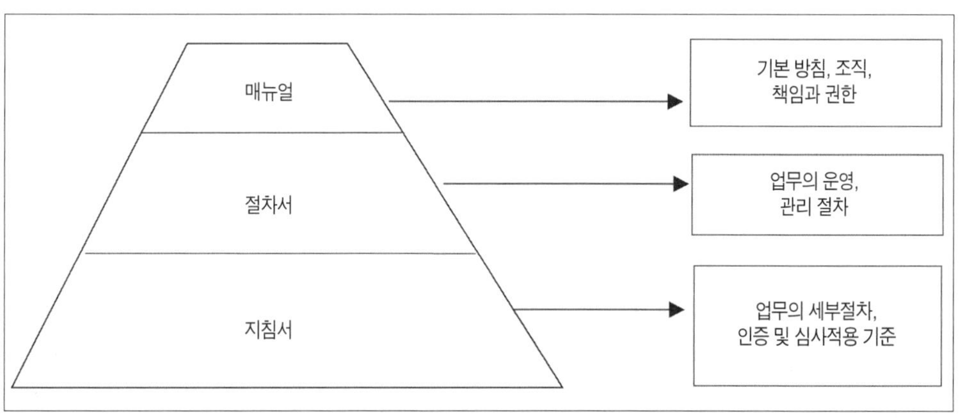

[그림 4-8] 에너지경영시스템 문서 체계

③ 에너지경영매뉴얼

o 에너지경영시스템 규정한 문서

o 에너지경영시스템의 내외부적 일관성 있는 정보 제공

o 에너지방침 포함 작성(최고경영자 또는 공장장 승인)

o 작성절차

㉮ ISO 50001 규격 이해

㉯ 관련 사내표준목록 작성

㉰ 관련 사내표준의 정보수집 및 조사 분석

㉱ 운영매뉴얼의 체제 및 형식 결정

㉲ 매뉴얼 초안 작성(추진조직 주체)

㉳ 초안 회람 및 보완

• 단, 에너지경영매뉴얼 작성 시 개별조직의 규모, 복잡성을 고려하여 세부사항 및 형식을 결정하며, 기존의 환경 및 품질경영시스템 등이 구축된 경우에 통합하여 작성 요함

④ 에너지경영절차 및 지침서

o 절차서

활동을 수행하기 위한 방법 및 순서를 기술한 문서로서 일반적 사내 표준, 품질 표준, 기술 표준 등으로 구분

o 지침서

• 작업 장소에 항상 비치하여야 할 상세 사항, 자주 변경 되는 사항 등 문서화

• 기계 작동순서, 검사요령서, 설비점검기준서 등

o 절차서, 지침서의 용도

㉮ 에너지경영매뉴얼의 사항을 이행하기 위한 세부 이행절차

㉯ 업무를 수행하는 관련 부서간 책임, 권한의 명확화

㉰ 업무를 수행하는 기준으로서 역할

㉱ 에너지 경영시스템 구축을 위한 필수 문서

㉲ 에너지 사용 및 효율 모니터링의 체계화, 계량화를 위한 기초적인 자료

o 작성절차

㉮ 절차서 지침서 구조 결정

우선 해당사업장의 표준화 현황을 조사하여 ISO 50001 요구 사항과 비교하여 필요한 표준의 종류 및 형식 결정

㉯ 현행 절차 검토 및 업무 분석

현재 각 기능별로 업무를 수행하는 절차와 방법을 조사하고 업무 흐름도를 활용해 부서간 업무의 중복, 누락부분을 조사하고 업무분석을 하여 필요한 부분 조정

㉰ 요구사항과의 비교검토

ISO 50001의 요구사항과 비교하여 누락부분 여부 조사하며 에너지경영 방침 및 목표, 관련법규 등 조사한다.

㉱ 초안 작성 및 협의/조정

주관부서의 주관으로 초안을 작성하며, 해당 표준관련 부서의 검토를 통해 의견을 반영하고 관련부서가 누락하지 않도록 한다. 기존 표준이 거의 활용되지 않거나 없는 경우 표준 작성의 범위와 대상 부서를 결정하며 가능한 표준의 양과 종류를 줄이도록 한다. 실행하기 어렵고 막연한 내용, 불필요한 미사어구는 가능한 배제하며 초안 회람 및 보완토록 한다.

㉲ 교육 및 홍보

관련자가 이해 숙지 가능하도록 표준 재/개정시 검토 및 회람을 실시하고 충분한 교육과 홍보를 실시한다.

㉳ 이행

업무를 실행할 시에 표준에 따르도록 하며 지속적으로 수정 및 개선하도록 한다.

⑤ 에너지경영방침 작성 절차 및 사례(표 4-16, 표 4-17 참조)

에너지경영방침 작성방법은 기본적으로는 해당기업의 업종 및 제품 특성, 환경적 영향성, 사회 지역적 관계 등을 고려하고, 최고경영자 및 기업의 경영이념, 중장기 경영전략을 바탕으로 하여 에너지에 대한 기본방향과 최고경영자의 의지를 포함하여 작성함이 필요하며 특정한 형식과 틀을 벗어나 그 기업만의 특성을 잘 표현하여 독창적인 에너지방침을 작성함이 바람직하다. 다음은 에너지방침을 수립 및 작성함에 있어 참조사항으로 절차를 나타낸 것이다.

[표 4-16] 에너지방침 작성 절차

경영이념, 경영 비전 경영방침 검토	최고경영자의 기업경영에 대한 가치관, 철학이 담겨있는 경영 이념과 이의 실현을 위한 경영 비전과 경영방침 등을 기본으로 에너지방침에 포함하여야 할 사항을 검토한다.
↓	
조직 현황 파악 및 반영사항 검토	조직경계, 에너지 사용 현황 및 특성, 법적 요구사항 및 그 외 요구사항을 파악하여 반영할 사항을 검토한다. 국내 관련법규, 해당조항, 해당내용에 대해 조사 후 에너지 방침에 포함하여야 할 사항을 선별한다. 주요 법적사항은 에너지 또는 환경관련 법규 ("첨부. 관련 국내법" 참조)
↓	
추진팀 검토 및 에너지방침 수립	추진팀이 주관이 되어 에너지방침에 대한 초안을 작성 및 검토하여 조직의 규모, 특성, 요구사항, 추진목표 및 방향 등이 적절히 반영되었는지 확인 검토하여 확정을 한다.
↓	
승인, 등록	에너지방침 작성안에 대해 최고경영자에게 승인을 받아 조직의 에너지방침으로 등록한다. 그리고 사후 지속적 관리를 위해 에너지방침수립에 대한 업무표준을 작성하도록 한다.
↓	
배포, 홍보, 교육	에너지방침을 수립, 등록하면 전 조직원 및 이해관계자에게 배포 및 홍보, 또는 교육을 통하여 인지시키고, 전 조직원의 참여를 유도하여야 한다. • 배포, 홍보방법: 게시판, 홈페이지, 사보, 사내 교육 등 • 지속적 이해력 제고를 위해 주기적 교육 실시
↓	
주기적 검토/개정	에너지방침은 연 1회 이상 검토 및 개정이 필요하며 개정 시점과 변경내용에 관한 이력을 관리하는 절차가 필요하다.

[표 4-17] 에너지방침 작성 사례

에너지 경영방침

OOO는 전 지구적 환경보전과 기후변화에 적극적으로 대응하기 위하여 다음과 같이 에너지방침을 제정하여 에너지경영시스템의 효율적인 운영을 위해 최선을 다하며 지속적인 개선을 추진한다.

1. 에너지 및 온실가스 감축을 기업발전의 핵심요소로 인식하여 기업의 주요 경영전략으로서 반영하며 에너지경영을 통해 지속적인 개선과 가치를 창출하도록 한다.

2. 에너지의 지속적 개선을 위해 전 부서가 참여하여 제품개발, 생산, 구매, 판매, 폐기 등 전과정에 걸친 에너지 지속가능한 사용과 절감에 적극 노력한다.

3. 에너지경영시스템의 유지, 운영 및 개선에 있어 필요한 모든 인적, 물적 자원을 조달함을 보장하도록 최대한 노력한다.

4. 에너지 목표 및 세부목표, 실행계획의 수립, 이행, 측정 및 성과 평가를 통해 경영검토를 이루어지도록 함을 보장한다.

5. 전 부서 및 직원에 대한 에너지교육과 협력업체 에너지 경영 활동을 적극 지원하며 사회와 지역발전에 이바지하도록 최선을 다한다.

6. 국내외 에너지 및 기후변화관련 법규, 협약을 준수하며 에너지 및 환경 현황 정보, 성과를 대내외에 공개하여 투명성을 확보하도록 한다.

2012. o. o

대표이사 O O O

⑥ 에너지경영매뉴얼, 절차서, 지침서 작성 사례(부록 참조)

4.2.4 시행 단계

시행 단계에서 진행되어야 할 업무는 다음과 같다.

① 에너지검토

현황 분석(공정흐름, 에너지 사용현황, 에너지설비현황, 데이터 수집 및 계측 현황 등), 에너지 지도(Energy Map)작성 및 효율 분석, 중요에너지 이용 분석, 중점관리 대상 설비, 법적 요구사항 및 기타 요구사항 검토

② 에너지 베이스라인 설정

③ 에너지 성과지표 설정

④ 에너지 목표 및 세부목표수립, 세부개선과제 설정

⑤ 에너지 모니터링 및 측정방안 수립

⑥ 성과관리 방안 수립

⑦ 내부심사 및 경영검토, 인증심사방안, 에너지경영시스템 유지방안 검토

업무별 세부 내용을 보면 다음과 같다.

(1) 에너지검토(Energy Review) – 현황 분석

에너지검토를 실시하기 이전에 해당 조직의 공정특성에 대한 이해와 에너지 및 온실가스 관점에서 중요한 Point를 추출하여야 하고, 에너지소비시설/설비 및 에너지 소비처에 대한 파악과 모니터링 현황 및 계측 수준에 대한 현황 파악이 필요하다.

① 공정 흐름 및 설비 분석

PFD(Process Flow Diagram), P&ID(Piping and Instrumentation Diagram) 등의 공정도를 참조하여 공정흐름, 설비구성, 에너지흐름 등을 조사/분석하고, 공정/설비별 에너지원, 에너지 설비 및 배출설비를 파악한다.

- o 공정 개요 및 메커니즘, 화학반응에 의한 공정배출 여부 등을 파악하고 분석한다.
- o 공정배출이 존재하는 공정일 경우에 해당분야의 배출산정방법을 적용 검토한다.
- o 설비 목록(표 4-18)을 작성하고 설비별 설계 사양(specification), 가동 시간, 가동율, 부하율, 운전 용량, 운전 조건, 에너지효율 자료 등의 정보를 수집하여 입력한다.

o 수전설비, 유틸리티설비(보일러, 냉동기, 공기압축기 등), 공정 설비, 공통 설비 등으로 분류하여 작성한다.

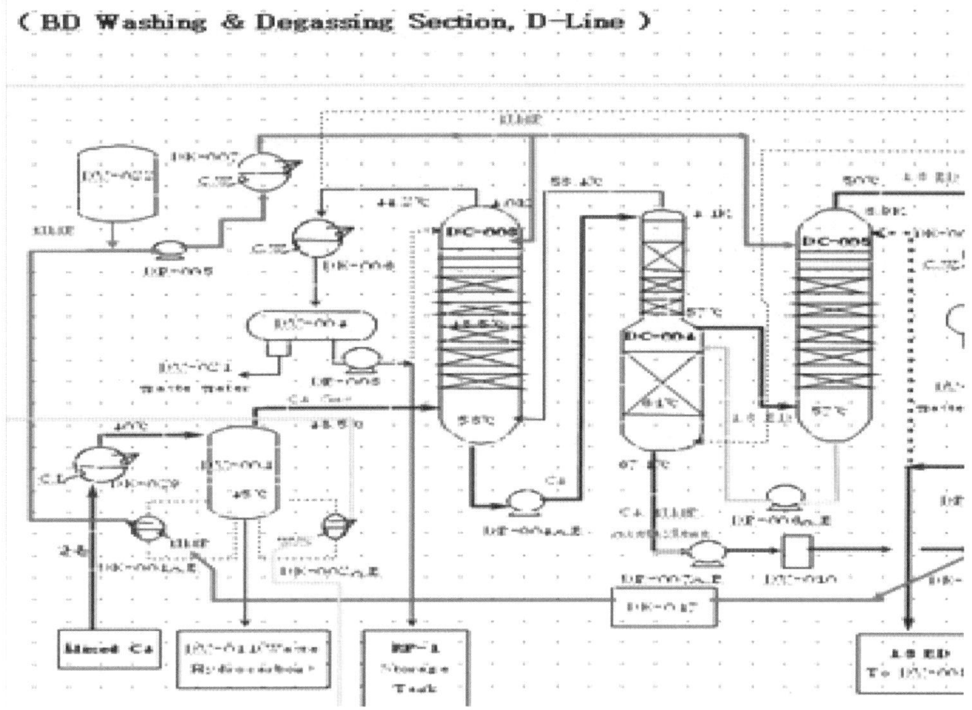

[그림 4-9] 공정도 및 에너지흐름 작성 예시

설비 NO.	설비명	수량	사용 에너지	IN			OUT			용량 (KW)	
				물질	온도	압력	물질	온도	압력		
)V-001	Feed Vaporizer Drum	1	-	Mixed C4	40	-	-	44.8	-		
)E-029	C4 Heater Exchanger	1	CL	Mixed C4	상온	-	-	39.9	-		Mixed C4
)E-001AB	Feed Vaporizer NO.1	2	NMP	Mixed C4	39.9	-	-	45.1	-		C4 가열하
)E-002AB	Feed Vaporizer NO.2	2	Water Solvent	Mixed C4	39.9	-	-	45.1	-		상동
)V-822	Solvent Tank	1	-	NMP	48.9	-	-	48.9	-		
)E-007	Solvent Cooler	1	C.W (30℃)	NMP	48.9	-	-	34.0	-		NMP를 C
)P-005AB	Solvent Circulation Pump	2	전기	NMP	-	-	-	-	-		
)C-003	Main Washer	1	-	NMP(Top) C4 (하단)	34.0 48.5	-	RF1&HC NMP+C4	44.2 53.0	4.0 4.0		Mixed C4 수분 등은 NMP로 C
)E-006	Main Washer Condenser	1	C.W	RF1 &HC 수분	44.2	4.0	-	99.9	1.0		Mixed (
)V-004	Main Washer Reflux Drum	1	-	RF1 &HC 수분	99.9	1.0	-	99.9	1.0		물과 L
)P-003AB	Main Washer Reflux Pump	2	전기	RF1 & HC	-	-	-	-	-		
)P-004AB	Main Washer Bottoms Pump	2	전기	-	-	-	-	-	-		
)C-004	Rectifier	1	-	1차 정제 C4	53	4.1	BD	67	4.1		1차 정제된

[그림 4-10] 공정별 설비 구성 및 사용에너지, 운전 조건 등 파악 예시

참고 | 철강 공정의 공정 파악 및 온실가스 공정 배출 검토 예시

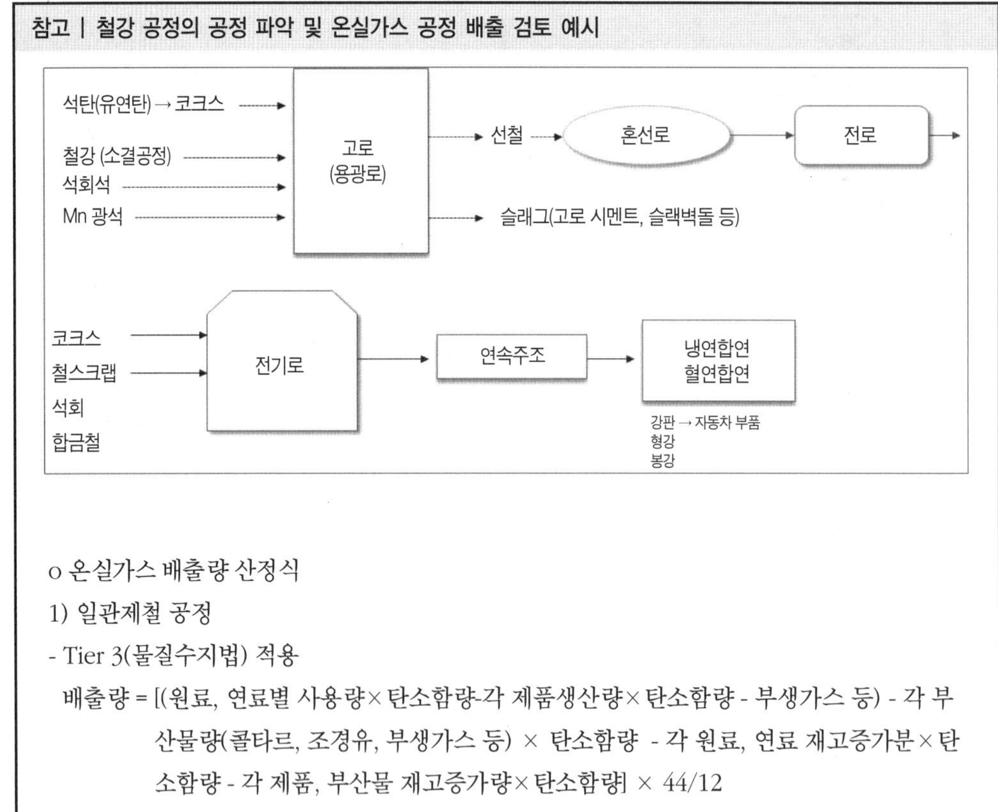

o 온실가스 배출량 산정식

1) 일관제철 공정

- Tier 3(물질수지법) 적용

배출량 = [(원료, 연료별 사용량× 탄소함량-각 제품생산량× 탄소함량 - 부생가스 등) - 각 부산물량(콜타르, 조경유, 부생가스 등) × 탄소함량 - 각 원료, 연료 재고증가분× 탄소함량 - 각 제품, 부산물 재고증가량× 탄소함량] × 44/12

참고 | 철강 공정의 공정 파악 및 온실가스 공정 배출 검토 예시

2) 코크스로

- Tier 1: 코크스 생산량 × 배출계수(CO_2, CH4)
- Tier 2: (코크스 사용된 원료, 연료 사용량(원료탄, 부생가스 등) × 탄소 함량 코크스 생산량 × 탄소함량 - 코크오븐가스 외부반출량 × 탄소 함량-부산물 ×탄소함량) × 44/12
  - 탄소함량 계수는 국가고유(없음), IPCC 기본값 사용
- Tier 3: 석탄×탄소함량-코크스×탄소함량 - 방지시설 포집잔류물질×탄소함량
  - 탄소함량에 대해 사업자 자체 개발 탄소함량 등 고유배출계수 사용
  - 기본적 Tier 2와 같으나 추가적으로 방지시설 포집 회수 고료 + 자체 탄소함량 분석

3) 소결로

- Tier 1: 소결로 생산량 × 배출계수(CO_2, CH4)
- Tier 2: [(CBR 사용량, COG, BG, 원료탄 등) × 탄소함량-SOG(소결로가스 발생량) × 소함량] × 4/12
  - 탄소함량 계수는 국가고유(없음), IPCC 기본값
- Tier 3: 44/12 ×[Fg × Cgf × Mw/MVC(22.4 ㎥/kgmole) × 0.001+f × Cf-SI × Cs-R × Cr]
  - 탄소함량에 대해 사업자 자체 개발 탄소함량 등 고유배출계수 사용
  - 기본적 Tier 2와 같으나 추가적으로 방지시설 포집회수 고려 + 자체 탄소함량 분석

참고 | 설비 조사 양식 예시 1

냉각탑

NO	설치위치	형식	명칭	용량	송풍기				온도(℃)		습구온도	유량	접속관경(A)		설치년도
					풍량	전압력	동력	전원							
				(RT)	(CMM)	(mmAq)	(kW)	(PH*V*HZ)	입구	출구	(℃)	(㎥/h)	입구	출구	
1	건물외부	대향류형	쿨링타워	300			7.5	3 / 220V / 60	20	18					2004-06-01
2															
3															

보일러

NO	설치위치	형식	용도	용량	압력 (kg/㎠)		연료 소비량		압입송풍기			흡입송풍기			공기예열	
							가스	중유	풍량	풍압	동력	풍량	풍압	동력	형식	회수
				(kg/h)	최고	상용	(N㎥/h)	(L/h)	(m3/min)	(mmAq)	(kW)	(m3/min)	(mmAq)	(kW)		(kca
1	보일러실	GKF-2000	전기온수기	2000ℓ		3					20					
2	"	KEB-2700	축열식전기보일러	2700ℓ		3					15*2					
3	"	KEB-2700	축열식전기보일러	2700ℓ		3					15*2					

참고 | 설비 조사 양식 예시 1

펌프

NO	설비명	대수	용도	유량	양정	동력	전원	구경(A)		설치년도	Maker	비고
				(m³/min)	(M)	(KW)/(HP)	(PH*V*HZ)	흡입	토출			
1	쿨링타워냉각펌프	1	설비오일쿨러,금형냉각	4	31	45/60	3/220/60	200	150	2004	대아펌프	
2	쿨링타워냉각펌프	1	설비오일쿨러,금형냉각	4	31	45/60	3/220/60	200	150	2004	대아펌프	Spare
3	쿨링타워냉각펌프	1	냉각탑 순환	2.4	18	15/20	3/220/60	150	125	2004	대아펌프	
4	쿨링타워냉각펌프	1	냉각탑 순환	2.4	18	15/20	3/220/60	150	125	2004	대아펌프	Spare
9												
10												

Blower/Fan

NO	설비명	대수	용도	풍량	풍압	동력	전원	구경(A)		설치년도	Maker	비고
				(m³/min)	(mmAq)	(KW)	(PH*V*HZ)	흡입	토출			
1	RIN BLOWER	1	오토휠딩	9.5	4800	17.3	2*220*60	2 1/2	2 1/2	2010	황해	A side
2	RIN BLOWER	1	오토휠딩	5.2	4300	8.6	2*220*60	2	2	2004	황해	A side
3	RIN BLOWER	1	오토휠딩	5.2	4300	8.6	2*220*61	2	2	2004	황해	spare
4	RIN BLOWER	1	오토휠딩	9.5	4800	17.3	2*220*60	2 1/2	2 1/2	2010	황해	B side
5	RIN BLOWER	1	오토휠딩	5.2	4300	8.6	2*220*61	2	2	2004	황해	B side
6	RIN BLOWER	1	오토휠딩	5.2	4300	8.6	2*220*62	2	2	2004	황해	spare
10												

변압기 현황

NO	전압(1차/2차)	용량	대수	용도	무부하손	부하손	형식
	(kV)	(kVA)			(W)	· (W)	
1	22,900V/3상 220V	1,000	1	수전	3285	10887	유입식
2	22,900V/3상 220V	1,000	1	수전	3128	10732	유입식
3	3상 220V/3상4선380V	250	1	사출성형기 17기			유입식
4	3상 220V/3상4선380V	75	1	생산3팀 냉,난방			유입식
5	3상 220V/3상4선380V	75	1	생산2팀 냉,난방			유입식
6	3상 220V/3상4선380V	200	1	사출성형기 15기			유입식

참고 | 설비 조사 양식 예시 2

공조기

NO	설치위치	형식	풍 량	정압	모터	전원	냉방코일		난방코일		재열코일		가습기	가습기	설치년도	Maker	비고
							용량	유량	용량	유량	용량	유량	용량	형식			
			(CMM)	(mmAq)	(kW)	(PH*V*HZ)	(kcal/h)	(LPM)	(kcal/h)	(LPM)	(kcal/h)	(LPM)	(kg/h)				
1	사무실	냉.난방				[illegible]									2011	삼성	
3	생산2팀	냉.난방				[illegible]									2011	삼성	

참고 | 설비 조사 양식 예시 2

열교환기

NO	설치위치	설비명	용량	Hot Side			Cold Side			전열판		접속관경	설치년도	Maker	비고
				유량	압력	입출온도	유량	입출온도	압력	판수	전열면적				
			kw	(ton/h)	(kg/㎠)	(℃)	ton/hr	(℃)	(kg/㎠)	(EA)	(㎡)	(A)			
1	사출실	제습건조기#1	31.8										1998	대한전기㈜	
2	사출실	제습건조기#2	23.8										2000	대한전기㈜	
7	사출실	Hopper건조기#7	18.5										1998	대한전기㈜	
8	사출실	Hopper건조기#8	24.8										1996	대한전기㈜	
17	사출실	사출기#1 히터	45.9											OTIS.LG	
18	사출실	사출기#2 히터	38.3											[illegible]	
19	사출실	사출기#3 히터	23.7											하이젠	

공기압축기

NO	설치위치	형식	수량	동력	토출유량	최고사용압력	단열지수	형식	설치년도	형식	설치년도
				(kW)	(㎥/min)	(kg/㎠)	(K)				
1	2층 Air실	SCREW	1	37	6.5	7.0			2005.4		
2		SCREW	1	37	6.5	7.0			2004.4		

조명설비

구분 \ 위치	조 명 분 류						
	250W(메탈)	FL-32W x 1	FL-32W x 2	75W	20W	L E D 50W	L E D 12W
사출현장	168						
생산2팀조립			(매입개방) 70				
1창고			(매입개방) 42				
2창고			(노출고조도갓등) 56				
휴게실			(노출고조도갓등) 6				
에 어 룸			(노출고조도갓등) 4				
백필터룸			(매입개방) 4				
변전실			(노출고조도갓등) 12				
사무실			(매입개방) 18				
자재창고			(매입개방) 16				(다운) 3
접견실					(다운리이트) 18		
대회의실					(다운리이트) 13	(평판조명) 2	
문서고			(매입개방) 3				
사장실					(다운리이트) 14	(평판조명) 1	
화장실(1)					(다운리이트) 4		
화장실(2)					(다운리이트) 5		
식당(주방)			(노출방수아크릴) 6				
식당(홀)			(매입개방) 16				
식당(방.창고)			(매입개방) 2				
기숙사			(매입개방) 14		(다운리이트) 14		
기숙사(복도)					(다운리이트) 16		

[표 4-18] 설비 목록 양식

NO	공정명	설비명	설비번호	수량	계측기 유무	사용 에너지	가동여부	설비용량		정격용량	시설운전현황			설비효율	설치년도	비고
					(계측기 번호)	(전기, 연료 종류)		최대용량	평균운전용량	(전기설비,kw)	일가동시간	연 가동일수	연 가동시간			
1																
2																
3																

② 사업장의 모니터링 현황 조사

사업장의 에너지 이용에 대한 모니터링 현황을 조사한다. 즉, 조직이 이용하는 모든 에너지원별 모니터링 현황을 조사하여 사업장의 공정 – 말단설비까지의 모니터링 현황을 파악할 수 있는 모니터링 맵을 작성한다(그림 4-11 참조). 다음으로는 모니터링에 대한 계측기의 검교정 및 관리기준, 책임자 등의 관리 현황을 조사하여 모니터링 관리 시트를 작성한다. (표 4-19 양식 참조)

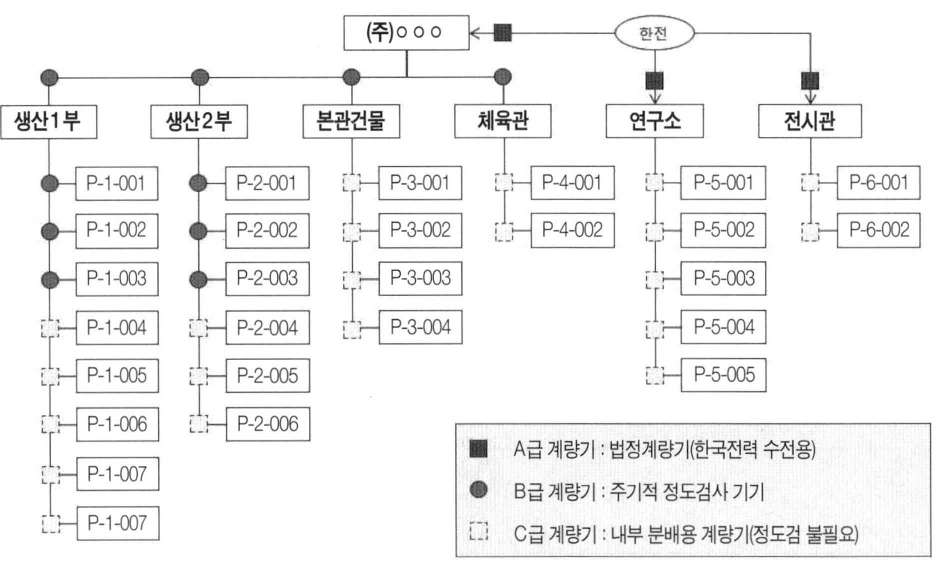

[그림 4-11] 모니터링 맵 예시

[표 4-19] 모니터링 관리 시트 양식

배출 설비명	설비 번호	사용 에너지	계측기 종류	측정 위치	측정 자료 유형	측정 주기	데이터 관리 방법	계측기 오차 범위	불확도 원인	검교정 기준	검교정 방법	QC 계획

1. 사용에너지: 전기, 연료종류를 명기
2. 측정자료 유형: 모니터링포인트의 측정자료 유형, 전력량, 유량 등 기재
3. 데이터관리방법: 전산시스템, 엑셀시트관리, 종이문서 등 data source
4. 계측기 오차범위: 검교정 시험성적결과, 계측기의 정밀도 등을 표시 (검사서, 사양자료 입증자료 필요)
5. 불확도 원인: 검교정 주기 미준수, 계측기 사양변경 등 의 오차원인을 기재
6. 검교정기준: 계량에 관한 법률에 의한 검교정 기준년수, 법정계량기(한전, 도시가스, 주유소)는 공급처 관련자료 요구 필요 (검교정주기, 불확도, 검사성적서 등)
7. 검교정방법: KOLAS 교정, 2013년 교체예정 등 검교정방법 기재
8. QC 계획: 모니터링 신뢰도 향상을 위한 관리계획 기재 (계측기 검교주기/관리절차 개선, 측정요원 교육, 주요자료 다중측정 등)

(2) 에너지 사용 현황 파악 및 에너지 검토

① 에너지기획 프로세스

ISO 50001 표준 4.4항 에너지기획의 4.4.1 일반 사항을 보면 조직은 에너지기획 프로세스를 수행하고 문서화하여야 한다. 에너지기획은 "에너지방침과 일관되어야 하고, 에너지성과를 지속적으로 개선하는 활동을 이끌어야 한다"라고 정의하고 있다. 여기서 에너지기획 프로세스는 그림 4-12와 같이 나타낼 수 있다.

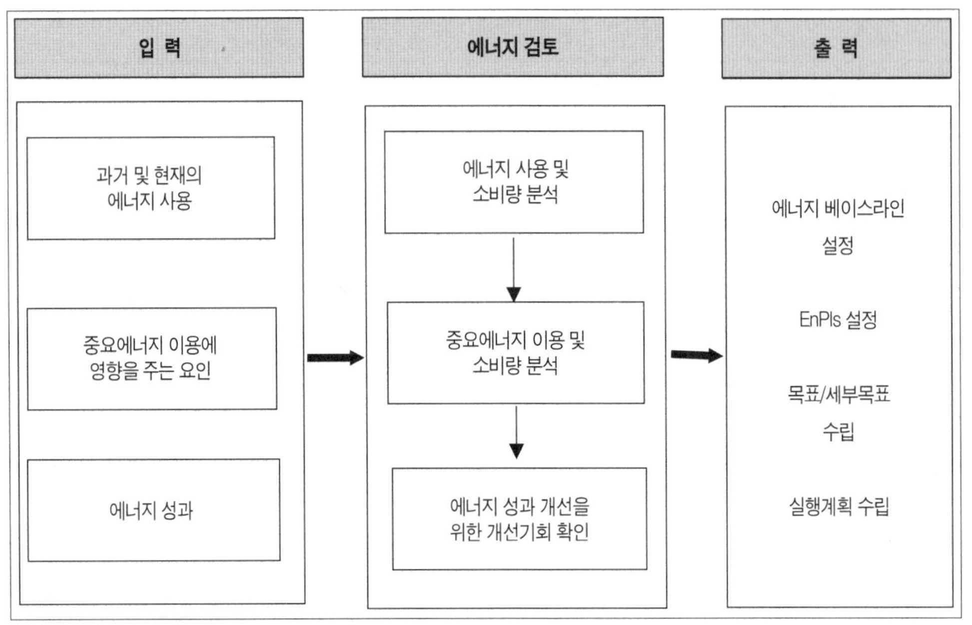

[그림 4-12] 에너지기획 프로세스

② 과거 및 현재 에너지 사용 조사/파악

에너지기획을 위한 첫 단계로 조직의 에너지 이용에 대하여 확인하여야 한다. 이는 온실가스 · 에너지목표관리제의 기준연도 배출량 산정 기간과 같이 적어도 3년 이상의 데이터를 활용하여 에너지 사용량, 비용 등의 현황 및 경향을 확인 한다. 기본적으로 측정과 그 밖의 데이터에 근거한 에너지 이용 및 사용량을 분석하며 현재 에너지원 파악, 과거와 현재 에너지 이용 및 사용량 평가를 하도록 한다. 과거 및 현재의 에너지 사용량을 파악하기 위해서 에너지 공급량, 에너지 사용량, 에너지 재이용량, 에너지 손실량 등을 파악하며, 그 정도는 조직 및 에너지 사용 규모에 따라 다르나 최소한 에너지원 형태(전기, 석유, 천연가스 혹은 그 외)와 사용형태별 (압축공기, 용수, 냉방, 조명 혹은 그 외) 사용량을 기준으로 하는 에너지 입력정보가 필요하며, 가능한 세부시설별로 검토가 필요하다. 과거의 에너지 사용추이는 과거의 세부목표 달성여부 확인과 현재 계획의 목표 설정의 기초자료로 활용할 수 있다. 세부 시설별 사용량 정보의 획득이 어려울 경우 시설용량, 부하율, 가동 시간 등의 정보를 활용하여 추정할 수도 있다.

㉮ 현재의 에너지원 파악

현재의 에너지원은 조직에서 현재 사용하고 있는 에너지원을 형태별로 파악한다. 연료 종류별 단위, 사용량, CO_2 배출량, 배출계수 등의 형태로 가능한 상세히 조사한다. (표 4-20 참조)

㉯ 과거와 현재 에너지 이용 및 사용량 평가

과거와 현재의 에너지 이용 및 사용량 평가는 에너지 분석을 누락없이 용이하게 실시하기 위하여 일반적으로 에너지맵 혹은 에너지 물질 수지 등의 형태로 작성하여 평가한다. 에너지 맵(에너지 흐름도)의 작성방법은 아래와 같다.

ⓐ 에너지 사용량 흐름도 작성

- 최근 3년 혹은 전년도 에너지 사용량을 기준으로 가능한 범위 내에서 세부적으로 분류(예, 사업장-Line-공정-설비-유닛단위)하여 Block Diagram으로 에너지 배분현황을 작성한다.
- 사용 에너지(전력, 연료, 스팀)를 100%로 하여 전체 말단 사용처의 합이 실제 계측량(보고자료 등의 보고치)과 일치하도록 하여 에너지 밸런스를 맞추고 각 공정, 설비 등의 단위별로 사용 에너지원별 점유율을 표시한다.
- 에너지 Data에 대한 세부적 계측값이 없는 경우, 상위 단계의 계측값을 기준으로 설비 사양, 부하율, 측정값, 가동 시간 등을 활용하고 물질/ 에너지 수지식 등 배부 기준을 사용하여 배분하여 추정값으로 사용한다.
- 사업장 규모가 커고 세부단위가 많아 한 표나 한 도면으로 작성이 어려운 경우 '사업장-공장', '공장-공정-설비' 등으로 나누어 작성한다.
- 에너지 사용량 수집 양식: (표 4-21, 표 4-22 참조)
- 에너지맵(에너지 흐름도) 작성 예시: (그림 4-13, 그림 4-14 참조)

[표 4-20] 현재 에너지원 파악 양식

구 분			단위	에너지사용량	toe사용량		CO_2배출량	배출계수
					toe환산계수	toe	(tCO_2eq)	
구입량 (A)	연료	LNG	kNm^3					
		LPG	kNm^3					
		경유	kl					
		휘발유	kl					
		B-C유	kl					
		소계	toe					
		증기	Gcal					
		온수	Gcal					
		전력	MWh					
	신재생	일반신재생	toe					
		폐기물 및 연료전지	toe					
	합계		toe					
부생 (B)			Gcal					
			toe					
재고 (C)	B-C유		kl					
	경유		kl					
	폐기물 및 연료전지		toe					
판매량 (D)	증기		Gcal					
	온수		Gcal					
	전력		MWh					
	신재생	일반신재생	toe					
		폐기물 및 연료전지	toe					
	부생에너지		toe					
	합계		toe					
	연료/열/부생		toe					
	전력		MWh					
	신재생	일반신재생	toe					
		폐기물 및 연료전지	toe					
	합계		toe					
참조	공정반응.열이용		Gcal					

[표 4-21] 에너지 데이터 수집 양식(연료)

설비명	설치위치	용도	시설	용량	근거자료	구입업체	연료명	단위	연도	사용량													
										1월	2월	3월	4월	5월	6월	7월	8월	9월	10월	11월	12월	계	불확도(%)
									2007														
									2008														
									2009														
									2010														
									2007														
									2008														
									2009														
									2010														

[표 4-22] 에너지 데이터 수집 양식(전기)

연도	한전고객번호	공정, 설비명	계측기오차	단위	사용량													데이터기준
					1월	2월	3월	4월	5월	6월	7월	8월	9월	10월	11월	12월	총량	
2010				kWh														
2011				kWh														
				kWh														

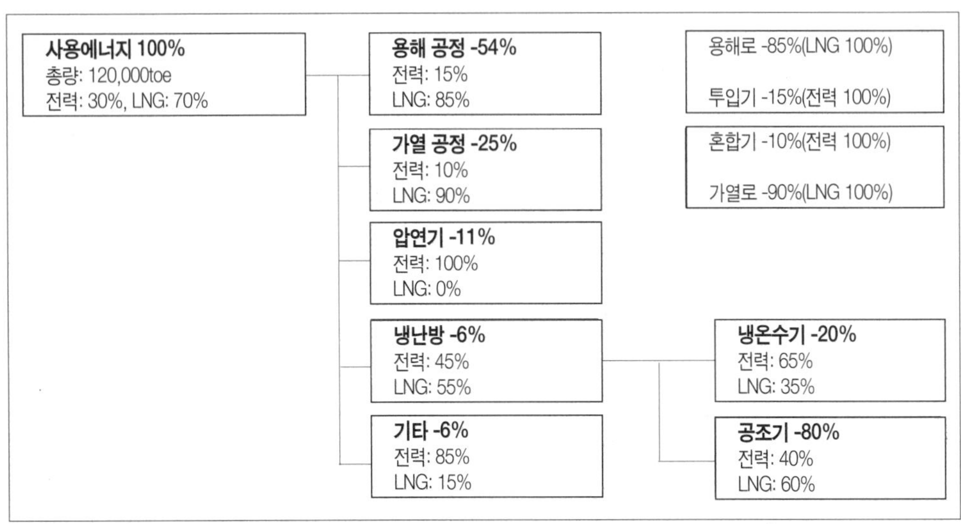

[그림 4-13] 에너지흐름도 예시

■ 에너지맵 및 에너지분석표 (2009년도)

공장구분	Line구분	공정	설 비	연간 에너지사용량								CO2e발생량 (ton,CO2 eq/yr)					
				전력		LNG		용수		계		전력	LNG	용수	기타	계	전체비
				(kwh/yr)	배분율	Nm³	배분율	ton	배분율	TOE	전체비						
1공장	1Line	원료저장	Silo	9,958	0%	-	0%	-	0%	2.1	0%	5	-	-		5	0%
		이송	집진기	46,471	1%	-	0%	-	0%	10.0	0%	22	-	-		22	0%
		세척	원료세척설비	23,236	0%	-	0%	6,045	1%	5.0	0%	11	-	2		13	0%
		침지	침지탱크	26,555	0%	-	0%	3,023	1%	5.7	0%	12	-	1		13	0%
		분쇄	마쇄기	18,921	0%	-	0%	5,374	1%	4.1	0%	9	-	2		11	0%
		가열	두유가열기	144,393	2%	321,078	17%	15,113	3%	369.8	7%	67	726	5		798	7%
		여과	여과기	10,622	0%	-	0%	1,679	0%	2.3	0%	5	-	1		5	0%
		응고	응고기	26,555	0%	16,054	1%	-	0%	22.6	0%	12	36	-		49	0%
		성형	성형절단기	51,451	1%	321,078	17%	-	0%	349.8	7%	24	726	-		750	7%
			성형정량분배	1,328	0%	-	0%	-	0%	0.3	0%	1	-	-		1	0%
			연속성형기	39,833	0%	-	0%	-	0%	8.6	0%	18	-	-		18	0%
			절단,담기	9,958	0%	-	0%	-	0%	2.1	0%	5	-	-		5	0%
			소계	102,569	1%	321,078	17%	83,963	15%	360.8	7%	48	726	28		801	7%
		포장	컨베어	-	0%	-	0%	-	0%	-	0%	-	-	-		-	0%
			포장기1	17,261	0%	-	0%	3,023	1%	3.7	0%	8	-	1		9	0%
			포장기2	17,261	0%	-	0%	3,023	1%	3.7	0%	8	-	1		9	0%
			포장기3	17,261	0%	-	0%	3,023	1%	3.7	0%	8	-	1		9	0%
			소계	51,782	1%	-	0%	9,068	2%	11.1	0%	24	-	3		27	0%
		살균.냉각	살균냉각기	-	0%	206,407	11%	3,359	1%	217.8	4%	-	467	1		468	4%
			자동정열기	-	0%	-	0%	-	0%	-	0%	-	-	-		-	0%
			소계	-	0%	206,407	11%	3,359	1%	217.8	4%	-	467	1		468	4%
		합 계		**461,063**	**6%**	**864,618**	**47%**	**127,624**	**23%**	**1,011**	**20%**	**214**	**1,955**	**42**	**-**	**2,211**	**19%**
	2Line	세척	원료세척설비	23,236	0%	-	0%	3,023	1%	5.0	0%	11	-	1		12	0%
		침지	침지탱크	26,555	0%	-	0%	3,359	1%	5.7	0%	12	-	1		13	0%
		분쇄	마쇄기	18,921	0%	-	0%	6,045	1%	4.1	0%	9	-	2		11	0%
		가열	두유가열기	144,393	2%	321,078	17%	16,457	3%	369.8	7%	67	726	5		798	7%
		여과	여과기	10,622	0%	-	0%	1,679	0%	2.3	0%	5	-	1		5	0%
		응고	응고기	26,555	0%	16,054	1%	-	0%	22.6	0%	12	36	-		49	0%
		성형	성형절단기	51,451	1%	321,078	17%	-	0%	349.8	7%	24	726	-		750	7%
			성형정량분배	1,328	0%	-	0%	-	0%	0.3	0%	1	-	-		1	0%
			연속성형기	39,833	0%	-	0%	-	0%	8.6	0%	18	-	-		18	0%
			절단,담기	9,958	0%	-	0%	-	0%	2.1	0%	5	-	-		5	0%
			소계	102,569	1%	321,078	17%	26,868	5%	360.8	7%	48	726	9		782	7%
			컨베어	-	0%	-	0%	-	0%	-	0%	-	-	-		-	0%
			포장기1	17,261	0%	-	0%	3,023	1%	3.7	0%	8	-	1		9	0%

[그림 4-14] 에너지맵 예시

ⓑ 에너지원별 에너지흐름도 작성

에너지원이 여러 가지로 있을 경우에 하나의 에너지흐름도에서 전체를 나타내기 어려운 경우가 많으며, 이 경우에 에너지원별로 별개의 에너지 흐름도를 작성하여 관리할 필요가 있다. 에너지원별 에너지흐름도는 조직 전체 에너지흐름도에 정리되어 있는 내용을 기초로 각 에너지원을 기초로 하여 계측기 위치 및 사용량이 구체적으로 전개될 수 있도록 정리하며 작성 방법은 아래와 같다.

- 전력, LNG, 스팀 등의 에너지원별로 작성하며, 각 사업장의 공정 특성을 세부적으로 상위에서 하위, 말단단계가지 적절하게 분류(예, 사업장–공정 –설비–유닛단위 등)하여 Block Diagram으로 작성하며, 다음으로 최근 3년 혹은 전년도 에너지 사용량을 각 말단 단계까지 배분한다.
- 에너지원별 사용에너지는 에너지별로 관리하는 상위단계의 Main 계량값을 100%로 하여 말단사용처의 합과 일치하도록 에너지 밸런스를 맞추어야 한다.
- 하위단계의 에너지 계측값이 없는 경우, 설비 기준정보(사양, 가동 시간, 부하율, 효율 측정 자료 등), 물질/에너지 수지식 등을 배분 기준으로 활용하여 추정값을 적용한다. 근거는 별도 기재한다.
- 조직 규모가 커서 상위–하위의 세부단위가 많아 한 도면으로 작성이 어려운 경우에는 적절하게 '사업장–공정', '공정–상위설비–말단설비' 등 적절히 나누어 작성한다.
- 에너지원별 에너지 흐름도에 추가하여 에너지원별 계측기의 계통도를 작성하여 관리하며, 모니터링 및 측정을 위하여 계측기가 설치된 위치를 계측기 관리 등급을 구분하여 반드시 표시하도록 한다.
- 각 에너지원별 계통도 예시: 그림 4–15, 그림 4–16, 그림 4–17 참조
- 각 에너지원별 에너지 맵 예시: 표 4–23 참조

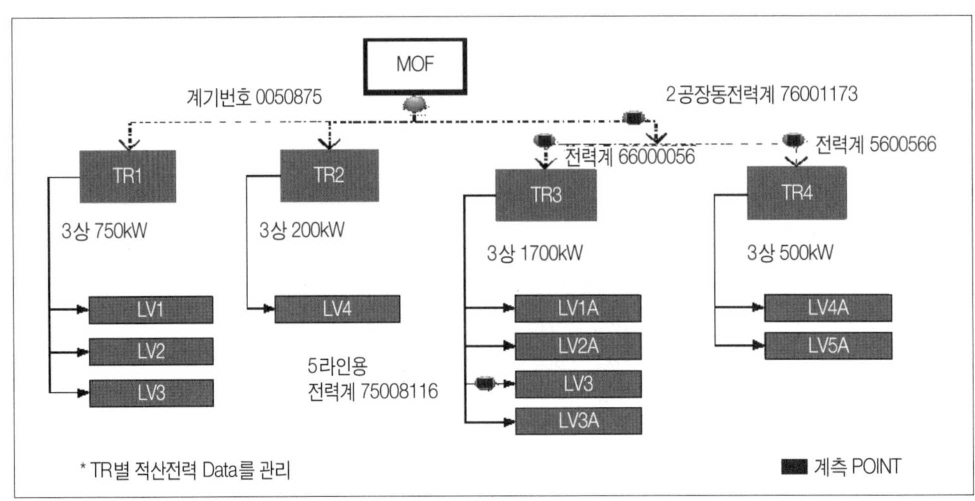

[그림 4-15] 전력 계통도 예시

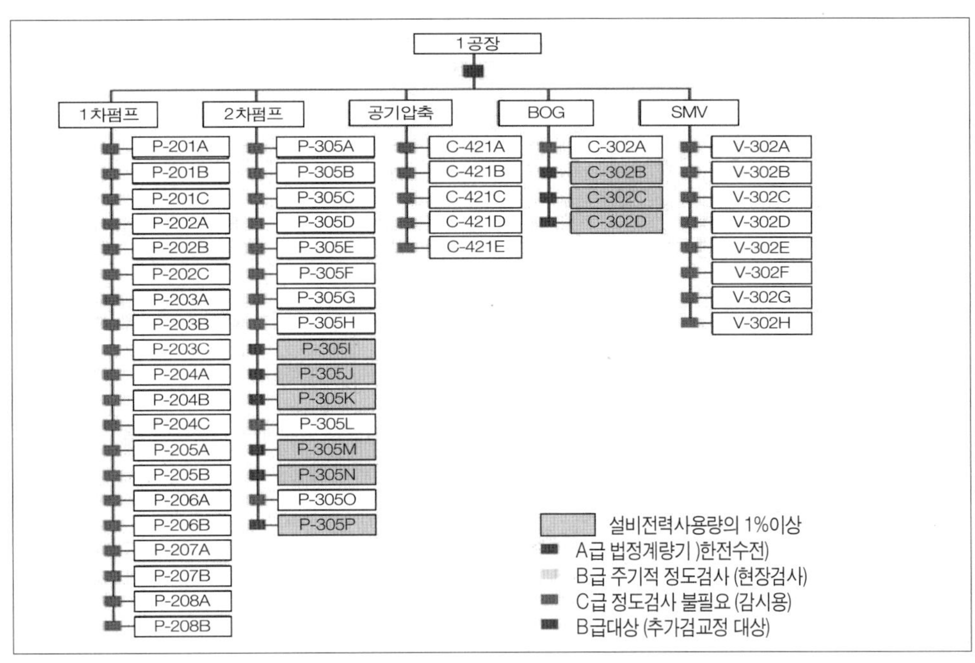

[그림 4-16] 전력 계통도 예시(정도관리 표시)

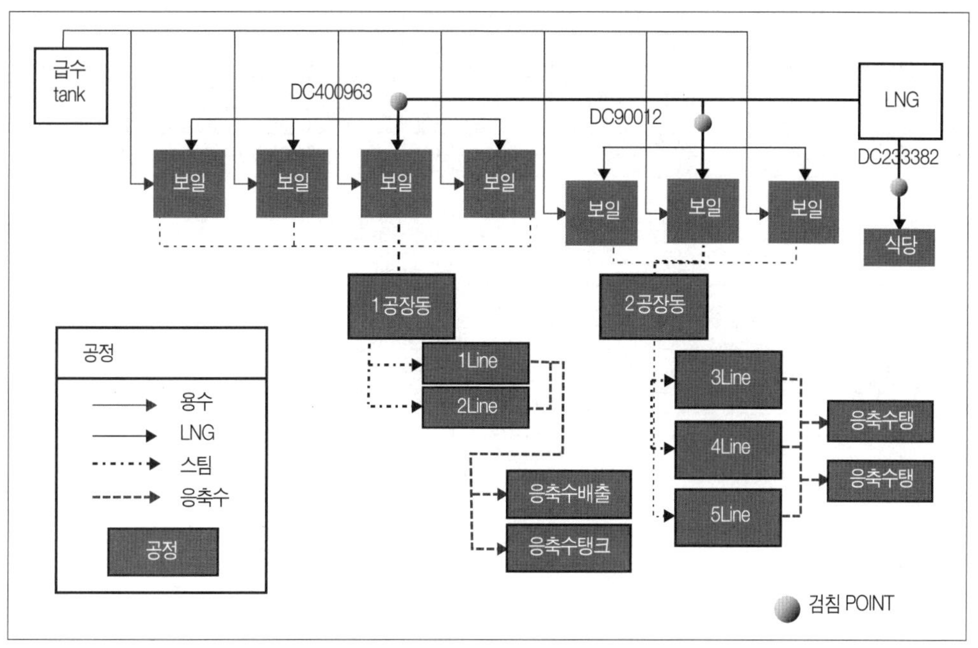

[그림 4-17] 연료(LNG) 공급 계통도 예시

[표 4-23] 전력 에너지맵 예시

공정명	설 비 명	데이터 기준	사 양	수량	정격용량 (kw)	가동시간 (hr/y)	부하율 (%)	전기 사용량(kwh)	전기 사용비율	TOE	생산량 (톤)	에너지원단위		CO2배출량 (tCO2eq)
												전력(kWh)	TOE기준	
원료준비 및 이송	크레인 (C-00)	계산치	20톤	1	13	5,245	1%	682	0.0%	0.15	4,417	0.15	0.000	0
	(크레인 소계)	계산치	62톤	5	53	5,245	5%	2,780	0.0%	0.60	4,417	0.63	0.000	1.31
	제습 Dryer#1	계산치	450Kg	1	32	5,245	6.8%	11,358	0.2%	2.44	4,417	2.57	0.001	5
	제습 Dryer#2	계산치	200Kg	1	24	5,245	6.8%	8,483	0.1%	2.44	4,417	1.92	0.001	4
	(제습 Dryer 소계)	계산치		6	166	5,245	6.8%	59,164	0.9%	13.10	4,417	13.39	0.003	28
	Hopper Dryer#7	계산치	300Kg	1	18.50	5,245	6.8%	6,608	0.1%	1.42	4,417	1.50	0.000	3
	Hopper Dryer#8	계산치	400Kg	1	24.75	5,245	6.8%	8,840	0.1%	1.90	4,417	2.00	0.000	4
	Hopper Dryer#9	계산치	400Kg	1	24.75	5,245	6.8%	8,840	0.1%	1.90	4,417	2.00	0.000	4
	(제습 Dryer 소계)	계산치		10	188.55	5,245	6.8%	67,347	1.1%	15.90	4,417	15.25	0.004	24
	분쇄기#1 (고속)	계산치	50HP	1	37.0	5,245	55.8%	108,327	1.7%	23.29	4,417	24.52	0.005	51
	집진기	계산치	5HP	1	3.7	5,245	55.8%	10,833	0.2%		4,417	2.45	-	5
	(분쇄기 소계)	계산치		6	63	5,245	55.8%	108,327	1.7%	46.58	4,417	24.53	0.011	51
	Ring Blower#1 (A Zone)	계산치	Hopper원료	1	8.6	5,245	9%	4,060	0.1%	0.87	4,417	0.92	0.000	2
	Ring Blower#2 (A Zone)	계산치	Spare	1	8.6	5,245	0%	-	0.0%	0.87	4,417	-	0.000	-
	Ring Blower#6 (B Zone)	계산치	Hopper사출	1	17.3	5,245	9%	8,166	0.1%	0.00	4,417	1.85	-	4
	(Blower 소계)	계산치		6	69	5,245	6.8%	24,452	0.4%	4.37	4,417	5.54	0.001	12
	소 계				**539.2**			**262,070**	**4.1%**	**80.56**	4,417	**59.33**	**0.018**	**116**
사출성형	사출1호기(유압터글)	계산치	SPE-650	1	121	5,551	35%	233,142	3.7%	50.13	226	1,030.87	0.222	110
	사출2호기(유압 직압)	계산치	IDE550EN	1	113	3,656	49%	201,072	3.2%	43.23	130	1,542.41	0.332	95
	사출3호기(유압터글)	계산치	SPE-350	1	69	5,551	48%	183,167	2.9%	39.38	99	1,845.14	0.397	86
	사출5호기(유압터글)	계산치	HD440SS-ii	1	88	4,850	51%	218,249	3.4%	46.92	129	1,687.70	0.363	103
	사출6호기(유압터글)	계산치	SPE550	1	113	5,035	49%	276,936	4.4%	59.54	205	1,350.30	0.290	131
	(사출기 소계)	계산치		13	1,713	5,245	47%	4,214,324	66.2%	906.08	4,417	954.02	0.205	1,987
	온도조절기(1호기)	계산치	DHM-30D	1	10	5,551	30%	16,653	0.3%	3.58	226	73.63	0.016	8
	온도조절기(2호기)	계산치	DHM-30D	1	10	3,656	30%	10,968	0.2%	3.58	130	84.13	0.027	5
	온도조절기(3호기)	계산치	DHM-30D	1	10	5,551	30%	16,652	0.3%	2.36	99	167.74	0.024	8
	(온도조절기 소계)	계산치		11	196	5,245	30%	306,042	4.8%	61.88	3,186	96.05	0.019	144
	Chiller(3호기)	계산치	YHC-5.5A	1	15	5,551	30%	24,977	0.4%	5.37	99	251.61	0.054	12
	Chiller(10호기)	계산치	YHC-7.5A	1	19	5,545	30%	31,608	0.5%	6.80	529	59.71	0.013	15
	Chiller(12호기)	계산치	YHC-7.5A	1	19	5,159	30%	29,409	0.5%	6.32	309	95.04	0.020	14
	Chiller(17호기, Auto Mold)	계산치	BYCH 40W 510	1		6,059	30%	-	0.0%	0.00	702	-	-	-
	(Chiller 소계)	계산치		4	53	5,245	30%	85,994	1.4%	18.49	1,640	52.44	0.011	41
	범용선반	계산치	HL-400	1	5.7	220	50%	627	0.0%	0.13	4,417	0.14	0.000	0
	방전기	계산치	U-300L	1	5	220	50%	550	0.0%	0.12	4,417	0.12	0.000	0
	(금형수리설비 소계)	계산치		4	36	220	50%	2,805	0.0%	0.60	4,417	0.64	0.000	1
	소 계				**1,998.1**			**4,609,165**	**72.5%**	**987.05**	4,417	**1,043.51**	**0.223**	**2,173**
인쇄/조립 (생산2P)	Belt Conveyor (A Line)	계산치	17M	1	1.5	2,640	67%	2,641	0.0%	0.57	4,417	0.60	0.000	1
	Belt Conveyor (B Line)	계산치	15M	1	1.5	2,640	67%	2,641	0.0%	0.57	4,417	0.60	0.000	1
	(Belt Conveyor 소계)	계산치		4	6.0	2,640	67%	7,924	0.1%	1.70	4,417	1.79	0.000	4
	건조로 (A Line)	계산치		3	10	2,640	67%	52,826	0.8%	11.36	4,417	11.96	0.003	25
	집진기	계산치	25㎥/min,아바집진기	4	1.5	-	0%	-	0.0%	0.00	4,417	-	-	-
	화물용승강기	계산치	3톤	2	28	2,640	10%	14,784	0.2%	3.18	4,417	3.35	0.001	7
	열융착기	계산치	SONICS	2	2.2	2,640	67%	7,748	0.1%	1.67	4,417	1.75	0.000	4
	(기타 소계)	계산치			41.7	2,640	67%	75,358	1.2%	16.20	4,417	17.06	0.004	36
	소 계				**47.7**			**83,282**	**1.3%**	**17.91**	4,417	**18.85**	**0.004**	**39**
유틸리티	Air Compressor	계산치	Screw Type 50HP	1	37.5	5,245	85%	167,184	2.6%	35.94	4,417	37.85	0.008	79
	N2 Compressor	계산치	15HP	1	11.3	5,245	82%	48,385	0.8%	10.40	4,417	10.95	0.002	23
	냉각탑	계산치	냉각 Fan, 10M	1	8	5,245	43%	17,072	0.3%	3.67	4,417	3.87	0.001	8
	냉각수 공급펌프#1	계산치	입상 Pump	1	45	5,245	43%	102,435	1.6%	22.02	4,417	23.19	0.005	48
	냉각수 공급펌프#2	계산치	입상 Pump(Spare)	1	45	-	43%	-	0.0%	0.00	4,417	-	-	-
	C/T 펌프#1	계산치	20HP	1	15	5,246	43%	34,151	0.5%	7.34	4,417	7.73	0.002	16
	C/T 펌프#2	계산치	20HP(Spare)	1	15	-	43%	-	0.0%	0.00	4,417	-	-	-
	소 계				**176.3**			**369,228**	**5.8%**	**79.38**	4,417	**83.59**	**0.018**	**174**
조명시설	250W 메탈	계산치		168	0.250	5,245	100%	220,290	3.5%	47.36	4,417	49.87	0.011	104
	FL 32W*2	계산치		265	0.064	5,245	100%	88,955	1.4%	19.13	4,417	20.14	0.004	42
	FL 20W	계산치		84	0.020	5,245	100%	8,812	0.1%	1.89	4,417	1.99	0.000	4
	LED 50W	계산치		3	0.050	5,245	100%	787	0.0%	0.17	4,417	0.18	0.000	0
	LED 12W	계산치		3	0.012	5,245	100%	189	0.0%	0.04	4,417	0.04	0.000	0
	소 계							**319,032**	**5.0%**	**68.59**	4,417	**72.23**	**0.016**	**150**
기타								709,996	11.2%	152.65	4,417	160.74	0.035	335
전기 계		**측정치**						**6,361,331**	**100%**	**1,388**	**4,417**	**1,440.19**	**0.314**	**2,992**

③ 중요에너지 이용 부분의 파악

현재의 에너지원을 파악하고, 과거와 현재의 에너지 이용 및 사용량을 평가한 후 다음 단계로 에너지 이용 및 사용량에 중대한 영향을 주는 중요에너지 이용을 파악하여야 한다.

중요에너지 이용에 있어 우선 직접적으로 그 영향을 주는 설비, 장비, 공정, 시스템을 파악하여 중요설비 에너지 사용량 및 효율표(표 4-24)를 작성한다. 작성 방법은 아래와 같다.

㉮ 중요에너지 이용 부분을 파악하기 위한 활용자료

에너지맵(에너지흐름도) 및 분석 자료, 설비 목록 및 사양서, 설비별 가동 시간, 운전 일지, 설비이력 자료, 효율 측정자료, 설비관리 프로그램 등

- 총 에너지 사용량의 5% 이상인 설비에 대해 작성하며 열발생 부문, 열사용 부문, 수배전 부문, 동력 부문, 냉 · 난방 부문 등으로 구분하여 각 항목을 조사한다.
- 운전효율, 정격효율, 냉동기(COP), 공기압축기 원단위(kW/Nm3)등의 설비 특성에 적합한 효율단위를 사용하고, 가능한 측정효율 등의 정보를 식별 가능하도록 표시한다.
- 운전효율은 사업장에서 실제관리 중인 해당 설비효율을 사용한다.
- 설비별 연간 에너지 사용량은 측정값, 계산값, 추정값 등 데이터 Source를 구분하여 명시하도록 하며, 사용량의 단위를 공통단위인 toe, TJ로 나타낸다.
- 목표관리제를 대응하기 위해서는 TJ을 사용하고, 에너지 이용합리화법에 따라 적용되는 제도에는 toe를 사용하며, 일반적 에너지관점에서는 toe를 사용한다.

㉯ 조직에 근무하거나 대신해 업무를 수행하는 인원파악

- 중요에너지 이용 부분의 하나로 업무를 수행하는 인원의 파악이 필요하며 범위는 에너지경영시스템의 경계를 고려하여 조직의 구성원으로 시간제 임원, 임시직 직원, 협력업체 인원까지 대상으로 포함하도록 한다.
- 중요에너지 이용과 관련된 인원들의 역할, 책임 및 권한을 명확히 구분하고, 적절한 교육, 훈련, 정보공유를 통해 에너지 관리능력의 향상 및 인식을 강화하도록 한다.

㉰ 중요에너지 이용에 영향을 주는 관련 변수의 파악

- 중요에너지 이용에 직접적으로 영향을 주는 설비, 장비, 시스템, 공정과 간접적으로 영향을 줄 수 있는 조직원에 대한 파악이 완료되면, 다음 단계로는 직 · 간접적인 영향인

자 이외의 변수를 파악하여야 한다.

- 이 변수는 업종 및 사업장 특성에 따라 다양하므로 이에 대한 파악이 필요하며, 날씨, 대기압, 온도, 계절, 원자재 비용 등의 외부적 요인과 효율, 노후도, 민감도 등의 내부적 요인을 고려한 계량화지수에 의해 설비별로 평가를 하는 방법으로 중요에너지 이용을 도출할 수 있다.
- 중요에너지 이용에 영향을 주는 그 밖의 관련 변수를 파악하면 그 변수의 변화에 대해 대응하는 방법을 결정하고 업무절차를 수립하여 적극적으로 활동을 수행하여 외부 요인에 의한 영향을 최소화하도록 한다. 외부 요인의 영향을 최소화함으로써 에너지 성과에 대한 예측을 정확하게 할 수 있다(표 4-25, 표 4-26 참조).

㉣ 에너지 성과 결정

- 에너지 사용량이나 에너지효율 등 조직에 적합한 에너지성과를 결정한다.
- 목표관리제 관리업체는 정부와 협상한 '에너지소비 허용량', '온실가스배출 허용량' 또는 '에너지 원단위'가 에너지 성과의 기준이 될 수 있으며 세부적인 사항은 별도로 조직 내에서 적합한 지표를 자체적으로 정한다.

㉤ 중요에너지 이용의 선정기준 수립

- 중요에너지 이용의 선정은 에너지 사용량, 비용, 효율, 설비 노후도, 공정 중요도, 개선 효과, 투자비 등의 여러 요인으로 평가하여 중요도에 의해 우선 순위를 결정하여 선정한다.
- 에너지 성과에 영향을 주는 변수에 대해 평가등급과 등급별 점수를 각각 부여하고, 평가등급별 점수를 종합하여 우선순위를 결정할 수 있다.
- 평가 등급은 5점 척도 혹은 10점 척도를 적용할 수 있다
  - 5점 척도(예): A등급(5점), B등급(4점), C등급(3점), D등급(2점), E등급(1점)
- 등급과 점수가 결정된 변수는 조직의 중요에너지 이용 기준표가 될 수 있다.

㉥ 중요에너지 이용 부분 결정

- 중요에너지 이용 부분의 결정에 있어서는 조직마다 방법론이나 기준이 다를 수 있지만 일반적으로 다음과 같은 방법을 통하여 중요에너지 이용 부분을 결정한다.

ⓐ 작성한 에너지맵을 이용하여 도출한 중요에너지 이용 기준표에 해당하는 변수를 찾고 평가한다.

ⓑ 평가에는 에너지경영팀(주관팀)의 2명 이상이 평가에 참여하고, 에너지 경영팀 전체의 검토를 거친다.

ⓒ 에너지맵에서 평가 완료된 항목들의 우선순위를 결정하고, 몇 번째까지를 중요에너지 이용으로 관리할 것인지 결정한다.

• 일반적으로 중요성의 원칙에 따라 전체 에너지 사용량의 상위 누적 95% 이내에 해당하는 순위의 항목은 중요에너지 이용 부분에 포함하여 관리한다.

– 중요에너지 이용 부분에 대한 검토(설비, 장비, 시스템, 공정)

ⓐ 중요에너지 이용 부분의 설비, 장비, 시스템, 공정에 해당하는 관련 변수들의 적정성, 관련 변수들 간의 상관관계 등에 대하여 확인하며, 그 밖의 관련변수에 대해서도 파악한다.

• 그 밖의 관련 변수는 중요에너지 이용 기준표에 포함되지 않은 변수로서 습도, 대기압력, 온도(실내 온도, 외기 온도), 사고율 등이 있다.

ⓑ 중요에너지 이용 부분 가운데, 우선순위의 상위에 랭크된 항목 위주로 그 밖의 관련 변수를 파악하고 해당변수에 대한 단계적인 계획을 수립하여 대응하도록 한다.

– 중요에너지 이용 작성 예시(표 4–27 참조)

[표 4–24] 중요설비 에너지 사용량 및 효율

구분	설비명	형식	용량	단위	대수	에너지원	설치년도	운전효율(%)	연간에너지 사용량	
									고유단위	toe
열발생설비	보일러 1	수관	10	톤	1	LNG	2005			640
	보일러 2	노통연관	20	톤	1	LNG	1995			1,200
	보일러 3	관류	3	톤	2	LNG	2008			320
	비상발전기	피스톤	2,000	kw	1	경유	2000			10
	RTO	연소	300	CMM	1	B-C	2001			100
열사용설비	열교환기	Shell	10	Gcal	10	스팀	2000			VA
	냉동기	터보	100	RT	1	스팀	2002			250
	온풍기	코일	-	Gcal	21	스팀	2005			150
	공조기	코일	-	Gcal	100	스팀	2005			200

구분	설비명	형식	용량	단위	대수	에너지원	설치년도	운전효율 (%)	연간에너지 사용량	
									고유단위	toe
수발 배전 설비	TR#1	유입식	2,000	KVA	1	전기	1995			30
	TR#2	유입식	2,000	KVA	1	전기	1995			40
	TR#3	유입식	1,000	KVA	1	전기	1995			15
동력 설비	컴프레셔	스크류	50	hp	2	전기	2001			260
	냉동기	터보	200	hp	1	전기	2001			150
	펌프류	-	150	kW	14	전기	2005이전			460
	기타	-	54	kW	3	전기	2010이전			120

[표 4-25] 설비별 계량화 지수 평가

공정명	설비명	석유환산톤 (toe)	계량화 지수					
			에너지 사용량	원단위	노후도	가동율	투자비용 대비효과	계
			[50]	[10]	[10]	[10]	[20]	[100]
A	용해로	2,500	26	5	10	10	10	61
A	건조로	1,100	11	4	5	6	10	36
A	분쇄기	850	9	4	2	6	5	26
B	반응로	2,100	22	3	10	8	5	48
B	전동기	940	10	2	10	4	6	32
C	보일러	1,350	14	4	6	10	2	36
C	냉동기	850	9	5	10	6	2	32
계		9,690						

※ 점수 기준:
- 사용량: toe 환산 후, 일정 기준에 따라 10~50점으로 5단위 점수화
- 원단위: 설비별 원단위에 따라 1~10점으로 구분함
- 노후도: 설비의 도입연도에 따라 2~10점으로 5단위 점수화
- 가동율: 연간 가동시간에 따라 2~10점으로 5단위 점수화
- 투자비용 대비 효과: 진단결과에 따라 개선 항목으로 도출된 설비에 대하여 비용 대비 효과를 10~20점으로 3단위 점수화

[표 4-26] 중요에너지 이용과 주요변수

세부 공정	설비명	에너지원	에너지 변수
o 전처리 및 건조	이송장치, 세척기	전기	조업 시간, 원자재 청결도
	건조로	LNG	원자재 품질, 대기 습도
o 절단 및 용접	용접기	전기	조업 시간, 작업자 숙련도
	절단기	LPG	조업 시간, 작업자 숙련도
o 열처리 및 도장	설비 전체	전기	조업 시간
	열처리로, 도장기	LNG	대기 습도, 제품 종류, 작업자 숙련도
o 출하 및 기타	이송 장치, 전체 조명	전기	제품 생산량, 조업 시간
o 본관 o 연구소	조명 및 전열, 냉난방	전기	근무 시간, 시간외 근무 일수, 냉난방 일수

[표 4-27] 중요에너지이용 작성

설비/장비 부문					
일련	중요에너지사용	주요관계변수	관리부서	에너지사용량(TJ)	절감 잠재량(TJ)
1	컴프레서	생산량, 사람	동력팀	150	15
2	냉동기	생산량, 사람		120	12
3	공조기	생산량, 사람		140	14
4	펌프 및 Fan류	생산량, 사람		210	21
5	공정 설비	생산량, 사람		565	56.5
6	조명 기기	생산량, 사람		67	6.7
합 계				1,252	125

공정/사람 부문					
일련	중요에너지사용	주요관계변수	관리부서	에너지사용량(TJ)	절감 잠재량(TJ)
1	공정 A	생산 공정 설비, 유틸리티 설비	생산 1팀	430	43
2	공정 B	생산 공정 설비, 유틸리티 설비	생산 2팀	90	9
3	공정 C	생산 공정 설비, 유틸리티 설비	생산 3팀	130	13
4	공정 D	생산 공정 설비, 유틸리티 설비	생산 4팀	280	28
5	기타 간접	실험 장비	에너지관리팀	74	7.4
합 계				1,004	100

① 중요에너지 이용: 설비, 장비, 시스템, 공정, 사람 등
② 주요 관계변수: 해당 중요에너지 이용에 영향을 주는 핵심인자
③ 관리부서: 해당 중요에너지 이용에 대한 책임을 담당하는 부서
④ 절감 잠재량: 미래 에너지 사용량 대비 예측되는 절감량을 기재
• 벤치마크 에너지효율 및 적용가능 최신기술(BAT) 등 정보 고려함.

㉳ EnMS 중점관리대상 설비현황 작성

– 앞에서 작성한 에너지 사용량, 에너지 흐름도, 중요에너지 사용량 및 효율, 중요에너지 이용 등의 프로세스를 통해 중점관리대상 설비를 도출하여 표 4–28와 같이 EnMS 중점관리대상 설비 현황을 작성하여 관리한다.

[표 4–28] EnMS 중점관리대상설비 현황

일련	설비명	에너지 사용량(TJ)	절감량(TJ)	관리부서	관리시작년도	붙임 대상
1	냉동기	150	15	동력팀	2010	붙임
2	컴프레서	120	12	동력팀	2010	
3	공조기	140	14	에너지팀	2010	
4	펌프 및 Fan류	210	21	동력팀	2010	
5	공정 설비	565	56.5	생산팀	2010	
6	조명 기기	67	6.7	총무팀	2010	

현재까지 설명한 내용을 요약하면 에너지 검토단계로서 에너지 이용 및 사용량을 분석 → 자체기준수립 → 중요에너지 이용 및 사용량 파악의 프로세스로서 그림 4–18과 같이 요약할 수 있다. 다음 단계로서는 에너지성과개선을 위한 기회를 확인하고 목표, 세부목표를 수립하고 실행 및 검토를 하는 단계로 이어진다.

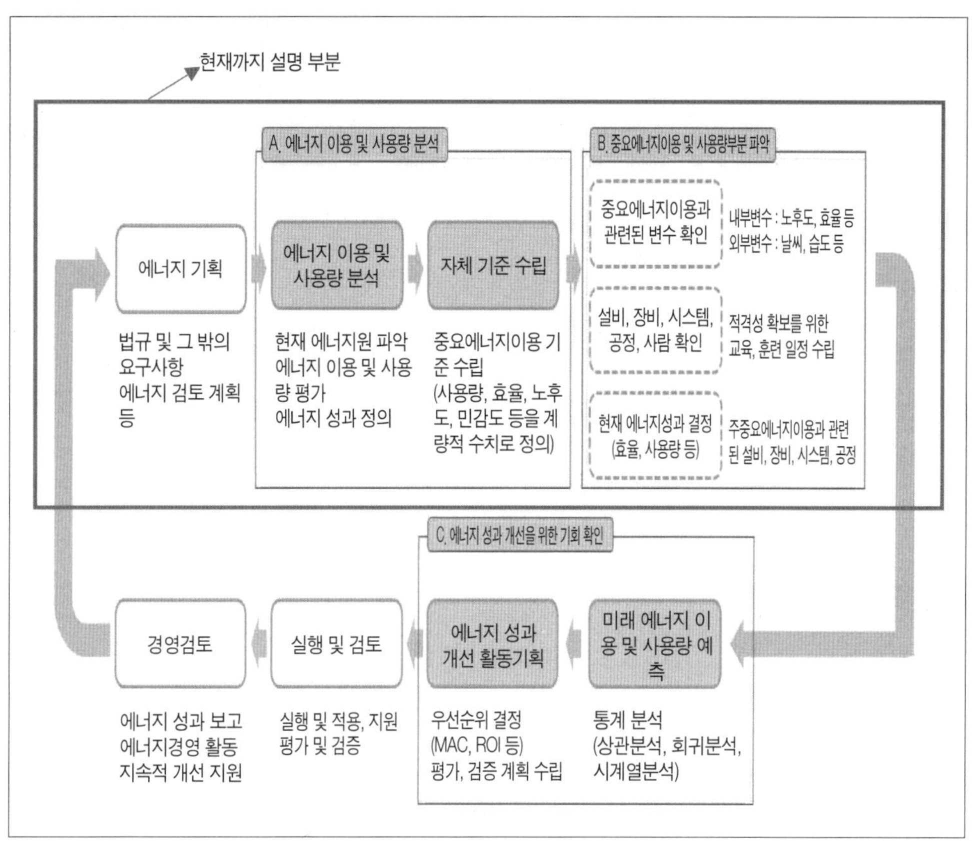

[그림 4-18] 에너지 검토 현황 요약

④ 에너지 성과 개선을 위한 기회 확인

앞 단계에서 수행한 에너지검토의 결과를 기초로 하여 개선 가능성, 적용성, 효과성, 경제성 등을 기준으로 중요에너지 이용 부분의 실행과제를 우선순위 평가를 하여 결정한다.

미래 에너지 이용 및 사용량 예측은 다음과 같이 이루어진다.

㉮ 중요에너지 이용의 다양한 변수에 있어 생산계획, 조업시간 변동, 신증설 계획 등을 반영한 미래 예상 사용량을 도출한다.

㉯ 미래 예상 데이터의 추정은 상기 상관성이 높은 변수를 근거로 상관분석, 회귀분석, 시계열분석 등의 통계적인 툴을 사용하여 관계성을 정량화하여 도출한다.

㉰ 일반적으로 생산 현장의 경우 에너지 사용량은 조업일수, 조업 시간 보다는 생산량에

비례하므로 생산 계획, 신증설 계획에 의한 생산량 증감 요인을 반영하여 예측하는 방법이 많이 사용된다.

㉣ 많은 경우에 제품 생산량(중량기준)에 대한 에너지 원단위를 기준으로 생산량 증감분을 반영하여 산정하고 있다.

여기서 고려하여야 할 사항은 생산량 증감에 따른 에너지 효율성 즉, 생산량이 많을수록 에너지효율이 높고 원단위는 감소하므로 이러한 영향요인을 가능한 정량화하여 예측함이 정확도가 높다.

방법으로 동일조건에서 생산량에 따른 에너지 사용량 변화에 대한 데이터를 확보하여 예측하는 방법이 있다(그림 4-19, 그림 4-20 참조).

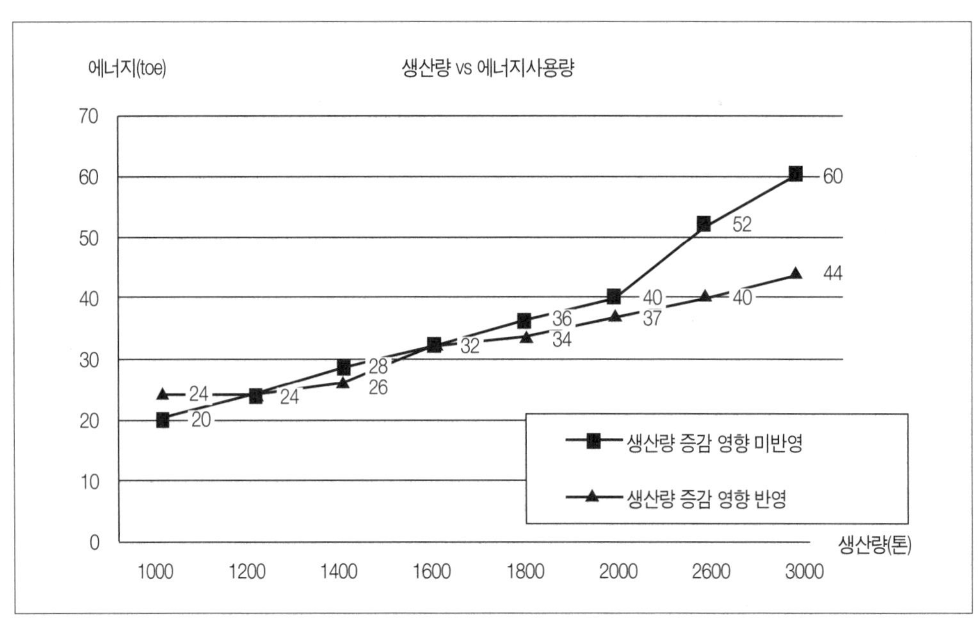

[그림 4-19] 생산량 증감 요인을 반영한 에너지 사용량 예측

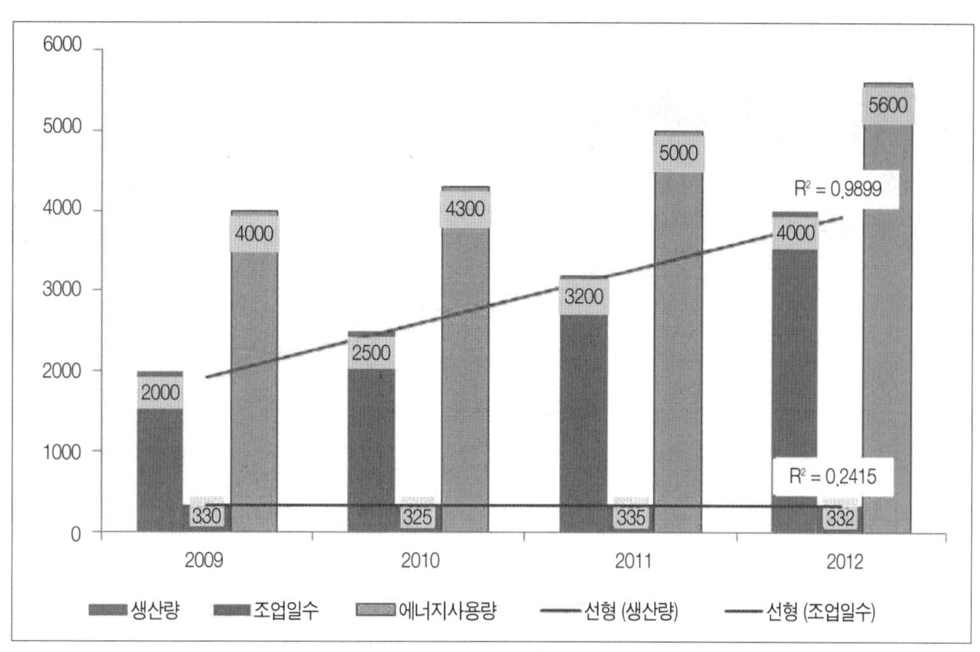

[그림 4-20] 생산량, 조업 일수 vs 에너지 사용량의 상관성 분석

또한 에너지 성과 개선의 검토, 기획은 다음과 같이 이루어진다.

㉮ 일정기간의 미래 에너지 사용량을 예측한 다음(5년간 정도) 예측결과에 대해 개선 목표를 정량화하여 설정한다.
이때에 조직과 그 세부 기능(부서)별, 설비, 공정별 미래의 예상 에너지 사용량과 법규 및 그 밖의 요구사항의 기준을 고려하여 개선 활동을 기획한다.

㉯ 온실가스/에너지 목표관리제 관리업체의 경우, 정부와 협상한 배출 허용량과 에너지소비 허용량에 대해 준수해야 하므로 그림 4-21와 같이 미래의 예상 에너지 사용량과 협상한 정부와의 허용량을 만족하는 수준의 개선 활동을 기획하여야 한다.

㉰ 개선활동을 실행계획으로서 설정할 시에 효과성, 적용가능성, 투자 회수 기간, 중요성 등의 평가기준을 수립하여 우선순위를 결정하고 활동계획을 등록하고 평가 및 검증하도록 관리계획을 수립하여야 한다.

우선순위를 결정하기 위한 평가 기준에 대해서 조직 자체의 특성과 자원을 고려하여 자체적인 기준을 수립하며 표 4-29를 참조한다.

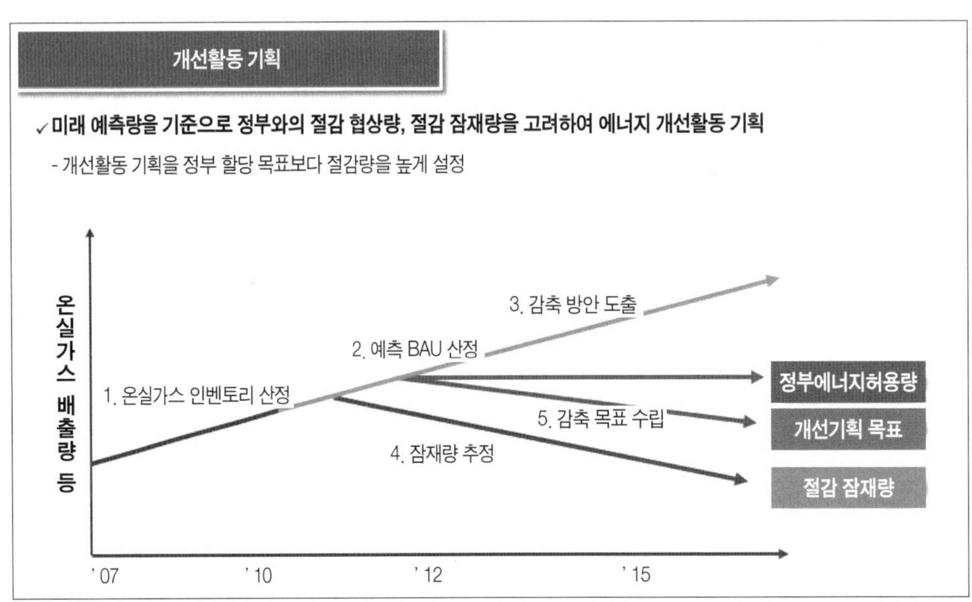

[그림 4-21] 에너지 개선기획 목표 설정 예시

[표 4-29] 개선 활동(실행계획) 선정 평가기준

평가 항목 점수표			
항 목	세부 기준	배 점	비고
사용량	xxxTOE/xxxMJ 이상	5	점수가 클수록 개선의 기회가높음
	xxTOE 이상	3	
	xxxTOE 이하	1	
개선 가능성	xx% 이상	5	
	xx% ~ xx%	3	
	xx% 미만	1	
투자 기간(시급성)	x개월 이내	5	
	x개월 ~ 1년	3	
	1년 이상	1	
투자비 회수 기간(효과)	1년 이내	5	
	x년 ~ y년	3	
	x년 이상	1	

평가 항목 점수표			
항 목	세부 기준	배 점	비고
절감 기대 효과	xxTOE/xxMJ 이상	5	점수가 클수록 개선의 기회가높음
	xxTOE 이상	3	
	xxTOE 이하	1	

(3) 에너지 베이스라인 설정

에너지베이스라인은 기간과 데이터로 정의할 수 있으며 에너지성과 비교를 위한 정량적인 기준이다. 표준의 요구사항을 요약하면 초기 에너지검토의 정보를 이용하고, 조직의 에너지 이용 및 사용량에 적합한 데이터 기간을 고려하여 에너지 베이스라인을 수립하여야 한다.

에너지성과의 변화는 에너지베이스라인에 대응하여 측정되어야 하며 다음의 경우에 베이스라인을 조정하여야 한다. 에너지성과지표(EnPIs)가 더 이상 에너지 이용 및 사용량을 반영하지 못할 때, 공정, 운전 방식 또는 에너지 시스템의 중대한 변동이 있을 때, 미리 정해진 방법에 따라서 에너지베이스라인은 유지되고 기록되어야 한다.

① 베이스라인 설정 절차

에너지베이스라인은 그림 4-22와 같은 절차를 통해 설정된다. 즉, 초기 에너지정보를 검토하고, 에너지 관련 효율을 분석한 후, 에너지 소비 경향 및 영향을 파악하고, 베이스라인을 결정한다.

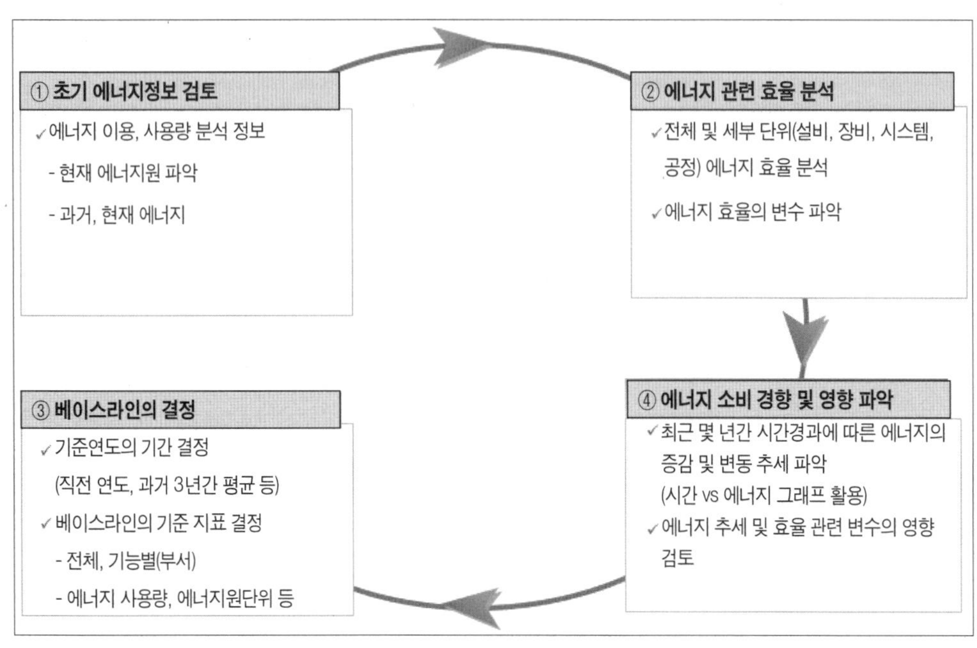

[그림 4-22] 베이스라인 설정 절차

② 베이스라인 설정 세부 내용

에너지베이스라인을 설정하는 절차의 세부 내용은 다음과 같다.

㉮ 초기 에너지정보 검토

초기 에너지 정보란 에너지 이용과 사용량을 분석한 정보로서 현재의 에너지원을 파악한 자료와 과거와 현재의 에너지의 사용 부분을 찾아 에너지 흐름, 에너지 맵, 미래의 에너지 예상사용량 등의 사용량을 분석 평가하기 위한 기초 정보이다.

㉯ 에너지관련 효율 조사

초기 에너지 정보를 분석하여 에너지관련 효율(원단위 등)을 조사하는 것으로써 일반적으로 에너지 사용량을 기준으로 전체의 에너지 효율과 세부적인 에너지효율(설비, 장비, 시스템, 공정 등 수행수준 고려하여 정함)을 조사 및 분석하고, 나아가서 효율에 관련된 변수를 찾도록 한다. 효율에 관련된 변수는 생산량, 원자재단가, 에너지 사용량, 설비노후도, 작업자의 숙련도 등이 될 수 있다.

㉰ 에너지소비경향 및 영향성 분석

베이스라인의 에너지 사용량의 기준 기간을 결정하기 위하여 먼저 에너지 사용량의 최근 몇 년간 지속적으로 증가하는 추세인지, 일정한 범위 내에서 변동이 있는지, 감소하는 추세인지를 파악하여야 한다(그림 4-23).

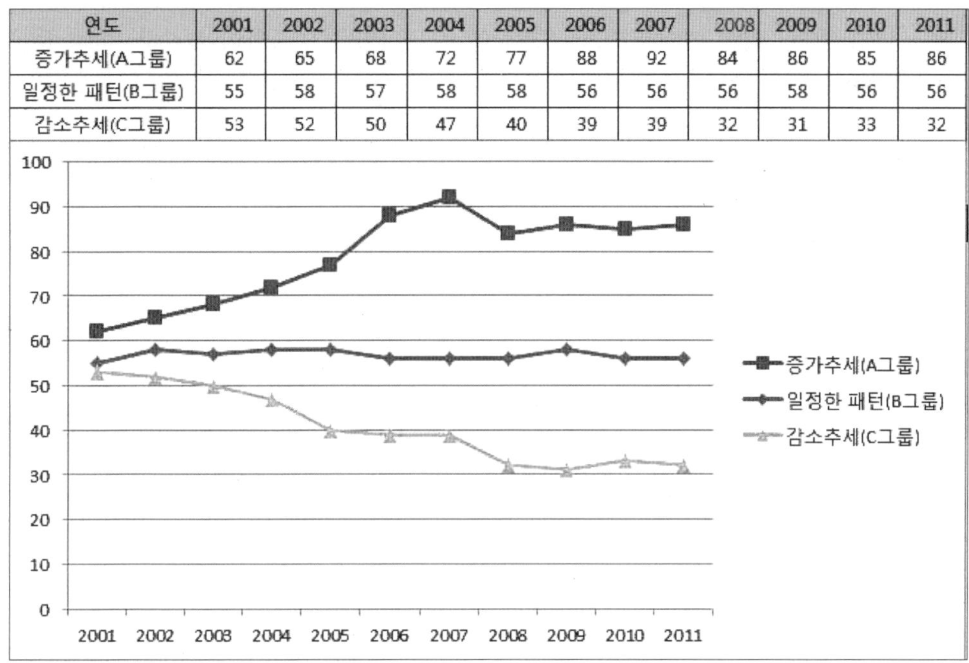

연도	2001	2002	2003	2004	2005	2006	2007	2008	2009	2010	2011
증가추세(A그룹)	62	65	68	72	77	88	92	84	86	85	86
일정한 패턴(B그룹)	55	58	57	58	58	56	56	56	58	56	56
감소추세(C그룹)	53	52	50	47	40	39	39	32	31	33	32

[그림 4-23] 에너지 사용량 추세

즉, 현 시점을 기준으로 과거로 거슬러 올라가며 첫 번째 일정한 패턴이 시작된 시점을 확인한다. 일정한 패턴이 발견되는 것은 조직의 에너지 사용과 관련된 변수(생산량, 외기 온도, 근무인원 등)에 따른 영향이 일정하게 반영되었고 에너지 이용의 변화(에너지원 대체, 설비신증설 등)가 안정화 된 것으로 판단할 수 있으므로 기준 기간으로 설정함에 적정하다.

다음으로 일정한 패턴이 시작되는 시점과 전년도의 데이터의 차이(Gap)에 대한 구체적인 근거와 관련된 변수를 찾도록 하며, 그 변수가 에너지 사용량에 미치는 영향도를 평가하여 베이스라인 설정 시에 고려하도록 한다.

변수란 생산량, 설비노후도, 작업 숙련도, 설비 가동률, 외기온도 등의 내 · 외부적 요인이 있으며, 일반적으로 가장 고려되어야 할 변수는 생산량, 설비 가동률을 생각할 수 있다.

㉣ 베이스라인의 결정

에너지 베이스라인은 기본적으로 법규 및 요구사항을 충족하여야 한다. 이는 온실가스 · 에너지목표관리제 관리업체의 경우 정부가 정한 베이스라인 기간을 고려해야 한다. 또한 앞의 사업장의 에너지 소비경향 및 영향성을 분석한 결과를 반영하여 적합한 기간을 자체적으로 설정한다.

에너지베이스라인에 영향을 주는 요소(변수)들은 다음과 같은 것들이 있으며 이런 요소들은 에너지소비량과 밀접한 관계가 있다.

ⓐ 제품종류 및 생산량

ⓑ 설비의 효율

ⓒ 제조공정의 효율성

ⓓ 작업자의 숙련도

ⓔ 외기온도 및 환경 등

참고 | 변수에 대한 영향성 검토 시 고려 사항 1

o 제품 종류에 따른 베이스라인

제품종류별로 베이스라인을 설정하는 방법, 대표 제품을 선정하여 모든 제품의 에너지 사용량을 대표제품으로 등가계수 등의 기준을 가지고 환산하여 베이스라인을 설정하는 방법이 있다.

참고 | 변수에 대한 영향성 검토 시 고려 사항 2

o 생산량에 따른 베이스라인

일반적으로 에너지효율에 직접적 영향을 미치므로 생산량이 에너지 효율에 미치는 영향을 파악하여 생산량 변화에 따라 베이스라인을 설정하는 방법이 있다.

참고 | 변수에 대한 영향성 검토 시 고려 사항 3

o 그 외 변수에 따른 베이스라인

- 그 외의 설비 및 제조공정 효율성, 작업자 숙련도 등은 관리 가능한 요소로서 개선을 통해 향상을 할 수 있으므로 베이스라인에 별도로 고려하지 않음이 적절하다.
- 외부요인인 온도, 환경적 요소 등은 고려할 시에 많은 변수를 감안하여야 하고 오히려 관리가 복잡한 문제 등을 고려하여 영향성이 적다면 무시함이 바람직하다.

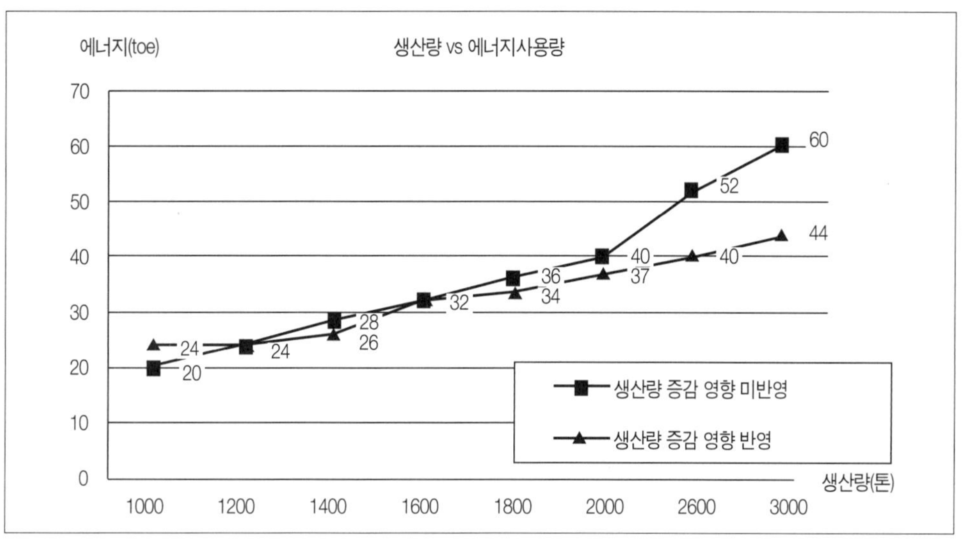

[그림 4-24] 생산량에 따른 베이스라인 설정 예시

③ 베이스라인 산정 예시

베이스라인 산정의 예를 들면 다음과 같다.

(예시 1)

1. 기준연도: 2010년(직전연도)
2. 데이터 기준: 에너지 사용량(전체, 부서별)
3. 선정이유

   온실가스 에너지 목표제 관리업체로서 2010년 명세서 제출기준에 의거 해당연도 직전 1년 데이터를 기준으로 베이스라인을 설정.

(예시 2)

1. 기준연도: 2008, 2009, 2010년도
2. 베이스라인 데이터 기준
- 조직 전체 베이스라인: 연도별로 전체 에너지 사용량 (생산량 연간 500톤 기준)
- 세부 베이스라인: 부서별 에너지 사용량
3. 선정이유: 에너지 사용량의 최근 변동이 심하여 직전연도 3년간을 기준으로 하였으며, 생산량의 변동이 크므로 이를 감안하여 연간 500톤의 기준으로 베이스라인을 정함.

(예시 3)

1. 베이스라인(Baseline) 기준연도: 2010년
2. 데이터 기준:
- 열원단위: 800 kcal/제품kg,
- 전력원단위: 120kWh/제품Ton
- 총 에너지원단위: 0.0997toe/제품Ton
3. 선정이유
1) 설비 가동 측면: 생산중단 시점(2007년) 이후 자료를 기준 자료로 선정
2) 에너지원단위 측면: 최근 3년간 열/전기 원단위 변동에 있어 2008년 기점으로 원단위 향상 정체됨.
3) 제품 시장 측면: 2010년 이후 시장에서의 A제품 수요 급격히 감소 1호 설비를 내부 정책적으로 장기운휴 조치 실시

상기 사항을 종합하여 2010년을 에너지 절감 의지 표명에 가장 적정한 기준이라 판단.

(4) 에너지성과지표 수립

에너지성과지표는 조직에 의해 결정된 에너지성과의 정량적인 가치 또는 측정값으로 표현되는 단위로서 표준의 요구사항은 다음과 같다.

조직은 에너지성과를 모니터링 및 측정하기 위하여 적절한 EnPIs를 파악하여야 하고, EnPIs를 결정하고 갱신하기 위한 방법론은 기록되고 정기적으로 검토되어야 하며 EnPIs는 해당되는 경우, 에너지베이스라인과 비교되고 검토되어야 한다.

① 성과지표 수립 절차

에너지 성과지표 수립절차는 그림 4-25와 같다.

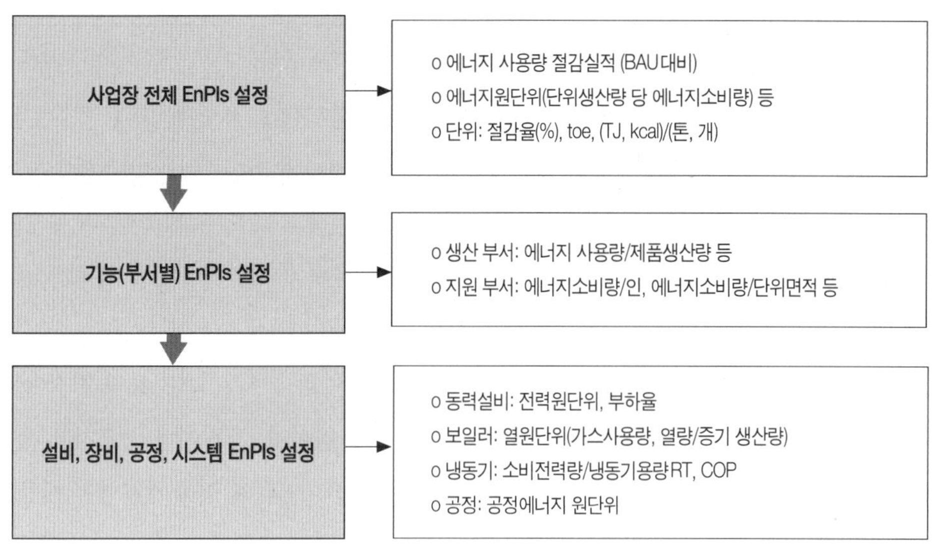

[그림 4-25] 에너지 성과지표 수립 절차

② 세부 설정 방법

에너지성과를 모니터링 및 측정하기 위해 적절한 EnPIs를 파악해야 하며, 조직의 에너지성과는 에너지 효율, 에너지 이용, 에너지 사용량과 관련된 측정 가능한 결과이므로 조직의 특성에 적합한 에너지성과지표를 선정해야 한다.

또한 에너지성과지표는 정량적인 수치 또는 측정값의 단위로서 표 4-30과 같이 에너지베이스라인과 비교 가능하여야 한다.

[표 4-30] 에너지 성과지표

구 분	기준 연도(2010)	1차년도(2011)	2차년도(2012)
베이스라인 (에너지사용량, toe)	1,450	1,560 (BAU)	1,780 (BAU)
EnPIs (toe/제품생산량, 톤)	0.96	0.82	0.70

에너지성과지표는 베이스라인과 비교하여 조직의 개선활동에 대한 절감량 및 개선도를 판단할 수 있는 지표로서 어떠한 에너지 성과지표를 사용할 것인지 관련 부서, 담당자의 동의 및 협의를 거쳐서 결정하여야 한다.

우선 사업장 전체의 에너지성과지표를 결정하며, 전체 에너지원별 사용량을 집계하여 공통의 에너지단위(TJ 또는 toe)로 환산하여야 한다.

전체 사업장의 에너지성과지표를 결정한 후, 기능별(부서별) 에너지성과지표의 결정이 필요하다. 에너지성과지표는 조직의 성과를 대변할 수 있는 단위이며, 조직에서 중요하게 생각하여 도출한 중요에너지 이용 부분에 대하여 평가하기 위해 중요에너지 이용 부분에서 사용되는 에너지에 대해 일정 기준을 대비하여 표현한다.

부서별로 구분하여 보면 부서별 특성을 고려하여 성과를 대변할 수 있는 지표의 설정이 필요하다. 즉, 생산 부서는 제품생산량 당 에너지 원단위, 사용량 기준 절감율 등을 지원부서는 건물면적당이나 인원 당 에너지 소요량, 에너지 비용 등을 적용할 수 있다.

특히 생산 부서의 경우 조직성과를 결정할 시에 제품생산량, 작업 시간, 운영 시간 등의 조직의 특성에 적합한 성과를 결정하도록 한다.

에너지성과지표는 가능한 에너지 사용량 대비 조직이 정한 성과를 비율로 표현하도록 하며 조직의 활동에 따라 에너지성과지표가 여러 가지일 수 있다. 즉, 시간당 에너지 사용량, 생산량 당 에너지 사용량 등 다변수 모델을 포함하며 에너지 성과지표를 결정하기 위한 다양한 시도를 통해 발굴할 수 있다.

기능별 에너지성과지표를 결정한 다음으로는 그 조직의 규모, 특성을 반영하여 가능한 범위를 고려하여 세부적으로 설비, 장비, 시스템, 공정 등에 대한 에너지 성과를 정량적으로 비교할 수 있는 지표를 도출하여야 한다.

에너지성과지표의 도출은 조직이 활용할 수 있는 데이터에 기반하여야 하며, 데이터에 대한 신뢰성이 확보되어야 한다.

데이터의 신뢰성은 관리가 되는 모니터링 장치와 방법을 통해 데이터가 수집되어야 하며, 이에 모니터링 시스템의 적절한 관리 체계가 필요하다.

에너지성과지표는 최고경영자에 의해 주기적으로 검토되어 조직의 현재 활동에 적절한지를 판단하고 유지되거나 수정 · 폐기된다.

일반적으로 최고경영자를 주체로 하여 반기, 연도별로 성과지표를 점검하고 검토함이 필요하다. 또한 비주기적으로 에너지성과지표의 관련성에 영향을 주는 사업 활동 또는 에너지 베이스라인에 변동이 있을 때에는 에너지성과지표를 갱신이 필요하다.

③ 에너지 성과지표 설정 예시

참고 | 에너지 성과지표 설정 예시 1

1. 조직 전체

1) EnPIs 정의

- 정의: BAU대비 에너지 절감 실적
- 단위: 달성율(%)
- 도출배경

당 사업장은 제품군이 많고 설비 Life cycle이 짧아 에너지원단위의 지표 관리가 어렵고, 목표관리제와의 연계를 위해 에너지 사용계획 (BAU)을 기준으로 절감 실적을 지표화함.

2. 기능별(부서별)

1) EnPIs정의: 조지전체와 동일

2) 기능별(공정별, 부문별)

A공정: EnPIs 5%, 베이스라인 705TJ

B공정: EnPIs 3%, 베이스라인 245TJ

생산지원(유틸리티): EnPIs 3%, 베이스라인 120TJ

간접부문(총무, 물류, 사무): EnPIs 2%, 베이스라인 50TJ

- EnPIs = 에너지절감량/에너지 BAU × 100

참고 | 에너지 성과지표 설정 예시 2

1. 에너지 성과지표(EnPIs):
- 열원단위: 제품 생산 kg당 Net 열원의 열량, kcal/kg-제품
- 전력원단위: 제품 생산 Ton당 소비전력, kWh/T-제품
- 총 에너지원단위: 제품 생산 Ton당 석유환산톤, toe/T-제품

※ 조직 전체적인 EnPIs = 원단위(에너지소비량/제품생산량 형태)

※ 기능(부서)단위 EnPIs: 조직이 활동하는 기능(부서)별 에너지성과지표

※ 조직의 기능(부서)별 특성을 고려
- 생산 부서: 생산량대비 부서 에너지 사용량 또는 그 역수
- 지원 부서: 생산량이 없는 대신 조명과 냉난방이 중요에너지 이용임 부서 인원 당, 또는 부서 면적당 에너지 사용량

※ 설비/장비/시스템/공정의 EnPIs: 부서 개념과 관계없이 에너지 이용과 직결되는 EnPIs로 조직의 데이터의 가용성에 따라 설비/장비/시스템/공정의 선택 수준이 달라지며 그 구조는 생산부서와 비슷함

(예) 냉동기: 소비전력량(kWh)/냉동기용량(RT), COP

보일러: 연료(가스)사용량(㎥), 열량(MJ) /증기생산량(ton)

공기압축기: 소비전력량(kWh)/압축공기량(㎥)

(5) 에너지 목표 및 세부목표, 에너지경영 실행계획 수립

표준의 요구사항으로 조직은 내부의 관련 기능, 계층, 공정, 설비에 대하여 문서화된 에너지 목표 및 세부목표를 수립, 실행 및 유지하여야 하며, 목표 및 세부목표를 달성하기 위한 일정이 수립되어야 하며 세부사항은 다음과 같다.

- o 목표 및 세부목표는 에너지방침과, 세부목표는 목표와 일관성 유지
- o 목표 및 세부목표를 수립하고 검토할 때, 법적 요구사항 및 그 밖의 요구 사항, 중요에너지 이용 및 에너지검토에서 파악된 에너지성과의 개선 기회를 고려
- o 조직의 기술적 대안, 재정적, 운영적 및 사업상의 요구사항과 이해관계자 견해 고려
- o 목표 및 세부목표를 달성하기 위한 실행계획을 수립, 실행 및 유지.
- o 실행계획은 책임 지정, 각 세부목표 달성을 위한 수단 및 일정, 에너지성과 개선이 검증되는 방법의 명시

o 실행계획의 결과를 검증하는 방법의 명시

o 실행계획은 문서화되고 정해진 주기로 갱신

① 목표, 세부목표, 에너지 경영 실행계획 수립 절차(그림 4-26 참조)

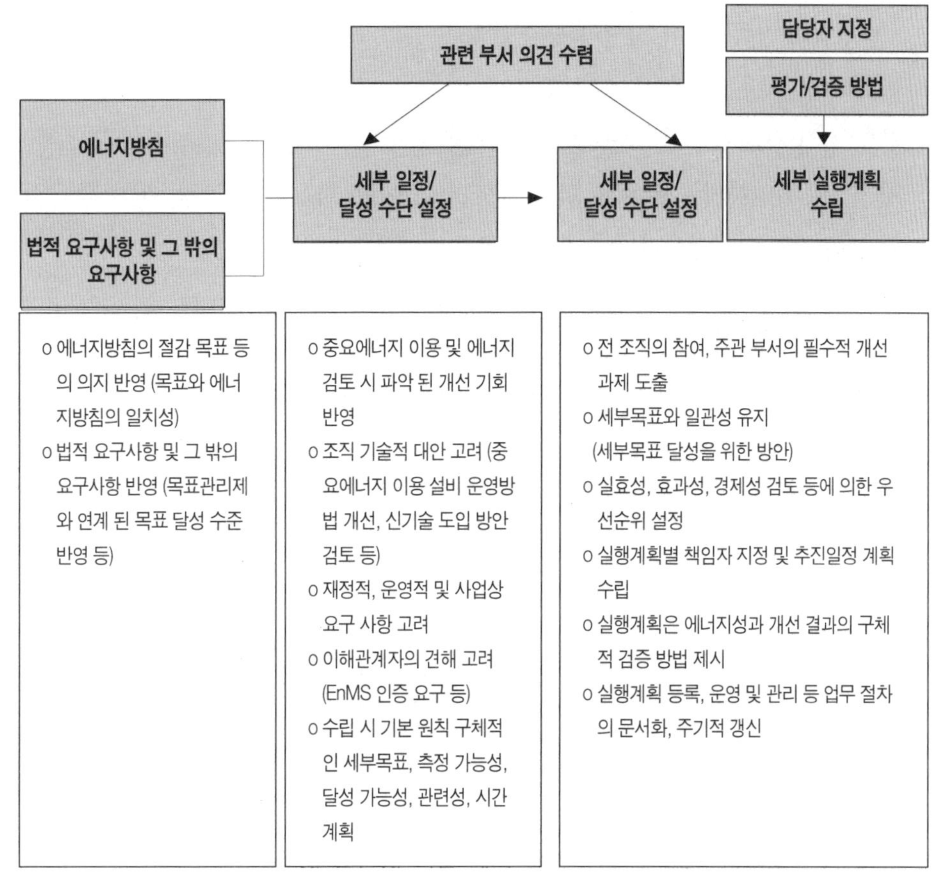

[그림 4-26] 목표, 세부목표, 에너지 경영 실행계획 수립 절차

② 세부 내용

o 목표 수립에 반영할 사항의 사전 검토

o 목표를 수립하기 전에 목표에 기본적으로 반영하여야 할 사항에 대한 검토

- 에너지방침과 일관되는 목표가 되어야 하므로, 방침과 경영계획, 전년도 에너지경영 실적 등을 검토하여 초안을 작성하여 관련 부서 의견을 수렴한다.
  에너지방침에 선언한 절감목표 및 성과지표에 대한 정량치를 구체적으로 제시한 경우에 이를 반영한다.
- 법적 요구사항이나 기타 조직이 동의한 그 밖의 요구사항이 있을 경우, 이를 목표에 반영하여 만족하도록 하여야 한다.

o 목표 수준

앞의 사전 검토에서 달성하여야 할 기본적 목표수준(에너지방침, 법적 요구 사항 등)을 설정하고 사업장의 주변여건, 사업 환경, 투자 여력, 자원 조달 능력, 개선 기회 검토 결과 등을 반영한 개선의지를 추가하여 목표 수준을 설정함.

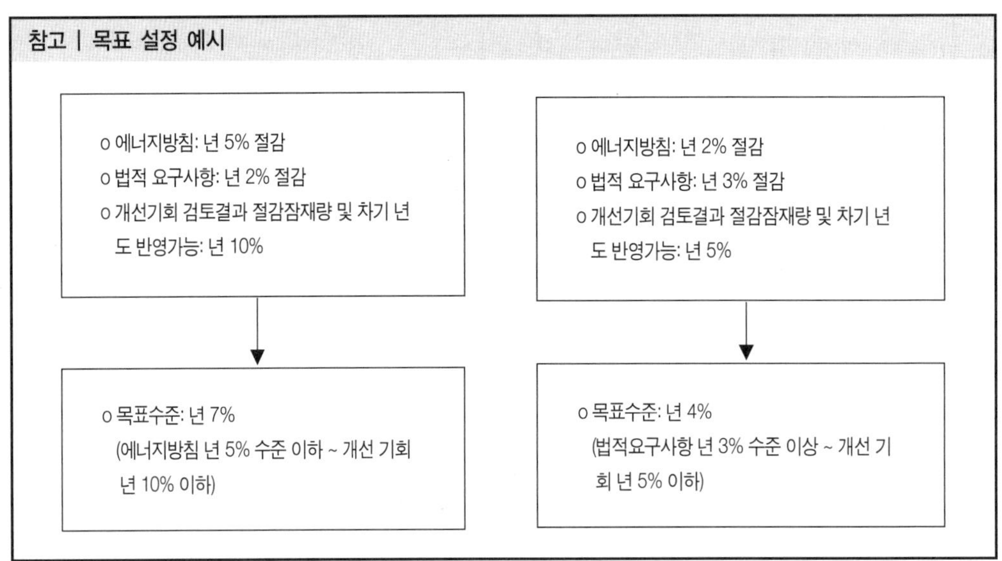

o 세부목표 설정

- 목표가 수립되면 그 목표를 달성하기 위한 세부목표를 설정하고, 그에 따른 실행계획을 수립하여 검토 및 승인을 얻은 후에 실행계획의 시행이 된다.
- 에너지목표 및 세부목표 수립 시에는 최대한 조직의 현실과 사정을 고려한다.

- 세부목표는 기능(부서)단위별, 설비/공정/시스템 단위별로 설정하며 세부목표의 총합이 전체 목표와 일치하도록 하여야 한다.
- 세부목표 수립 시에는 부서 및 기능별 특성을 고려하고, 중요에너지 이용 부분 및 중점관리 설비에 대한 에너지 사용량 비율, 에너지 효율, 조업성, 품질, 기타 에너지 요인 분석결과 등의 데이터를 기반으로 하여 전체 목표 수준을 적절히 배분한다.

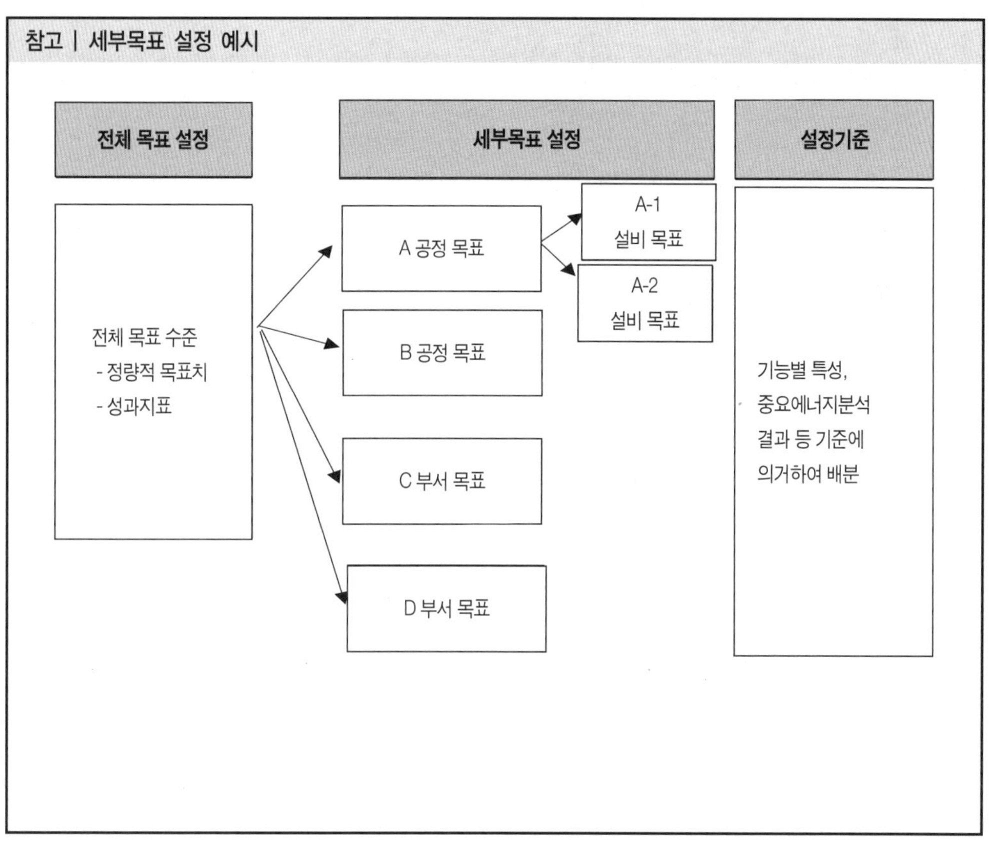

- 설정 예시로서 표 4-31와 같이 설비별 목표와 부서(기능)별 목표의 두 가지를 적절히 조합할 수 있다. 전체 목표와 세부목표의 합이 일치하여야 하므로 표 4-31과 같이 세부목표를 설정하고 전체 목표를 수립할 수도 있다.

[표 4-31] 세부목표 설정 양식

[에너지 세부 목표]

◈ 설비별 목표

공정	세부공정	설비명	단위	2011목표	2011실적	2012목표
제품A제조	성형공정	성형기	kwh/ton			
		건조로	Nm3/ton			
		절단기	Nm3/ton			
		열처리기	Nm3/ton			
		가열로	Nm3/ton			

◈ 부서(기능)별 목표

부서	목표 항목	단위	2011목표	2011실적	2012목표
A	조명	kwh/m2			
	전열	kwh/인			
	냉난방	kwh/m2			
	원단위	toe/(명*m2)			
B	조명	kwh/m2			
	전열	kwh/인			
	냉난방	kwh/m2			
	원단위	toe/(명*m2)			
C	조명	kwh/m2			
	전열	kwh/인			
	냉난방	kwh/m2			
	생산공정 원단위	toe/제품톤			
	부서전체 원단위	toe/제품톤			

o 실행계획 수립

- 목표와 세부목표가 수립되면 이를 달성하기 위한 단계적이고 체계적인 실행계획을 수립하여야 한다. 실행계획은 실질적으로 실행하기 위한 개선 과제로서 현실적으로 과제 발굴에 있어 많은 어려움이 있으며 현장의 실질적 현황에 대한 면밀한 검토와

관련 부서, 담당자, 기술 전문가 및 관계자의 의견 수렴 과정이 선행되어야 한다.

- 실행계획 수립 절차에 대해 요약하여 도식하면 그림 4-27과 같다.

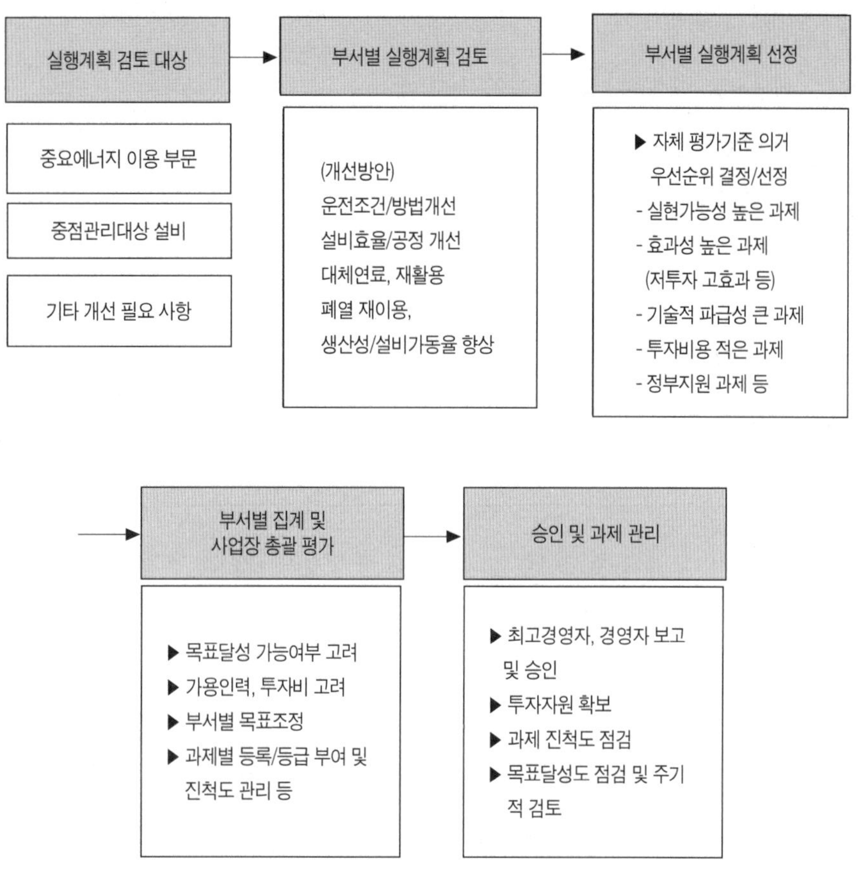

[그림 4-27] 실행계획 수립 절차

- 실행계획 수립을 위한 개선 과제안에 있어 중요에너지 이용, 중점관리대상 설비 등을 중심으로 부서별 특성에 맞게 중요성을 감안하여 실현 가능한 과제를 도출하여야 하며 사업장의 개선 제안제도 등을 이용하여 충분한 기술적 검토가 필요하다.
  더불어 실행계획에 대한 자원(인적자원, 투자자원, 기타 물적 자원)이 보장되도록 하여야 한다.

- 실행계획수립에 있어서 여러 가지의 개선 과제에 대해 실효성, 효과성, 투자 경제성 등의 자체적 평가요소에 의해 우선순위를 매겨서 선정하고 (표 4-29 참조), 선정된 실행계획은 등록하여 관리하며 주기적으로 진척 사항 및 효과성을 점검하도록 한다. 실행계획을 수립하여 검토 및 승인을 얻은 후에 실행계획의 시행이 된다.

③ 목표, 세부목표 및 실행계획 작성양식 및 예시

o 작성 양식 및 작성지침

- 조직 전체 목표(표 4-32 참조)

[표 4-32] 조직 전체의 에너지목표 양식

구분	기준년도	1차년도	2차년도	3차년도	4차년도	5차년도
연도						
EnPI						
에너지성과						

- 기준 년도 및 보고서 작성년도를 포함한 5개 년도에 대하여 연도별 EnPI 목표 및 에너지성과(TJ) 목표를 작성

- 기능별(부서별) 목표(표 4-33 참조)

[표 4-33] 기능별(부서별) 에너지목표 양식

구분	EnPIs	베이스라인	목표	세부 목표	실행 계획(프로젝트)

- 보고서 작성년도에 대하여 작성. 에너지경영시스템은 에너지공급 부서 뿐만 아니라 에너지 사용부서, 구매/설계 등 전사적 참여를 원칙으로 하므로 중요 부서 또는 중요 에너지 이용(설비, 시스템, 공정 등)에 대하여 작성
- 조직 목표를 달성하기 위해 부서, 공정, 설비 등에 대하여 수립된 '목표-세부목표-실행계획'을 작성하며, 구분에 목표를 관리하는 부서명, 공정명, 설비명, 건물명 등을 기재
- EnPIs는 단위를 기재하고 표 하단에 산출식 및 도출배경을 부연 설명
- 베이스라인은 해당 수치를 기재하고 그 설정연도를 괄호로 표시
- 목표는 EnPIs 또는 다른 표현으로 기재
- 세부목표는 목표 달성을 위한 세부목표명 및 측정 가능한 정량값 기재
- 실행계획은 세부목표 달성을 위한 실행계획명을 기재
- 「목표-세부목표-실행계획」의 연계성이 있어야 함

– 실행계획(프로젝트)

㉮ 과제 선정 및 성과 평가 프로세스

- 실행계획의 발굴 · 선정, 우선순위 결정, 에너지절약 성과 평가(검증) 프로세스에 대하여 서술

㉯ 실행계획 목록(표 4-34 참조)

[표 4-34] 에너지 개선 실행계획 양식

실적년도	일련	개선계획명	개선안구분		기대효과 (연간예상)						계획투자비(백만원)			담당
			개선코드	설비코드	연간가동시간	연료절감량(toe)	전력절감량(MWh)	총절감량(toe)	절감금액(백만원)	CO_2 저감량(tCO_2)	합리화자금융자	자체투자	투자비계	
	소계		( )건 추진											

실적년도	일련	개선계획명	개선안구분		기대효과 (연간예상)						계획투자비(백만원)			담당
			개선코드	설비코드	연간 가동 시간	연료 절감량 (toe)	전력 절감량 (MWh)	총 절감량 (toe)	절감 금액 (백만원)	CO_2 저감량 (tCO_2)	합리화 자금 융자	자체 투자	투자비 계	
	소계		( )건 추진											

- 실행계획 건별로 '에너지절약 효과 및 검증'(표 4-35) 작성
- 실행계획 목록은 최대 3개년에 대하여 기재

[표 4-35] 에너지절약 효과 및 검증 양식

<table>
<tr><td colspan="7">에너지 절약 효과 및 검증 (□ 기대 □ 실적)</td></tr>
<tr><td>과제명</td><td colspan="4"></td><td>공사기간</td><td></td></tr>
<tr><td>개선
코드</td><td colspan="2"></td><td colspan="2">설비코드</td><td colspan="2"></td></tr>
<tr><td>사업
개요</td><td colspan="6"></td></tr>
<tr><td colspan="7">개선대상 설비</td></tr>
<tr><td colspan="7"></td></tr>
<tr><td>개선
효과
산출</td><td colspan="6">1. 산출내역</td></tr>
<tr><td rowspan="2">개선
효과</td><td>연료 절감량 (toe)</td><td colspan="2"></td><td colspan="2">전력 절감량 (MWh)</td><td></td></tr>
<tr><td>CO_2저감량 (tCO_2)</td><td colspan="2"></td><td colspan="2">절감 금액 (백만원)</td><td></td></tr>
<tr><td>투자비</td><td>융자 백만원</td><td colspan="2">자체 백만원</td><td colspan="3">합계 백만원</td></tr>
<tr><td rowspan="2">검증
방법</td><td>구분</td><td colspan="5">□ 단기측정 □ 연속측정
□ 전체 (건물, 공정) 계량갑 변화 □ 모델링</td></tr>
<tr><td colspan="6"></td></tr>
</table>

o 에너지목표 작성(표 4-36, 표 4-37)

[표 4-36] 조직 전체 에너지목표

구분	기준년도	1차년도	2차년도	3차년도	4차년도	5차년도
연도	2010	2011	2012	2013	2014	2015
EnPI(%)	3%	5%	5%	6%	6%	7%
에너지절감량(TJ)	50	75	80	110	120	150

• EnPI: BAU 대비 에너지절감량 달성율(%), 에너지성과는 에너지절감량(TJ)

[표 4-37] 기능별(부서별) 에너지목표

구분	EnPIs	베이스라인	목표	세부목표	실행계획(프로젝트)
공정A	4%	530	540	• 공조효율화 • 설비개선	A동 공조효율화
					설비효율향상
공정B	4%	87	90	• 공조효율화 • 설비개선	B동 공조효율화
					에너지 공급개선
공정C	4%	190	200	• 공조효율화 • 설비개선 • 운영개선	C동 공조효율화
					건물효율개선
					냉난방 운영개선
기술팀	4%	250	280	• 에너지공급 개선	냉수순환펌프 인버터설치
					열배기 재이용
					연료변경
기타 간접	4%	500	560	• 난방개선 • 건물효율 향상 • 압축공기개선	난방온도세부관리
					건물단열재 개선
					공기압축기운전개선

- 세부목표 설정방식: 목표관리제 협상목표량을 부서, 사업부별 할당
- EnPI 산출식 = 에너지 절감량/BAU × 100 (%)
- EnPI 도출배경: 제품특성상 원단위 산출이 어려워 총량기준 BAU 대비 에너지 절감량을 달성율로 관리

– 실행계획(프로젝트)

㉮ 과제 선정 및 성과 평가 프로세스

- 건물 및 사업부, 부서별 에너지 사용실적을 기반으로 공정내 에너지를 절감하고 이용율 및 효율을 개선하고자 선정함.

• 성과는 실제 현장의 개선 이행여부를 평가하고 절감효과에 대해 평가함.

㉯ 실행계획 목록(표 4-38)

㉰ 에너지 절약효과 및 검증(표 4-39)

[표 4-38] 개선안 실행계획 목록

실적년도	일련	개선 계획명	개선안 구분	기대 효과(연간 예상)						계획 투자비 (백만원)		
			코드 (개선, 설비)	연간가동시간	연료 절감량 (toe)	전력절감량 (Mwh)	총 절감량 (toe)	절감 금액 (백만원)	CO_2절감량 (tCO_2)	합리화 자금 융자	자체 투자	투자비 (계)
2011	1	냉동기 인버터 적용	:	5,600	0	52	11.183	4.68	24.34	0	20	20
	2	공조 효율화	:	7,200	0	46	9.8925	4.14	21.53	0	6	6
	3	보일러 세관작업으로 효율 개선	:	7,200	103	0	103	70	219	0	5.5	5.5
	4	Compressor Air Dryer 개선	:	5,600	0	500	108	42	235	0	0	0
	5	LED 조명등 교체	:	8,200	0	2	0.44	0.16	0.95	0	2	2
	6	전동기 부하율 개선	:	5,600	0	12	2.5806	1.08	5.616	0	3	3
	7	건물 단열 효율 개선	:	8,200	0	216	46	17	101	0	5	5
	8	:	:	:	:	:	:	:	:	:	:	:
	9	:	:	:	:	:	:	:	:	:	:	:
	10	:	:	:	:	:	:	:	:	:	:	:
	11	:	:	:	:	:	:	:	:	:	:	:
	12	:	:	:	:	:	:	:	:	:	:	:
합 계					103	828	281.1	139.06	607.4		41.5	41.5

[표 4-39] 에너지 절약효과 및 검증

<table>
<tr><td colspan="6">에너지 절약 효과 및 검증 (□ 기대 □ 실적)</td></tr>
<tr><td>과제명</td><td colspan="3">공조 효율화로 에너지 절감</td><td>공사기간</td><td>11. 06. 20</td></tr>
<tr><td>개선
코드</td><td colspan="2"></td><td>설비코드</td><td colspan="2"></td></tr>
<tr><td>사업
개요</td><td colspan="5">1. 문제점: 크린룸 일부 설비 이전으로 배기량 감소 및 풍량 증가, 차압 상승
2. 개선안: 크린룸 공조기 Fan 1대 교호 운전, 급기 Damper 개구율 (80% -> 20%) 조정</td></tr>
<tr><td colspan="6">개선대상 설비</td></tr>
<tr><td colspan="6">대상설비 사진 첨부</td></tr>
<tr><td>개선
효과
산출</td><td colspan="5">[산출기준/모니터링 데이터]
1. 산출내역
풍량 최적화로 전력량 절감
1) 기존 가동 Fan 전력: 49kW
2) Fan 교호 운전 및 Damper 조정: 22kW
3) 절감 금액:(49-22) × 24h × 365D × 80 = 18백만원

[에너지 절감량 및 온실가스 감축량 산출 방법]
풍량감소로 냉난방 절감
1) 난방 절감 산출
• 가열 열량 = 풍량(㎥/hr) × 밀도(kg/㎥) × 비열(kcal/kg℃) × 연평균온도 차이(℃)
가열 열량(기존) = 60,000 × 1.2 × 0.24 × 6 = 115,000kcal/hr
가열 열량(개선) = 30,000 × 1.2 × 0.24 × 6 = 55,200kcal/hr
• 연료 절감 = 56,000㎥/hr(절감 열량) × 9,540kcal/N㎥(저위 발열량) × 0.9(보일러 효율) = 5.4N㎥/hr
• 절감 금액 = 5.4N㎥/hr × 700원 × 24시간 × 365일 = 32백만원
2) 냉방 절감 산출
3) 온실가스 감축 효과 산출</td></tr>
<tr><td rowspan="2">개선
효과</td><td>연료절감량(teo)</td><td>-</td><td>전력 절감량(MWh)</td><td colspan="2">790</td></tr>
<tr><td>CO_2 저감량(CO_2)</td><td>370</td><td>절감 금액(백만원)</td><td colspan="2">60</td></tr>
<tr><td>투자비</td><td>융자 0 백만원</td><td>자체 0 백만원</td><td colspan="3">합계 0 백만원</td></tr>
<tr><td rowspan="2">검증
방법</td><td>구분</td><td colspan="4">□ 단기측정 □ 연속측정
□ 전체 (건물, 공정) 계량값 변화 □ 모델링</td></tr>
<tr><td colspan="5"></td></tr>
</table>

※ 개선 실적건별로 작성

(6) 에너지 모니터링 및 측정 방안 수립

표준의 요구사항으로 조직은 계획된 주기로 에너지성과를 결정하는 주요 운영 특성이 모니터링, 측정 및 분석됨을 보장하며, 주요 특성은 최소한 다음을 포함하여야 한다.

ⓐ 중요에너지 이용 및 그 밖의 에너지검토 결과

ⓑ 중요에너지 이용과 관련된 적절한 변수

ⓒ EnPIs

ⓓ 목표 및 세부목표를 달성하기 위한 실행계획의 효과성

ⓔ 실제 에너지 사용량 대비 예측된 에너지 사용량 평가

① 에너지성과의 주요특성과 모니터링, 측정과의 관계를 도식하여 표현하면 그림 4-28과 같다.

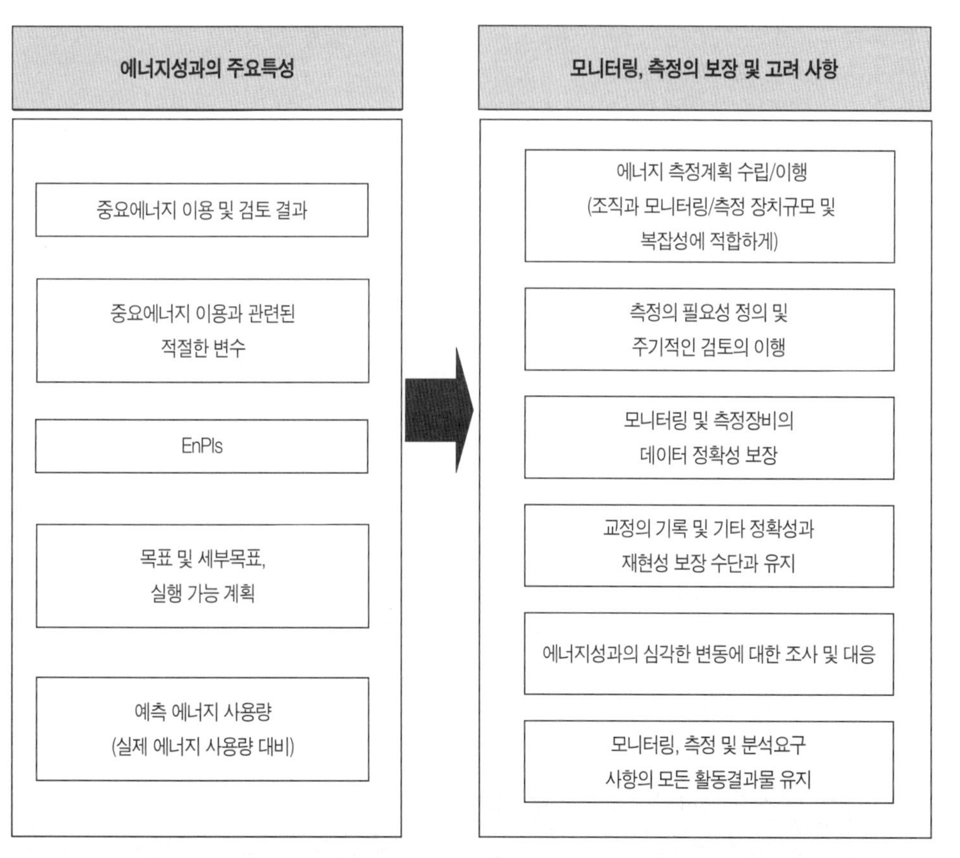

[그림 4-28] 에너지성과의 주요특성과 모니터링, 측정과의 관계

• 에너지 측정 계획 수립 및 이행이 있어 측정의 적용범위는 소규모 조직을 위한 단순 유틸리티 계량으로부터 데이터를 종합하고 자동 분석할 수 있는 소프트웨어와 연계한 완전한 모니터링 및 측정 시스템까지 다양하며 측정 수단 및 방법은 조직이 결정한다.

② 모니터링 방안 수립 절차(그림 4-29)

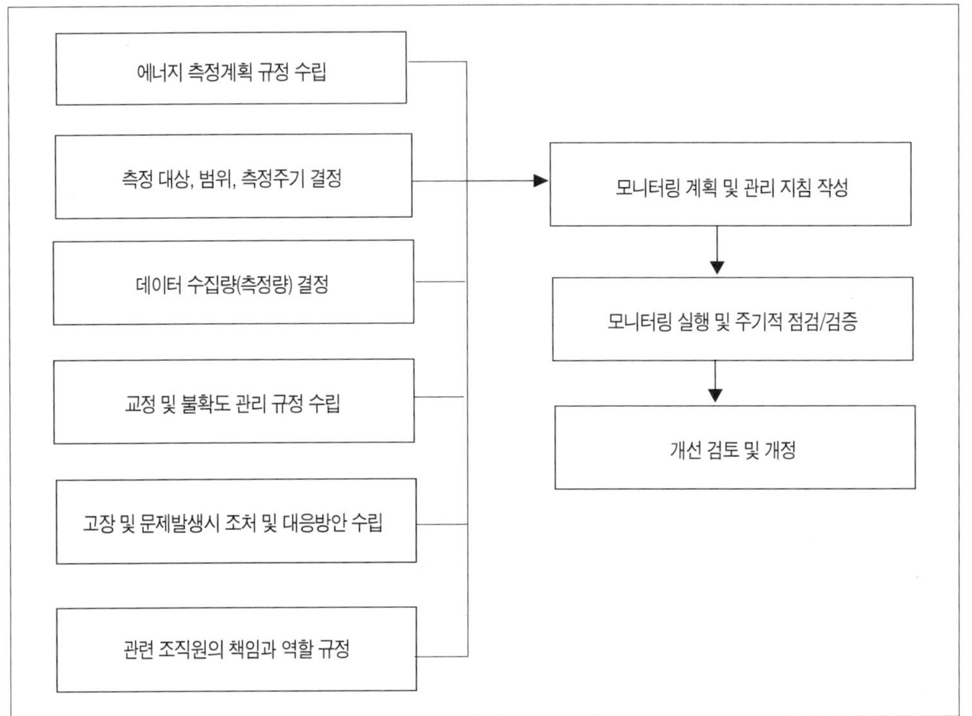

[그림 4-29] 모니터링 방안 수립 절차

o 프로세스와 절차를 문서화된 절차를 수립함에 있어 설명에 포함하여야 할 사항

- 주요 에너지측면/사용에 대한 측정, 기록, 모니터링 방법
- 측정주기를 포함한 모니터링의 범위
- 관련 조직원의 역할과 책임
- 에너지성과지표 대비 에너지 사용량이 표시되는 방법
- 수집된 에너지 모니터링 및 측정결과의 활용

o 교정검사 주기 설정 방법

- 계측기의 정확도, 안정성, 사용목적, 사용 환경조건 및 사용 빈도를 고려
- 국립기술품질원장이 정하는 계측기의 교정검사 주기를 참조하여 설정
- 초기에 교정검사 주기를 잠정적으로 1년으로 설정하여 운용하면서 보완
- 계측기의 성능상 결함이 발생되거나 수리, 사용빈도 등에 따라 교정검사 결과가 교정검사 실시 전 과거 2~3회의 교정검사 결과와 큰 차이가 있는 경우에 교정검사 주기를 단축
- 계측기의 사용횟수, 정밀 정확도의 변화가 2년 연속 없을 경우 또는 교정 검사 결과가 교정검사 전 과거 2회의 교정검사 결과와 변동이 없을 경우에는 교정검사 주기 연장

③ 모니터링 관리 방안 작성 예시

참고 | 모니터링 및 측정 관리 방안 예시

1. 에너지 데이터 측정 장치(계측기) 관리 목록

1) 에너지 관련 계측기 통계

관리 등급종류	A급 (법정 계량기)	B급 (주기적 정도검사)	C급 (정도검사 미실시)
적산 전력량계	6	15	140
LNG 가스미터	2	12	35
스팀 유량계	0	5	12

2) 중요도에 따른 계측기 등급 관리 체계

계측기 종류	등급	등급 구분 기준	관리 방법
적산 전력량계	A	법정 계량기(한전)	한전 정기 현장 검사 및 "계량에 관한 법률" 검교정 주기에 의한 교체(3상 8년, 단상 10년)
	B	주기적 정도검사	2년 1회 정도검사(반출 교정)를 받은 현장 검사용 검교정 계기를 이용 3년 1회 현장 검사
	C	정도검사 미실시	-

참고. 모니터링 및 측정 관리 방안 예시

계측기 종류	등급	등급 구분 기준	관리 방법
LNG 가스미터	A	법정 계량기 (가스 공급사)	"계량에 관한 법률" 에 의거 8년 주기로 검교정 및 성적서 첨부
	B	주기적 정도검사	5년 1회 정도 검사
	C	정도검사 미실시	-

- 에너지원별 에너지 흐름도(전력 계통도, 연료 계통도 등)에 계측기 위치 표시

2. 에너지 데이터 신뢰도 관리 방법

1) 전력량계

① 154KV Main 수전 MOF 1개소 검침

② 각 TR별 Feeder 검침

③ 관리 규정에 의해 오차 보정

④ 교체 주기 8년 검교정 기준은 계량에 관한 법률 기준으로 시행

⑤ 계측기 오차 범위 0.5%

2) LNG 가스미터(Pay Meter 기준)

① 도시가스 월 1회 가스량 검침(정압실)

② 가스미터 교체 주기: 1회/8년

③ 계측기 오차 범위: 0.12%~0.35%

3) 스팀 유량계

① 계기의 관리 정비 및 점검은 계기 매뉴얼에 의거하여 준수하고 검교정은 사내 계측기 표준 교정절차에 의거 시행

② 트랜스메타 영점 보정은 1회/년, 센서 Cleaning 1회/4년 시행

3. 모니터링 및 측정 중장기 계획

1) 주요 설비에 대해서 연차적으로 3개년 내 추가 계측기 설치

2) 정도 미실시 계측기 50개 중 20개에 대해 차기 년도 정도검사 실시

3) 사업장 불확도 수준: 현 3%에서 1.5% 수준으로 개선(2013년 내) 등

[작성 지침]

- 에너지 사용량 및 에너지 효율 관리를 위한 계측기에 대하여 작성
- 계측기 중요도에 따른 계측기 등급 구분 기준 및 등급별 관리 방법에 대하여 요약 설명 (예: A급(법정 계량기), B급(주기적 정도검사), C급(정도검사 불 필요))
- 에너지 Data 측정 관련 계측기 용도별(유량계, 전력계, 온도계 등) 관리 등급별 개수를 요약 기재(예: 유량계(스팀): A급(3개), B급(30개), C급(5개))
- 2항은 에너지 Data의 수집 분석 시 신뢰도(정확성, 재현성) 관리 방법에 대하여 요약 설명, 계측기 관리 절차서가 있는 경우 EnMS 문서로 대체
- 3항은 조직이 에너지 성과 관리 및 개선을 위하여 필요한 에너지 Data 모니터링 및 측정에 관한 중장기 추진 계획을 요약하여 설명

(7) 운전 관리

표준의 요구사항으로 에너지방침, 목표, 세부목표 및 실행계획과 일관되고 중요에너지 이용과 관련된 운전 및 보전 활동을 다음에 의하여 파악하고 계획하여야 한다.

ⓐ 운전 및 보전을 위한 기준이 없어서 효과적인 에너지성과와 중대한 차이가 생긴다면, 중요에너지 이용에 대한 효과적 운전 및 보전을 위한 기준의 수립 및 설정

ⓑ 운전 기준에 따른 설비, 공정, 시스템, 장비의 운전 및 보전

ⓒ 조직에 근무하거나 조직을 대신해 업무를 수행하는 인원에게 운전 관리에 대한 적절한 의사소통

- 만일의 사태, 비상사태 또는 잠재적 재난에 대한 기획 시, 장비의 구매를 포함하여 이러한 상황에 대응하는 방법을 결정하면서 에너지성과를 포함하는 것을 선택할 수 있음.

① 운전 관리 기준 관련 도식도(그림 4-30)

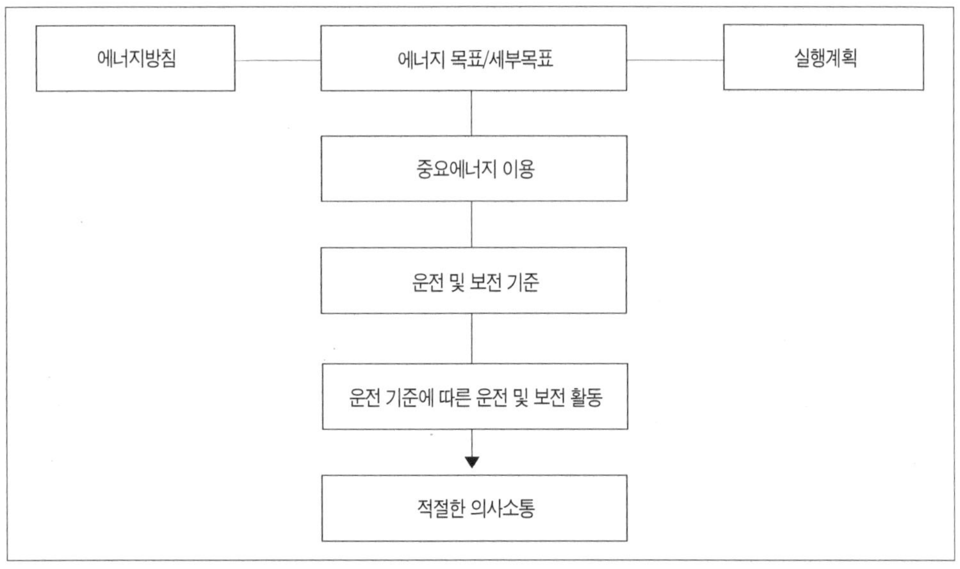

[그림 4-30] 운전 관리 기준

참고 | 운전 관리 기준 예시

▶ 중요에너지 이용: 용해로, 운전관리기준 없음
▶ 용해로 운영: 운전하는 작업자 능력과 노하우에 의해 결정 작업자의 지식 및 숙련도는 각각 다름
▶ 용해로 에너지 특성: 작업자의 운전 능력에 따라 에너지 사용량 및 효율 차이

▶ 운전기준에 따라 설비, 공정, 시스템, 장비의 운전 실시
▶ 각 운전기준은 적용 대상 설비, 공정, 시스템, 장비 등에 부착 · 표기
▶ 주요 설비 효율관리표준을 참고하여 조직의 경계 내에 있는 주요 설비(보일러, 펌프, 압축공기시스템, 냉동설비, 가열설비 등)를 평가하고 관리

▶ 업무를 수행하는 인원에게 운전관리에 대한 적절한 의사소통
- 운전관리 기준과 관련된 사항들을 담당자 또는 외부 관련자에게 교육 및 인지

② 운전 관리 기준 수립 절차(그림 4-31)

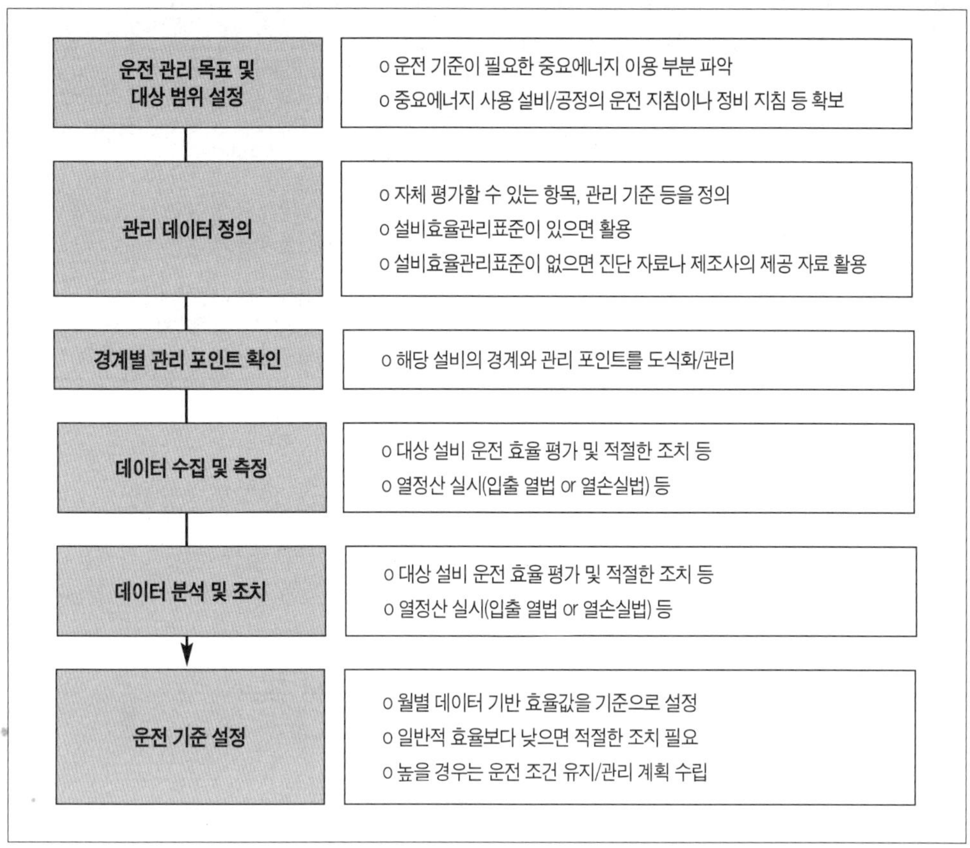

[그림 4-31] 운전 관리 기준 수립 절차

③ 운전관리 기준 수립 절차에 따른 작성 예시

o 목표 및 대상범위

사업장의 중요에너지 이용 부분인 보일러에 대하여 “효율관리표준_스팀시스템”의 평가 항목을 통해 에너지 관련 운전관리를 시행

보일러의 운전관리를 위한 대상범위(스팀공급, 이송, 회수 등)를 결정하고 그에 따른 세부 내용(표 4-40 참조)

[표 4-40] 보일러의 운전관리 목표 및 대상범위

대상 설비	목 표	평가 범위
보일러	o 핵심적인 개별 시스템 구성 · 요소 성능 평가 o 전체 시스템 성능 평가 o 전체적인 성능향상 기회	o 증기 발생설비 o 감압밸브 및 기타 설비 조절 구성 요소 o 증기 수송 설비(보온 및 누설 포함) o 최종 증기 사용설비(열교환기) o 증기 트랩 o 응축수 회수 시스템 구성요소 (회수 배관, 회수탱크) o 열회수 시스템 o 연료전환에 의한 에너지(비용) 절감 o 공정 설비로부터 열에너지 회수 o 증기가열 공정의 대체에너지원으로 대체

o 관리데이터 정의

"설비 효율관리 표준"에 따라 사업장 보일러의 운전관리를 위해 필요한 데이터

o 설비 효율관리 항목의 예를 보면 표 4-41과 같다.

[표 4-41] 보일러 설비 효율관리 항목

NO	항 목	단 위	내 용
1	평균 전력 부하	kW	
2	전력 평균 단가	원/kWh	
3	연간 가동 시간	hr/년	
4	보충수 단가	원/톤	
5	보충수 평균 온도	°C	
6	사용 연료		
7	연료 단가	원/Nm^3, l	
8	증기헤더 압력	kg/cm^2, g	
9	평균 증기 사용량	ton/hr	
10	복수터빈 설치 유무	유/무	
11	증기트랩	개	
12	증기트랩 평균 수명	년	
13	보일러 평균 효율	%	
14	블로우 다운율	%	
15	증기 건도	%	
16	탈기기 증발 증기	%	

NO	항 목	단 위	내 용
17	탈기기 압력	kg/cm²	
18	응축수탱크 재증발증기 회수	유, 무	
19	블로우다운 열회수 장치	유, 무	
20	응축수 탱크 온도	℃	
21	응축수 회수율	%	
22	누설증기 손실율	%	
23	증기헤더 방열 손실율	%	
24	배가스 평균 온도	℃	
25	외기평균 온도	℃	
26	배가스 중 산소 농도	%	

o 경계별 관리 포인트(그림 4-32 참조)

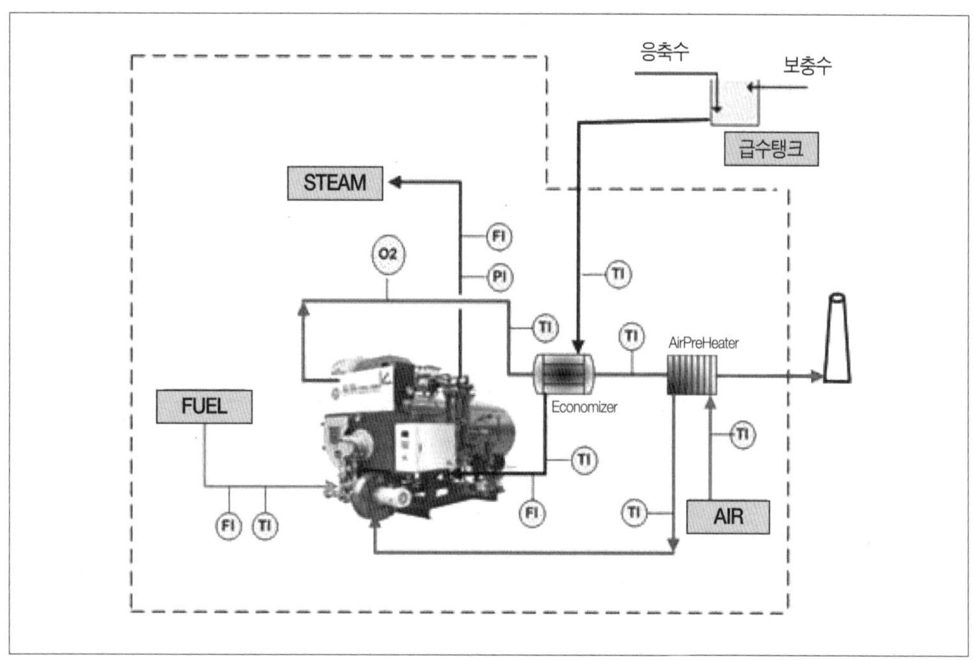

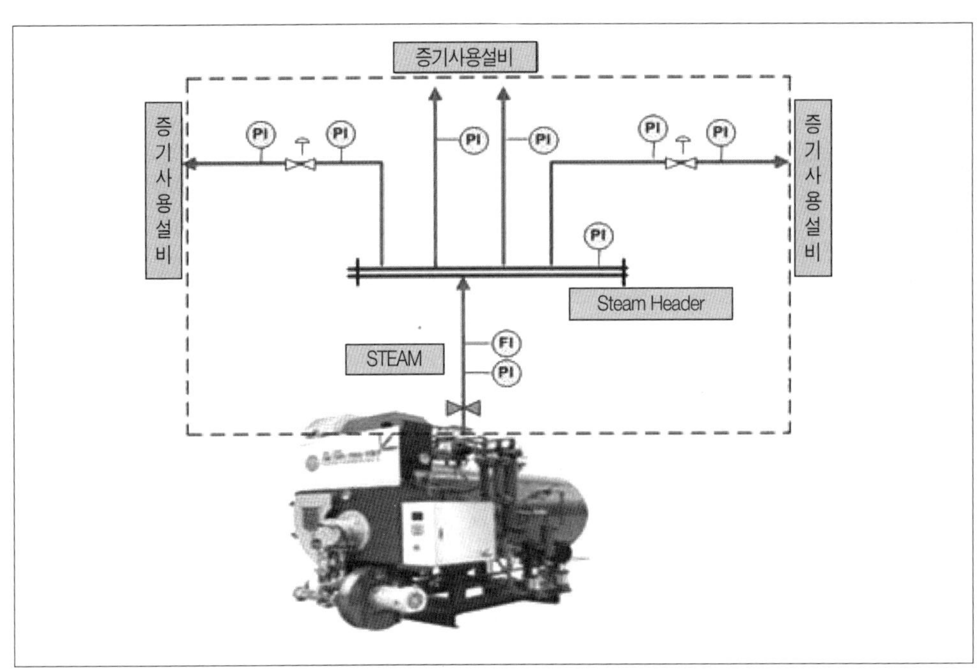

[그림 4-32] 보일러 경계별 관리 포인트 예시

o 데이터 수집 및 측정

㉮ 보일러 사양 작성(표 4-42 참조)

[표 4-42] 보일러 사양 예시

구 분	항 목	단 위	기 재 란	비 고
본체	보일러형식		관류식	
	최대연속증발량	kg/hr	1,500	
	최고사용압력	kg/cm².g	10	
	상용압력	kg/cm².g	5	
	전열면적	m²	9.7	
	제작일		1995. 7.	
	제작처		갑을	
버너	형식		강제혼합식	
	최대연소량	kcal/hr	1,060,000	
	유량범위	Nm³/hr		
	제작처		동방㈜	

구 분	항 목	단 위	기 재 란	비 고
송풍기	형식		터보	
	풍량	m³/min	34	
	풍압	mmAq	720	
	동력	kW	7.5	
	제작처		나라주식	
급수펌프	유량	m³/hr		
	양정	m		
	동력	kW		
	제작처			
GAH	형식		-	
	전열면적	m²	-	
	열용량	kcal/hr	-	
	제작처		-	

㉯ 보일러 운전 데이터 작성(표 4-43 참조)

[표 4-43] 보일러 운전 데이터 예시

번호	항 목	기 호	입 열		출 열	
			kcal/Nm³	%	kcal/Nm³	%
1	연료의 발열량	HL	9,540	99.6		
2	연료의 현열	Q1	0	0.0		
3	공기의 현열	Q2	39	0.4		
4	로내분입 증기열	Q3	0	0.0		
5	발생증기 흡수열	QS			7,645	79.8
6	블로우다운수 흡수열	Qd			0.0	0.0
7	배가스 손실열	L1			1,457	15.2
8	로내분입증기 손실열	L2			0.0	0.0
9	불완전연소의 손실열	L3			0.0	0.0
10	방열및기타 손실열	L4			477	5.0
	합 계	Qi.Li	9,579	100.0	9,579	100.0

항 목	단 위	결 과 치
보일러 효율	%	79.8
부하율	%	57.3

④ 운전관리 기준 작성(그림 4-33 참조)

운전 관리

1) 기준

주요에너지 사용(설비,공정)에 대하여 운전 및 보전 기준, 관리 방법은 사내 표준시스템 및 부서 홈페이지에 등록하여 관리하고 있다.

2) 관리목록

설비명	운전지침(문서명)	최근개정일	담당부서
공통	유틸리티설비 수명연한 관리업무	2011. 08.30	에너지 & 공통부서
공통	에너지,유틸리티 관리현황관리업무		
스팀	보일러 운영업무		
스팀	보일러세관 및 검사업무		
스팀	경수연화장치 운영업무		
스팀	보일러 휴지 작업업무		
스팀	도시가스 운영업무		
스팀	연료비 분배업무		
용수	샌드필터여재 교체업무		
용수	약품 및 저장품 구매업무		
압축공기	공기압축기 운영업무		
냉동	터보냉동기 운영업무		
공조	공기조화기 운영업무		
발전기	비상발전기 운영업무		

[작성지침]

1) 항은 조직이 이행하는 중요에너지 사용(설비, 공정)에 대하여 에너지 성과를 고려한 운전 및 보존 기준과 관리 방법에 대하여 요약 설명
2) 항은 1)항이 기준에 의해 운전 · 관리되는 중요 설비에 대한 목록과 운전자의 운전지침 등 관련 문서를 기재 (우선순위 상위 5개만 기재)

[그림 4-33] 운전관리 기준 예시

(8) 성과 관리 방안

최고경영자는 에너지경영시스템의 실행과 운영, 목표/세부목표 및 실행계획, 성과지표 등의 개선사항에 대한 진척도와 달성율 등을 지속적으로 확인하고 평가하여야 한다.

표준에서는 준수사항 평가, 내부심사, 경영검토 과정에서 성과를 확인 평가하고 수정 및 보완하도록 되어있으며, 성과관리에 필요한 데이터 및 그 달성 정도를 필요한 시기에 확인이 가능하도록 관리하여야 할 필요가 있다.

① 성과관리를 위해 필요한 사항

ⓐ 에너지 목표, 세부목표, 실행계획에 대해 달성도 및 진척 정도 등을 명확히 식별할 수 있도록 에너지 모니터링 및 측정을 통하여 관련 자료 및 데이터를 구체적으로 수집하여야 한다.

ⓑ 수집된 데이터는 주기적으로(월 1회 이상 등) 정리하여 적절한 형태로 최고경영자에게 에너지효율성을 파악할 수 있도록 보고하여야 한다.

ⓒ 전 조직원에 대해 연 1회 이상 에너지 경영성과 발표회 등을 실시하여 에너지 성과를 공유하고 에너지 중요성을 인식하도록 함이 필요하다. 이 때 가능한 최고경영자 참석이 요구되어진다.

ⓓ 성과관리는 성과지표, 목표 달성율 등 조직에 적합한 지표 중심으로 평가하고 관리함이 바람직하다.

② 성과관리 방법/절차(그림 4-34 참조)

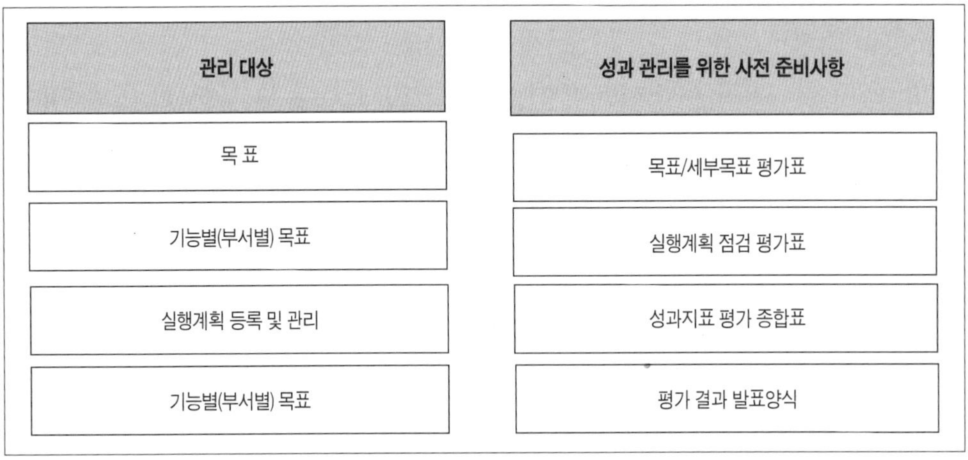

관리 대상	성과 관리를 위한 사전 준비사항
목 표	목표/세부목표 평가표
기능별(부서별) 목표	실행계획 점검 평가표
실행계획 등록 및 관리	성과지표 평가 종합표
기능별(부서별) 목표	평가 결과 발표양식

[그림 4-34] 성과관리 방법 및 절차

참고 | 에너지성과지표(EnPIs) 및 목표 달성도 평가 예시

EnPIs 목표	베이스 라인	2008년 (BAU, 1,780)		2009년 (BAU, 1,814)		2010년 (BAU, 1,757)		2011년 (BAU, 1,832)	
		목표	실적	목표	실적	목표	실적	목표	실적
4%	1,708 TJ	3% (1,729TJ)	9% (1,671TJ)	3% (1,759TJ)	11% (1,621TJ)	1% (1,764TJ)	3% (1,708TJ)	4% (1,832TJ)	- (1,223TJ)

참고 | 세부목표 달성도 평가(설비, 공정, 건물, 부서 등) 예시

구분	EnPIs 목표	베이스 라인	2008년 (BAU, 1,780)		2009년 (BAU, 1,814)		2010년 (BAU, 1,757)		2011년 (BAU, 1,832)	
			목표	실적	목표	실적	목표	실적	목표	실적
공정1	4%	530TJ	5% (508 TJ)	9% (461 TJ)	5% (652 TJ)	11% (582 TJ)	1% (546 TJ)	3% (529 TJ)	4% (617 TJ)	33% (411 TJ)
공정 2	4%	87TJ	5% (447 TJ)	9% (462 TJ)	5% (196 TJ)	11% (175 TJ)	1% (90 TJ)	3% (87 TJ)	4% (94 TJ)	33% (63 TJ)
공정 3	4%	185TJ	5% (208 TJ)	9% (463 TJ)	5% (131 TJ)	11% (117 TJ)	1% (191 TJ)	3% (185 TJ)	4% (153 TJ)	33% (102 TJ)
공정 4	4%	72TJ	-	-	5% (36 TJ)	11% (32 TJ)	1% (74 TJ)	3% (72 TJ)	4% (167 TJ)	33% (111 TJ)
공정 5	4%	208TJ	5% (374 TJ)	9% (339 TJ)	5% (493 TJ)	11% (440 TJ)	1% (215 TJ)	3% (208 TJ)	4% (215 TJ)	33% (144 TJ)
기타	4%	627TJ	5% (246 TJ)	9% (223 TJ)	5% (307 TJ)	11% (274 TJ)	1% (648 TJ)	3% (627 TJ)	4% (586 TJ)	33% (391 TJ)

참고 | 실행계획 평가 예시

실적년도	일련	개선 계획명	진척율(%)	완료일	구분	절감 효과(연간 예상)						
						연간 가동 시간	연료 절감량 (toe)	전력 절감량 (Mwh)	총 절감량 (toe)	절감 금액 (백만원)	CO_2 절감량 (tCO_2)	달성률 (%)
2011	1	냉동기 인버터 적용	완료	12/25	계획	5,600	0	52	11.183	4.68	24.336	92%
					실적	5,400	0	48	10.323	4.32	22.464	
	2	공조 효율화	50%	09/30	계획	7,200	0	46	9.8925	4.14	21.528	98%
					실적	7,200	-	45	9.6774	4..05	21.06	
	3	보일러 세관작업으로 효율 개선	90%	11/30	계획	7,200	103	0	103	70	219	89%
					실적	6,400	92	0	92	63	196	
	:	:										
합 계					계획		195	191	236	149.71	504	83%
					실적		150	145	195	105.11	420	

참고 | 성과지표 평가 종합표 예시

평가 항목	배점	부서 1	부서 2	부서 3	부서 4	부서 5	부서 6	배점 평균
EnPIs목표 달성율(%)	70	50	45	60	70	30	20	45.8
에너지 개선율(%)	20	15	10	12	5	10	6	9.7
에너지 관리 수준	10	8	6	8	6	5	4	6.2
합계	100	73	61	80	81	45	30	61.7

참고 | 2011년 EnMs 성과결과 종합 및 발표 예시

평 가 개 요	
평가 대상	ooo 사업장 전 부서
평가 기간	2011. 1. 1. ~ 2011. 12. 31.
평가 항목/비중	o 목표 달성율 70% o 에너지 개선도 20% o 에너지 관리 수준 10%
평가 위원	에너지 담당자 10명
평가 방법	o 성과지표 결과표 o 현장 평가(검증)

참고. 2011년 EnMs 성과결과 종합 및 발표 예시

평 가 개 요	
평가 결과	o 사업장 평균 : 85점/100점 o A 등급(80 ↑) : oo 부서 o B 등급(60 ↑) : oo 부서 o C 등급(40 ↑) : oo 부서 o D 등급(40 ↓) : oo 부서
시 상	o 최우수(2백만원) o 우수(1백만원)

(9) 적격성, 교육훈련 및 인식

표준의 요구사항으로서 중요에너지 이용과 관련된 조직에 근무하거나 대신해 업무를 수행하는 모든 인원이 적절한 교육, 훈련, 숙련도 또는 경험에 근거하여 적격함을 보장하여야 한다. EnMS 운영 및 중요에너지 이용의 관리와 연계되는 교육훈련의 필요성을 파악하고 교육훈련을 제공하거나 그 밖의 조치를 취하고 적절한 기록 유지하여야 한다. 조직에 근무 또는 대신해 업무를 수행하는 인원에 대해 다음 사항의 인식을 보장함

ⓐ 에너지방침 및 절차, EnMS 요구사항에 대한 적합의 중요성

ⓑ EnMS 요구사항의 달성을 위한 그들의 역할, 책임 및 권한

ⓒ 개선된 에너지성과의 혜택

ⓓ 에너지 이용 및 사용량에 관계된 활동의 실제적 또는 잠재적 영향, 에너지 목표 및 세부목표 달성에 그들의 활동과 행동이 공헌하는 방식, 규정된 절차로부터 벗어날 때의 잠재적 결과

① 적격성, 교육훈련 및 인식의 교육 계획 절차(그림 4-35)

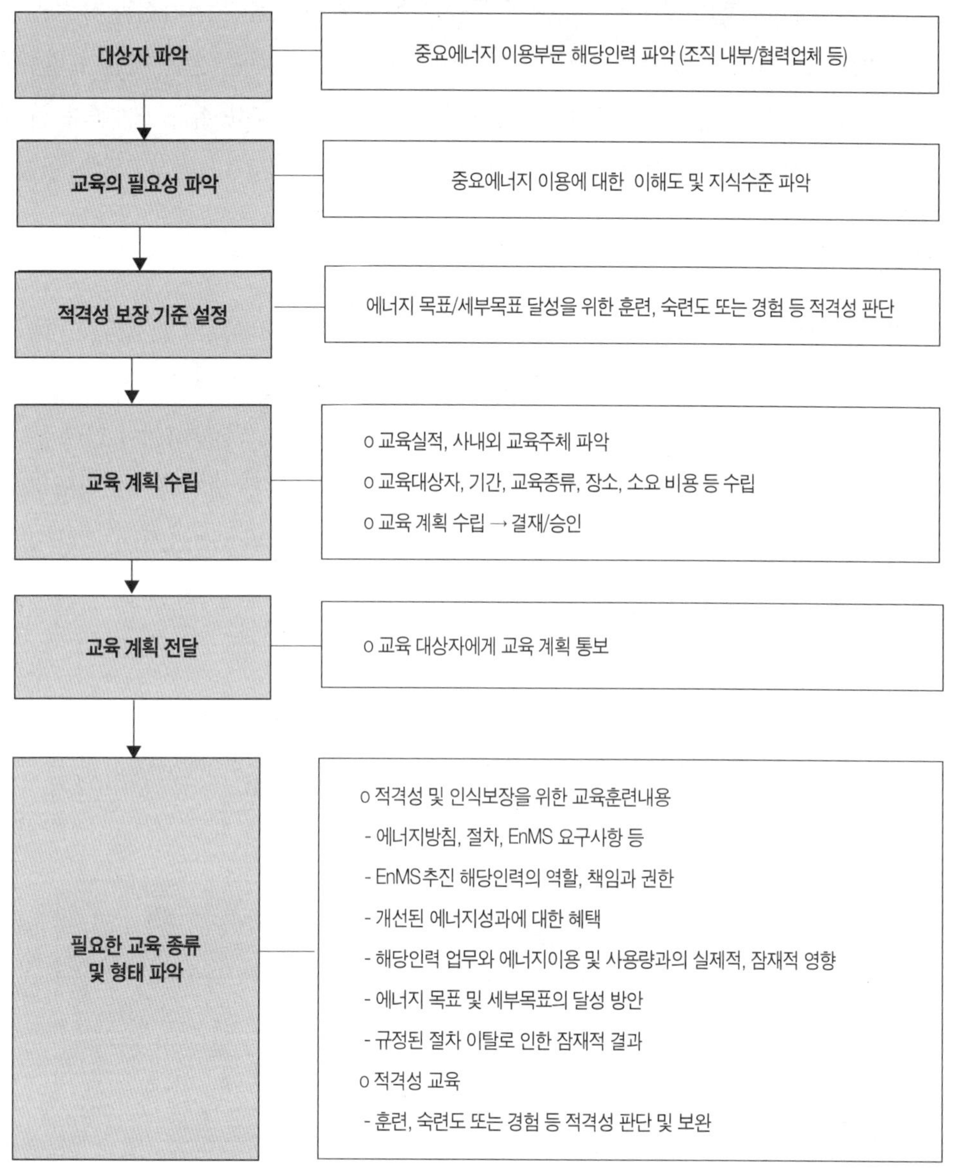

[그림 4-35] 적격성, 교육훈련 및 인식의 교육 계획 절차

o 에너지경영시스템의 성공적인 운영을 위하여 최고경영자는 경영대리인을 임명하고, 경영대리인은 조직특성을 고려하여 각 관련 부서의 실무책임자를 지정하고 역할과 책임을 분담하도록 한다.

o 에너지경영시스템의 구성원은 중요 업무를 수행함에 있어 충분한 자질과 능력을 갖춘 인원으로 선발하며, 중요에너지 이용 부분에 해당 하는 업무를 맡은 직원이 필수적인 지식을 습득할 수 있도록 교육 대상 직원, 교육 준비 방안, 교육 활동 스케줄 등의 사항을 고려하여 절차를 제정 및 유지하도록 한다.

(10) 의사소통

표준의 요구사항으로서 조직의 규모에 적절하게 에너지성과 및 EnMS와 관련하여 내부적으로 의사소통하여야 하며, 조직에 근무하거나 조직을 대신해 업무를 수행하는 모든 인원이 의견을 개진하거나 EnMS 개선을 제안할 수 있는 프로세스를 수립하고 실행하여야 한다. 조직은 에너지방침, EnMS 및 에너지성과에 대하여 외부와 의사소통 여부를 결정하고 조직의 결정을 문서화하여야 한다. 외부와 의사소통하는 것으로 결정한 경우 외부 의사소통을 위한 방법을 수립하고 실행하여야 한다.

① 의사소통을 위한 절차(그림 4-36)

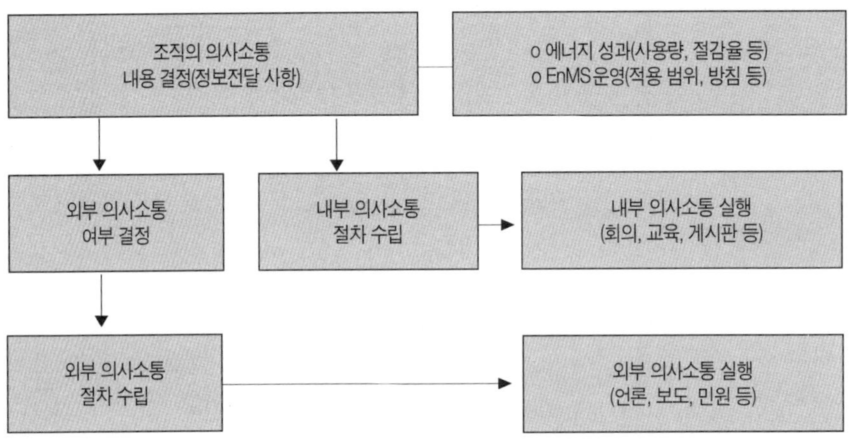

[그림 4-36] 의사소통을 위한 절차

② 업무 의사소통 절차(그림 4-37)

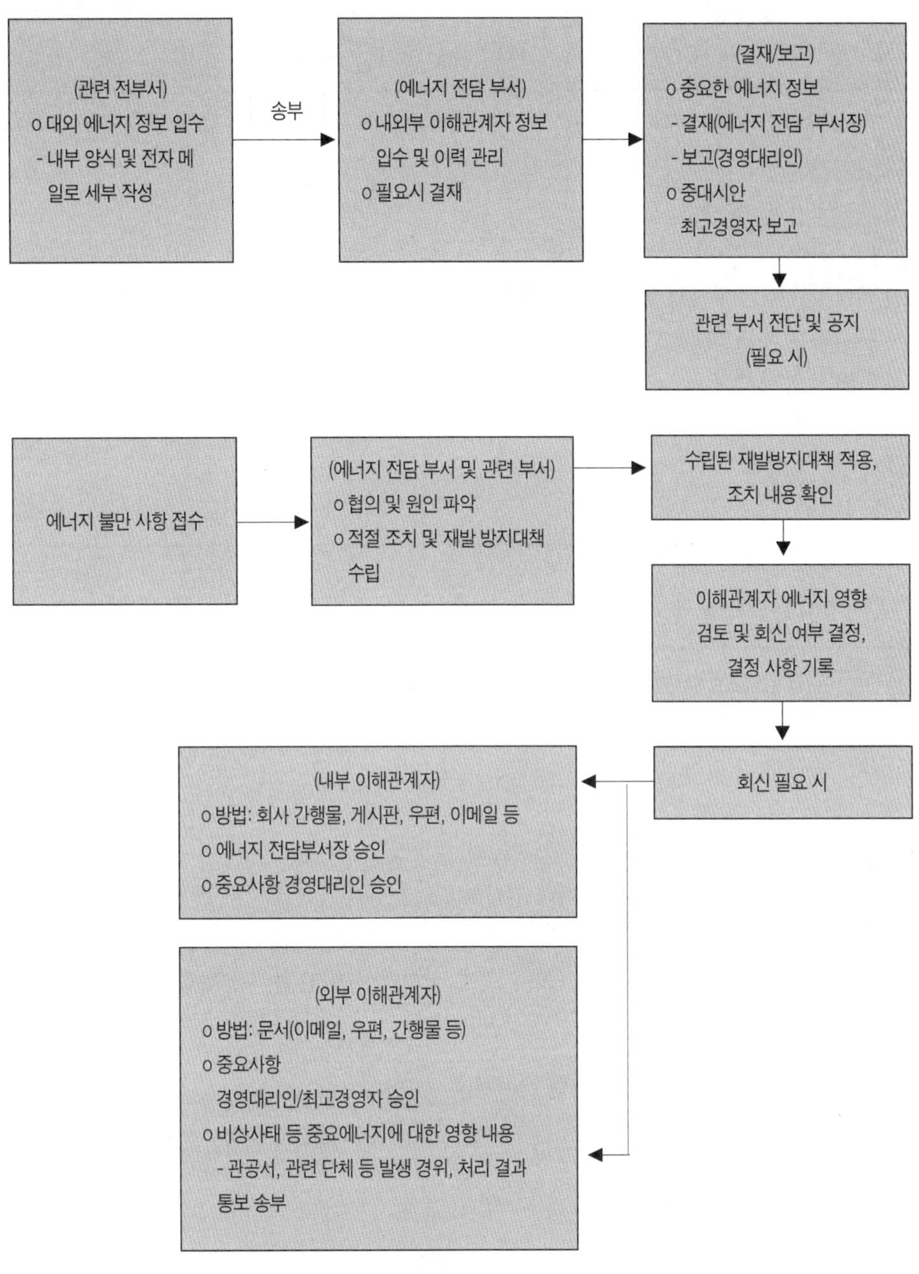

[그림 4-37] 업무 의사소통 절차 예시

(11) EnMS 문서 관리

① 대상: 표준에서 요구하는 문서 + 기타 조직에서 필요한 문서

(1) EnMS 범위 및 경계 (2) 에너지방침 (3) 에너지기획프로세스 (4) 에너지검토를 위한 방법론과 기준 (5) 에너지목표, 세부목표 및 실행계획 절차 (6) 내 · 외부 의사소통 프로세스 (7) 에너지 구매 기준 (8) 내부 심사 프로세스 (9) 문서관리 절차 (10) 기타 조직에서 필요한 문서

② 요구사항: 다음에 대한 절차를 수립, 실행 및 유지

(1) 문서는 발행 전에 충족함을 승인 (2) 필요 시 주기적인 검토 및 갱신 (3) 문서의 변경 및 최신 개정 상태의 식별을 보장 (4) 적용되는 문서의 해당본이 사용되는 장소에서 가용성을 보장 (5) 문서가 읽을 수 있게 유지되고, 쉽게 식별됨을 보장 (6) EnMS를 기획하고 운영하기 위하여 필요하다고 조직이 결정한 외부 출처 문서의 식별 및 배포가 관리됨을 보장 (7) 효력이 상실된 문서의 의도되지 않은 사용을 방지하며, 어떤 목적을 위해 보유할 경우에는 적절하게 식별

③ 문서관리 체계(그림 4-38)

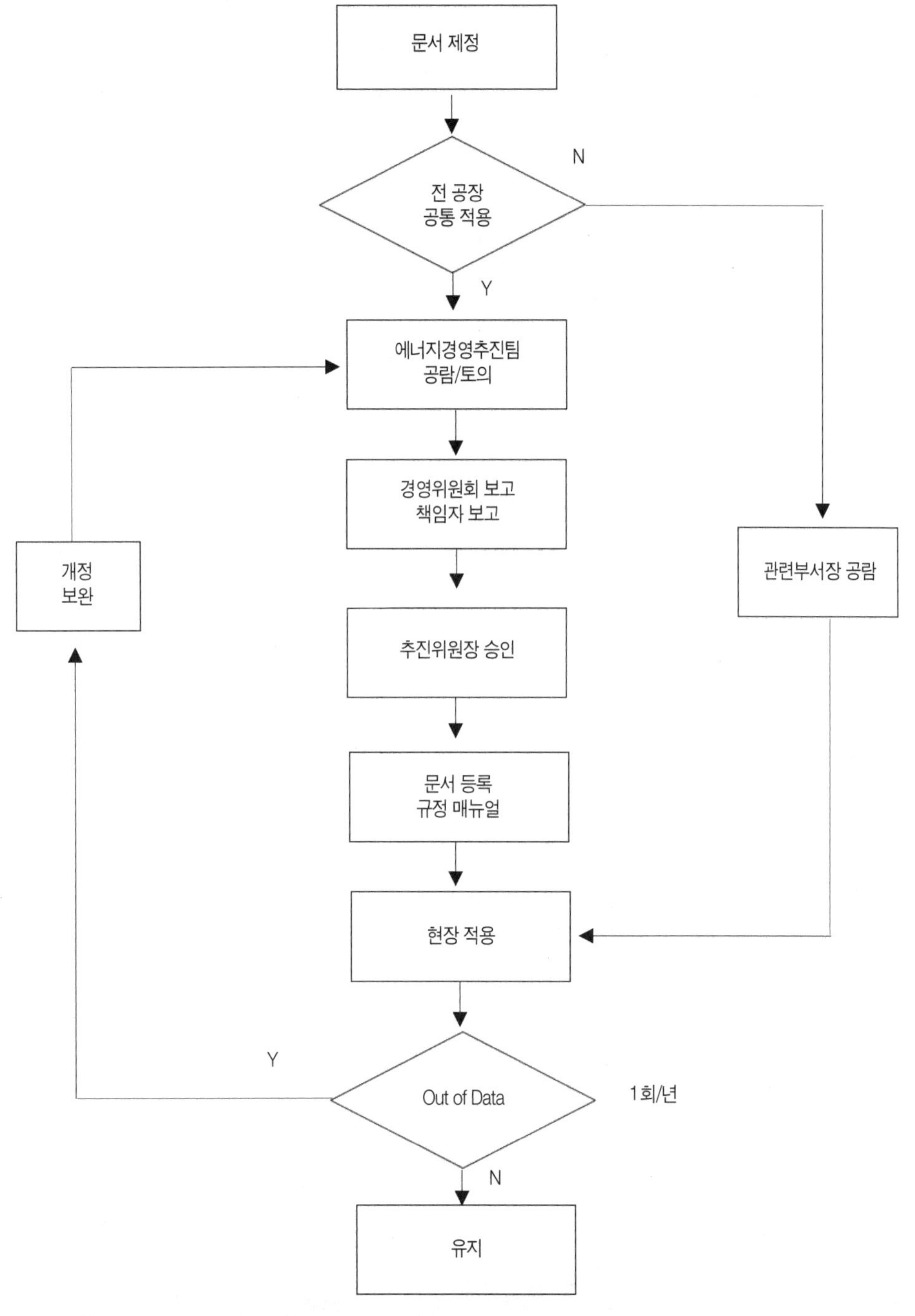

[그림 4-38] 문서관리 체계 예시

④ 관리 문서 목록(표 4-44 참조)

[표 4-44] 관리 문서 목록 예시

NO	항 목	문서명	문서 관리번호	문서구분	제정일	개정일
1	에너지방침	EnMS 매뉴얼	EM-11158000	매뉴얼	'11.08	'11.09
		에너지 검토규칙	EM-11158001	지침서	'11.08	'11.09
		에너지 법규운영규정	EM-11158002	절차서	'11.08	'11.09
		에너지방침, 목표 및 세부목표 절차서	EM-11158003	절차서	'11.08	'11.09
		에너지 교육훈련 절차서	EM-11158004	절차서	'11.08	'11.09
2	에너지계획(Plan)		EM-11158005		'11.08	'11.09
	1) 법규 및 그밖의 요구사항	에너지 법규 운영절차	EM-11158002	절차서	'11.08	'11.09
	2) 에너지 검토	에너지 검토 절차서	EM-11158007	절차서	'11.08	'11.09
	3) 에너지 베이스 라인	에너지모니터링 및 측정 절차서	EM-11158008	절차서	'11.08	'11.09
	4) 에너지성과지표	에너지 모니터링 및 측정 관리지침	EM-11158009	지침서	'11.08	'11.09
	5) 에너지 목표, 세부목표	에너지방침, 목표 및 세부목표 운영절차	EM-11158003	절차서	'11.08	'11.09
	6) 경영실행계획	에너지 경영 프로그램 운영 매뉴얼	EM-11158011	절차서	'11.08	'11.09
	실행 및 운영(Do)					
	1) 적격성, 교육훈련 및 인식	에너지 교육훈련 운영 절차서	EM-11158004	절차서	'11.08	'11.09
	2) 의사 소통	에너지 정보전달 절차서	EM-11158012	절차서	'11.08	'11.09
	3) 문서화 요구사항	EnMS 매뉴얼	EM-11158000	매뉴얼	'11.08	'11.09
	4) 문서관리	전자표준문서 관리절차서	EM-11158013	절차서	'11.08	'11.09
		기록관리 지침	EM-11158014	지침서	'11.08	'11.09
		서식관리 지침	EM-11158015	지침서	'11.08	'11.09
	5) 운전관리	에너지업무표준 운영절차	EM-11158016	절차서	'11.08	'11.09
	6) 설계	고효율에너지설비 구매 절차	EM-11158017	절차서	'11.08	'11.09
	7) 에너지서비스, 제품, 장치 및 에너지 구매	설비투자심의 지침	EM-11158018	지침서	'11.08	'11.09
3	점검(Check)					
	1) 모니터링, 측정 및 분석	에너지 모니터링 및 측정 절차	EM-11158019	절차서	'11.08	'11.09
		에너지 모니터링/측정장치 관리 지침	EM-11158020	지침서	'11.08	'11.09
		장비,설비 및 프로세스 운영절차	EM-11158021	절차서	'11.08	'11.09
		측정기 관리절차	EM-11158022	절차서	'11.08	'11.09

NO	항 목	문서명	문서 관리번호	문서구분	제정일	개정일
3	2) 법규 및 그 밖의 요구사항 에 대한 평가	에너지 법규 운영절차	EM-11158002	절차서	'11.08	'11.09
	3) 내부심사	EnMS 내부심사 절차	EM-11158022	절차서	'11.08	'11.09
	4) 부적합, 시정, 시정조치 및 예방조치	부적합사항 시정 및 예방조치 운영절차	EM-11158023	절차서	'11.08	'11.09
	5) 기록관리	기록관리 지침	EM-11158014	지침서	'11.08	'11.09
		전자표준문서 관리절차서	EM-11158013	절차서	'11.08	'11.09
4	경영검토(Action)					
	1) 경영검토 입, 출력	경영자검토 운영절차	EM-11158024	절차서	'11.08	'11.09

(12) 설계 및 구매

① 업무 절차(그림 4-39)

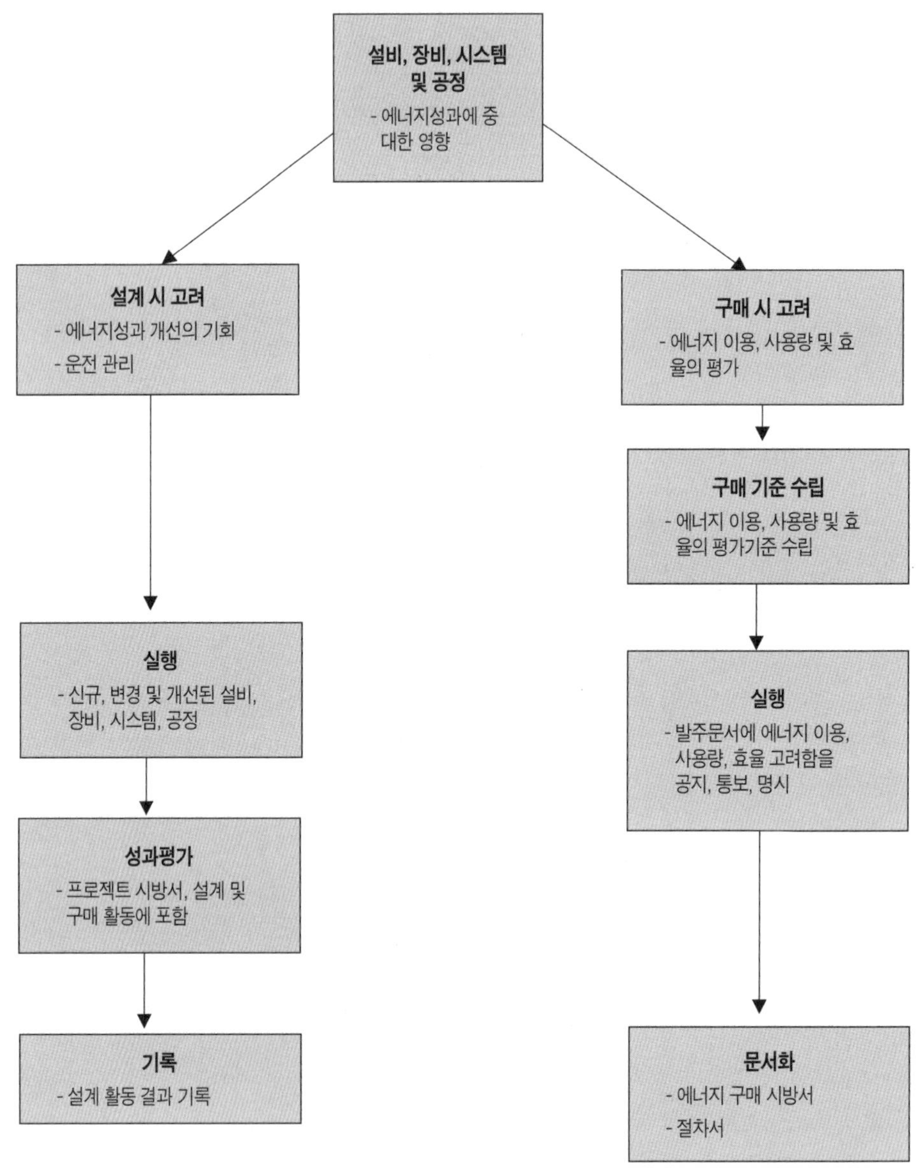

[그림 4-39] 설계 및 구매 업무 절차

② 업무 절차서 예시

o 설계 절차서: 별첨 절차서 참조

o 구매 관리 절차서(그림 4-40 참조)

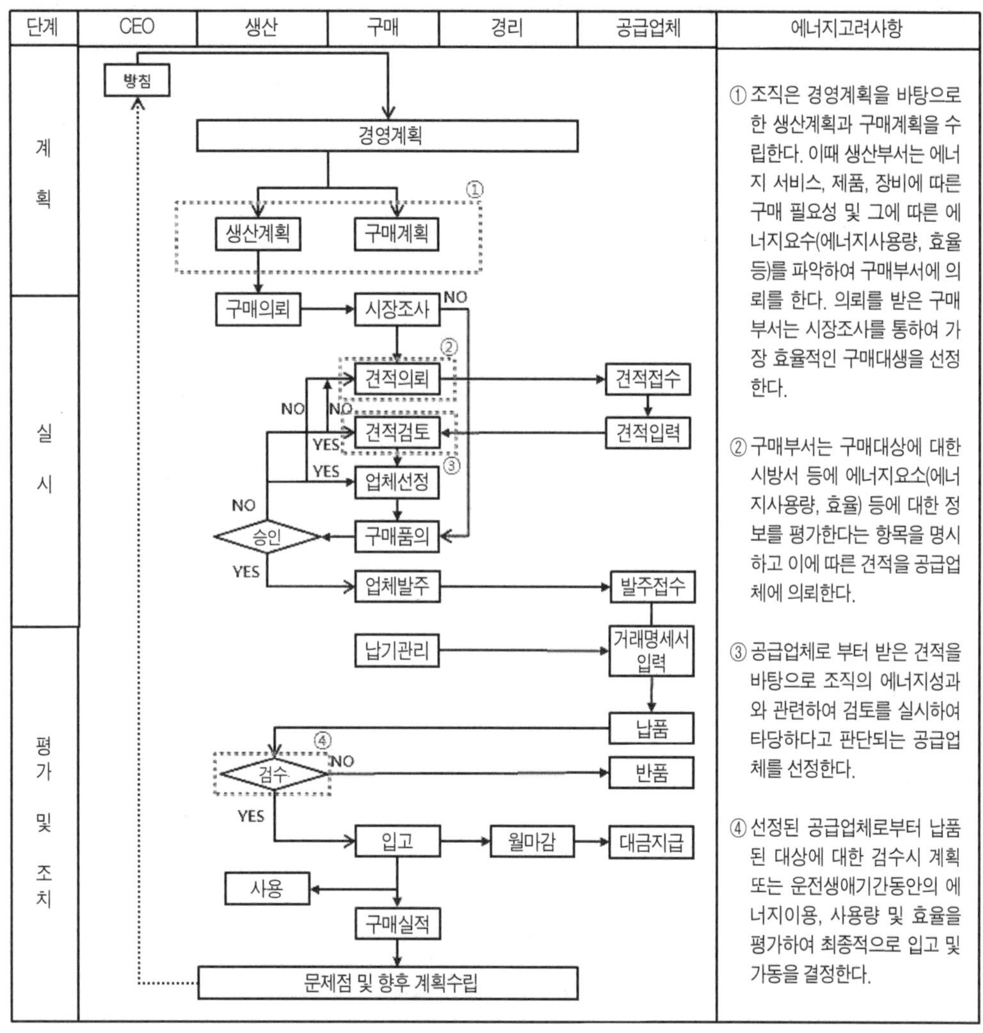

[그림 4-40] 구매 관리 절차서 예시

o 구매, 설계 업무 관리 기준(그림 4-41)

1. 기준
- 고효율기기: EnMS 고효율 에너지 설비 구매 절차에 의거 추진
  • 에너지소비 효율등급 표시 제품, 에너지절약 마크 부착 제품 구매
- 생산설비: 설비투자심의지침에 의거 설계, 발주 단계에서 에너지 절감형 생산설비 개발 및 도입

2. 실적
고효율기기 구매실적 (%)

년도	구매실적(%)		주요설계목록
	비용기준	개수기준	
2011	60%(450,670,000)	70%(350개)	노트 PC
2011	80%(640,789,400)	65%(670개)	PC본체
2011	100%(56,400,000)	100%(250개)	LED 조명등

[그림 4-41] 구매 및 설계 업무 관리 기준 예시

(13) 내부심사

① 내부심사의 목적

내부심사는 외부심사 전에 자체적으로 에너지경영시스템의 운영현황을 파악하는 단계로서 그 목적은 다음과 같다.

o 에너지경영시스템의 요구사항에 대한 적합성 확인

o 에너지경영시스템의 준수 및 실행 여부 확인

o 에너지방침/목표의 달성 및 에너지경영시스템의 효과성 확인

o 에너지경영시스템의 효율성 및 지속적 개선 파악

o 인증 심사 대비

o 부적합사항의 확인 및 시정조치 실시

o 최고경영자의 경영검토를 위한 관리수단으로 활용

② 표준의 요구사항

계획된 주기로 내부심사를 수행할 것을 요구하고 있으며 이 주기는 조직의 특성을 고려하여 자체적으로 정하도록 되어있다. 일반적으로 연 1~2회 정도를 권고 하고 있다.

- o 내부심사 일시, 부적합사항 및 개선권고사항 건수 및 조치결과를 기록
- o 세부 내부심사 기록(처리 일시, 내용, 처리결과, 담당 부서/담당자 등)

내부심사 실행 프로세스를 조직의 상황에 맞게 수립하고 이행하여야 하며 이행에 대한 결과는 기록으로 남겨져야 한다.

③ 내부심사 절차(그림 4-42)

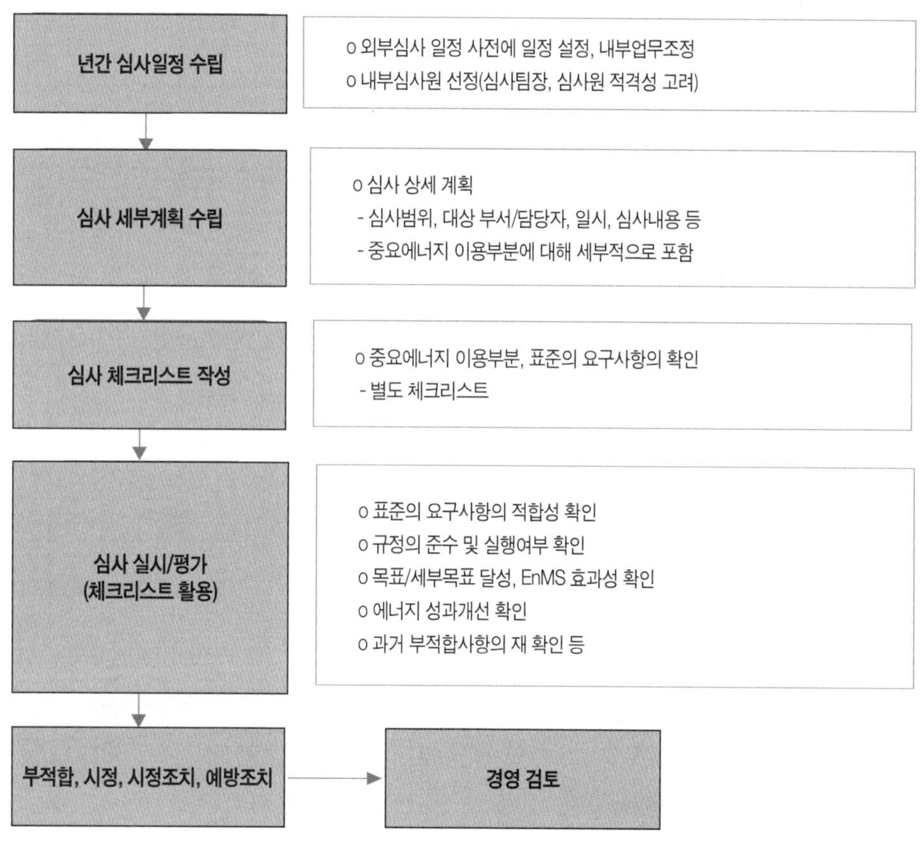

[그림 4-42] 내부심사 절차

④ 내부심사 계획서(표 4-45), 심사 체크리스트(표 4-46)

[표 4-45] 내부심사 계획서 및 심사 일정계획서

<table>
<tr><th colspan="10">심사 계획서</th></tr>
<tr><td>조직명</td><td colspan="9">ooo 사업장</td></tr>
<tr><td>심사 대상 부서</td><td colspan="9">ooo 사업장 생산팀, 공무팀, 구매팀...</td></tr>
<tr><td>심사 목적</td><td colspan="9">EnMS 수준(적합성, 유효성, 이행성) 평가</td></tr>
<tr><td>심사 기간</td><td colspan="9">2012. 1. 10 ~ 2012. 1. 11(2일간)</td></tr>
<tr><td rowspan="4">심사원</td><td>성명</td><td>부서</td><td>직급</td><td>역할</td><td>성명</td><td>부서</td><td>직급</td><td>역할</td><td>비고</td></tr>
<tr><td></td><td></td><td></td><td></td><td></td><td></td><td></td><td></td><td></td></tr>
<tr><td></td><td></td><td></td><td></td><td></td><td></td><td></td><td></td><td></td></tr>
<tr><td></td><td></td><td></td><td></td><td></td><td></td><td></td><td></td><td></td></tr>
<tr><td>별 첨</td><td colspan="9">심사 일정계획서 1부.</td></tr>
</table>

<table>
<tr><th colspan="10">심사 일정계획서</th></tr>
<tr><td>조직명</td><td colspan="9">ooo 사업장</td></tr>
<tr><td>심사 대상 부서</td><td colspan="9">ooo 사업장 생산팀, 공무팀, 구매팀...</td></tr>
<tr><td>심사 목적</td><td colspan="9">EnMS 수준(적합성, 유효성, 이행성) 평가</td></tr>
<tr><td>심사 기간</td><td colspan="9">2012. 1. 10 ~ 2012. 1. 11(2일간)</td></tr>
<tr><td rowspan="2">표준 조항</td><td rowspan="2" colspan="2">요구사항</td><td colspan="7">심사 대상 부서</td></tr>
<tr><td>주관부서</td><td>생산 1팀</td><td>생산 2팀</td><td>동력팀</td><td>구매팀</td><td>보전팀</td><td>비고</td></tr>
<tr><td>4.1</td><td colspan="2">일반요구사항</td><td>o</td><td>o</td><td>o</td><td>o</td><td>o</td><td>o</td><td></td></tr>
<tr><td>4.2</td><td colspan="2">경영책임</td><td>o</td><td></td><td></td><td></td><td></td><td></td><td></td></tr>
<tr><td>4.3</td><td colspan="2">에너지방침</td><td>o</td><td></td><td></td><td></td><td></td><td></td><td></td></tr>
<tr><td rowspan="6">4.4</td><td rowspan="6">에너지 기획</td><td>4.4.1 일반사항</td><td>o</td><td>o</td><td>o</td><td>o</td><td>o</td><td>o</td><td></td></tr>
<tr><td>4.4.2 법규</td><td>o</td><td>o</td><td>o</td><td>o</td><td></td><td>o</td><td></td></tr>
<tr><td>4.4.3 에너지검토</td><td>o</td><td>o</td><td>o</td><td>o</td><td></td><td></td><td></td></tr>
<tr><td>4.4.4 베이스라인</td><td>o</td><td>o</td><td>o</td><td></td><td></td><td>o</td><td></td></tr>
<tr><td>4.4.5 EnPI</td><td>o</td><td>o</td><td>o</td><td>o</td><td>o</td><td>o</td><td></td></tr>
<tr><td>4.4.6 목표/세부 목표</td><td>o</td><td>o</td><td>o</td><td>o</td><td>o</td><td>o</td><td></td></tr>
<tr><td>4.5</td><td colspan="2">실행 및 운영</td><td>o</td><td>o</td><td></td><td></td><td></td><td></td><td></td></tr>
</table>

[표 4-46] 심사/평가 체크리스트

평가 항목		점수	내용
경영책임 (80)	에너지경영 성과	40/20/10	"에너지경영 성과 항목" 을 포함하고 그 결과에 따라 인센티브 (성과급, 포상)제공 (전 부서 대상 40, 주요 부서대상 20, 일부 부서 대상 10)
	경영대리인 임명의 적정성	20/10/5	에너지경영 책임자는 그 책임 및 역할 수행이 적격한 자이어야 함 (임원급 20, 부서장급 10, 책임자급 5)
	에너지경영팀 구성 및 운영의 적정성	20/10/5	전 부서의 실무책임자로 구성, 월 1회 이상 개최(20) 주요 부서의 실무책임자로 구성, 분기 1회 이상 개최(10) 일부 부서의 실무책임자로 구성, 반기 1회 이상 개최(5)
에너지 기획 (120)	에너지검토 수준	40/20/10	o 모든 공정 및 대부분 설비까지 세분화된 주요 에너지원별 흐름도 (에너지맵) 작성(40) o 모든 공정 및 주요 설비에 대하여 주요 에너지원별 흐름도(에너지맵) 작성(20) o 주요 공정 및 설비에 대하여 주요 에너지원별 흐름도(에너지맵) 작성(10)
	에너지검토 주기	20/10/5	분기 1회 이상(20), 반기 1회 이상(10), 연 1회(5)
	에너지와 관련 온실가스 감축 활동	20/10/5	o 온실가스 인벤토리 구축과 온실가스 감축 목표(20) o 온실가스 인벤토리 구축 또는 온실가스 감축 목표 등록(10) o 온실가스 배출량 관리(5)
	에너지 목표 및 세부목표 수립	40/20/10	o 모든 부서(기능)별 목표 수립 및 전사적 실행(40) o 주요 부서(기능)별 목표 수립 및 실행에 대부분 참여(20) o 주요 부서(기능)별 목표 수립 및 실행에 일부만 참여(10) • EnPI(에너지성과지표)로 설정, 단기 및 중장기 목표(3년 ~ 5년) 설정 운영
실행 및 운영 (100)	장비 및 설비 운영 수준	30/15/8	o 모든 장비, 설비에 대한(30), 주요 장비, 설비에 대한(15), 일부 장비, 설비에 대한(8) o 체계적인 에너지경영시스템 구축 및 운영 • 에너지관리 공정도 작성 및 활용 필요)
	개선 과제 선정 및 수행 수준	30/15/8	모든 부서별(30), 주요 부서만(15), 일부 부서만(8) 개선 과제 발굴/ 선정 및 수행
	체계적인 실행 및 운영 수준	40/20/10	"에너지 측면 분석/목표 및 세부목표/개선과제/ 관리 항목/점검 주기" 실행 및 운영이 체계적으로 연계되어 실행(40), 부분적 연계 실행(20), 단속적으로 일부만 실행(10)
점검 및 평가 (100)	모니터링 및 측정 결과 분석/활용	40/20/10	모든 공정내 대부분 설비에서 에너지데이터 수집 및 통계툴을 활용한 시간단위 분석, 해당 기능별(부서) 정보 활용(40), 주요 설비에서 일일단위 분석, 해당 기능별(부서) 정보 활용(20), 일부 설비에서 단순통계 분석, 해당 부서(기능별) 정보 활용(10)
	EnPI 관리 및 부서간 비교	40/20/10	모든 부서(기능)별(40), 주요 부서(기능)별(20), 일부 부서(기능)별(10) • EnPI 달성도의 연도별, 기간별 비교
	경영검토 주기 및 해당 결과 관리	20/10/5	최고 경영자는 경영검토를 월 1회 이상(20), 분기 1회 이상(10), 반기 1회 이상(5) 실시하고, 검토된 결과에 따라 에너지 목표, 세부목표 및 에너지성과 달성도를 평가 및 조치 수행

<table>
<tr><th colspan="2">평가 항목</th><th>점수</th><th>내용</th></tr>
<tr><td rowspan="3">에너지
성과
(300)</td><td>에너지원단위
개선도</td><td>100/70/ 10</td><td>o 사업장 에너지 원단위가 전년 대비 4% 이상 개선 또는 직전 2년전 대비 8% 이상 개선, 또는 사업장 에너지원단위가 동종업계 세계 최고 수준 (100)
o 전년 대비 3% 이상 개선 또는 직전 2년전 대비 6% 이상 개선(70)
o 사업장 에너지원단위가 전년대비 2% 이상 개선 또는 직전 2년전 대비 4% 이상 개선(10)</td></tr>
<tr><td>에너지 절감량</td><td>100/70/ 10</td><td>"사업장 전체 에너지 사용량"의 4% 이상 또는 "2개 년간 사업장 전체 에너지사용량"의 4% 이상(100), 3% 이상 또는 2개 년간 3% 이상(70), 2% 이상 또는 2개 년간 2% 이상(10)</td></tr>
<tr><td>친에너지 장비, 설비 및 시스템의 구매 실적</td><td>100/70/10</td><td>최근 1년간 설계 및 구매 절체에 의하여 친에너지 장비, 설비 및 시스템을 구매한 실적이 90% 이상(100), 70% 이상(70%), 50% 이상(10)</td></tr>
</table>

o 내부심사 결과 요약(표 4-47) 및 결과보고서(그림 4-43)

[표 4-47] 내부심사 결과 요약

NO	부서명	담당자	심사자	요건번호	지적 사항	시정 및 예방 대책
1	A팀	ooo	xxx	4.4.2	현재 에너지원이 누락되어 있음	에너지 설비 리스를 통한 에너지원 파악과 기록 관리
2	A팀	ooo	xxx	4.4.3	구매 시 고효율기기 구매 입증 부족	고효율기기 구매 현황 리스트 작성
3	A팀	ooo	xxx	4.5.7	에너지 검토시에 중요 에너지 이용에 대한 설비, 인원파악이 미비	에너지 검토 규칙 준수 및 에너지 공정 작업자 영향 파악
4	B팀	ooo	xxx	4.4.6	현재 부서 사용하는 에너지원 파악 미비	에너지 설비 리스를 통한 에너지원 파악과 기록 관리
5	B팀	ooo	xxx	4.5.2	에너지 목표 및 세부 목표 설정 근거 미비	목표 수립 절차 운영 규정 재검토 및 재 수립
6	C팀	ooo	xxx	4.6.2	모니터링의 주기적 검토 자료 미비	모니터링 주기 및 표준 반기별 점검/보완
7	C팀	ooo	xxx	4.5.2	구매 시 고효율기기 구입 입증 부족	고효율기기 구매 현황 리스트 작성
8	D팀	ooo	xxx	4.6.2	현재 부서 사용하는 에너지원 파악 미비	에너지 설비 리스를 통한 에너지원 파악과 기록 관리

2011년 EnMS 내부심사 결과 보고서

1. 목적

EnMS(ISO 50001) 요건에 근거하여 내부심사를 실시함으로서 적절한 운영 관리 확인 및 부적합 및 권고 부분의 개선방향을 도출하여 보완하고 지속적인 개선이 이루어지도록 검토하고자 함.

2. 내부심사 개요

1) 심사 일정: 12. 1. 6 ~ 12. 1. 8(3일간)

2) 심사 규격: ISO 50001 요구사항의 부합여부

3) 심사 범위: oo 사업장 주관 부서/운영 부서

4) 심사 부서 및 세부 일정

구분			심사팀장(ooo)			비고
			A팀(ooo)	B팀(ooo)	C팀(ooo)	
심사 부서 및 일정	1/6	9:00~11:30	심사자 교육			시작 회의
		13:30~16:00	제조1P	기술G1	설비G	
	1/7	9:00~11:30	제조2P	기술G2	유틸리티G	
		13:30~16:00	제조3P	기술G3	전기G	
	1/8	9:00~11:30	에너지P(주관부서 심사)			종료 회의
			심사자: ooo, ooo, ooo			

5) 심사 인력

구분	성명	직책	경력 및 자격
심사팀장	ooo	Part 장	에너지 부문 경력 20년
심사원	ooo	부서/차장	환경/안전 20년
심사원	ooo	부서/차장	에너지 부문 경력 10년
심사원	ooo	부서/과장	에너지 부문 경력 5년
심사원	ooo	부서/과장	ISO 심사원보 2년
심사원	ooo	부서/대리	온실가스 실무 2년
심사원	ooo	부서/대리	에너지 실무 2년
심사원	ooo	부서/사원	EnMS 실무자 2년

6) 심사 결과 요약

- 심사 부서 A: 부적합 사항 10건, 권고사항 5건
- 심사 부서 B: 부적합 5건, 권고사항 8건

7) 부적합 권고사항 세부 내용

8) 향후 개선 및 추진 계획

(14) 경영검토

표준의 요구사항으로 최고경영자는 지속적인 적절성, 충족성 및 효과성을 보장하기 위하여, 계획된 주기로 조직의 EnMS를 검토하여야 하며 경영검토에 관한 기록은 유지되어야 한다.

① 경영검토 수행방안

표준 요구사항으로 에너지경영시스템에 대하여 계획된 주기로 검토하도록 요구하고 있으며, 최고경영자는 경영검토를 통하여 에너지방침, 목표, 에너지성과 및 EnPIs, 세부목표 및 실행계획, EnMS 심사 및 이에 따른 시정조치 및 예방조치 등에 대한 종합적인 사항을 파악함이 필요하다.

일반적으로 내부심사를 실시한 후 경영검토를 수행하며 최소 연 1회 이상 내부심사 후 실시한다.

경영검토에 관한 기록은 주관부서에서 경영검토 시 개선, 보완, 수정 등을 요구하는 사항에 대한 조치를 완료하고, 그 결과는 추후 필요에 따라 활용이 가능하도록 5년을 보존기간(목표관리제 관리업체 이행계획의 수립에 대한 기간과 동일한 기간)으로 한다.

② 경영검토 시행 결과

경영검토 주기는 최소 연 1회로 내부심사 결과보고 후 시정 및 예방조치 결과를 포함한 경영검토 중요 내용(경영입력)에 대하여 최고경영자 검토가 이루어진다.

에너지경영시스템 구축 및 내부심사 결과에 대한 시정 및 예방조치 결과 보고 시에 에너지경영시스템 구축현황을 포함한 요구사항에 대한 경영검토를 시행하고 조치 필요사항을 경영검토결과로 도출한다.

③ 경영검토 시행결과 예시

그림 4-44의 내용은 경영검토 시행결과에 대한 예시로 경영검토 시행내역의 작성 및 최근 경영검토 기록과 경영검토 결과 작성 방법에 대한 내용의 예를 제시하고 있다.

1. 경영검토 시행내역

-경영검토 주기: 연 1회 이상 (월 1회)

일시	참석자	경영검토 내용 및 결과
00년00월00일	대표이사, 공장장, 담당임원, 부서장, 팀장	o 에너지 목표 및 방침 확정 o 전사적 EnMS 추진방침 발표
00년00월00일	공장장, 부서장, 팀장	o 계측기 관리절차 및 기준 수립
00년00월00일	공장장, 부서장, 팀장	o 중요에너지이용 부문에 대한 에너지 효율화 기본 방향 설정

2. 최근 경영검토 기록

a. 개요 (일시, 장소, 참석자)

- 일시: 2011년 08월 10일
- 장소: A2동 EnMS 회의
- 참석자: 에너지경영책임자(공장장), 주관부서장(에너지팀장), 각 부서장(인사, 총무, 생산, 환경 등)

b. 경영검토 결과

- 주요 추진이력: 별도 추진이력서
- 2011년 목표 및 실적: 목표/실적 성과 비교표
- 에너지 경영성과 목표달성도 평가 결과: 별도 자료
- 개선필요 사항 및 향후 추진계획: 별도 자료
- 검토결과 최고경영자 주요 지시 사항: 별도 자료

[그림 4-44] 경영검토 예시

제5장

녹색경영시스템

에너지경영시스템은 최근 우리나라에서 주도적으로 추진하고 있는 녹색경영시스템(GMS: Green Management System)과 밀접한 관계에 있다. 에너지 효율성을 추구하는 배경에는 자원소비를 절감하여 지구 환경을 보전하자는 취지 외에도 온실가스 배출 저감을 통해 지구온난화를 방지하자는 중요한 이유가 있기 때문이다. 이에 따라 본 장에서는 에너지경영시스템과 불가분의 관계에 있는 녹색경영시스템에 대해 살펴보고자 한다.

5.1 녹색경영시스템 인증제도

5.1.1 추진배경

우리나라에서 GMS 인증을 추진하게 된 배경에는 여러 가지 이유가 있지만, 무엇보다도 환경경영시스템 인증(ISO 14001)을 대체할 만한 국제적 인증표준을 선점하고자 하는 의지가 뒷받침되고 있다. 이는 2020년까지 세계 7대, 2050년까지 세계 5대 녹색 강국에 진입한다는 '녹색성장 국가전략'의 일환으로 녹색산업육성을 위한 녹색경영체제 인증이 도입된 것이다. 법적 배경을 보면, '녹색성장기본법'의 '환경친화적 산업구조로의 전환촉진에 관한 법률' 일부를 개정하여 16조(녹색경영체제의 인증 등)와 17조(녹색경영체제인증의 신뢰성 제고 및 확산)를 추가함으로써 그 근거가 마련되었다.

이에 따라 2009년 9월 GMS 인증 도입 방안을 검토한 후, 전문가의 의견 수렴 절차를 거쳐 세부 운영방안을 마련하였고, 2009년 12월부터 '녹색경영체제 인증제도 도입 및 확산 기반 구축 사업'을 시작하여 GMS 시범 인증을 시행하였다. '저탄소 녹색성장 기본법'에서 정의한 '환경경영체제 인증'의 '녹색경영체제 인증'으로의 전환이 법 공포 18개월 후부터 시행하도록 규정함에 따라 2011년 7월부터 본격적으로 GMS 인증을 시행하게 되었다.

GMS 인증제도 수립의 필요성은 크게 네 가지 측면에서 살펴볼 수 있다. 첫째, 지구온난화와 기후변화라는 지구의 위기를 인식하고, 그 주범으로 지목되는 온실가스가 모든 조직의 활동에서 배출되는 것을 제도적으로 줄일 필요성이 제기되었다. 둘째, 기후변화협약(UNFCCC)에서 시작하여 교토의정서, 발리로드맵 등으로 이어져온 국제적인 온실가스 감축 노력과 규제에 선제적으로 대응할 필요성이 대두되었다. 셋째, 유럽에서 퍼지기 시작한 전 세계적인 불황과 경기 침체를 극복하고 수출 강국으로서의 입지를 다지기 위한 신성장동력을 창출할 필요성이 절실히 다가왔다. 넷째, 2008년 광복절 기념사에서 천명한 '저탄소 녹색성장' 이라는 시대적 사명을 완수하기 위해 녹색경영을 널리 전파하고 활성화하기 위한 제도적 장치가 필요했다.

물론 GMS 인증이 국제표준으로 채택된다는 보장은 없지만, 여러 환경 이슈 중에서도 가장 시급하다고 여겨지는 지구온난화 문제를 ISO 14001보다 직접적으로 다룬다는 측면에서 부각될 만한 것이다. ISO 14064에서 온실가스 관리를 다루고 있기 때문에, 보다 차별화 된 인증 시스템을 정착시키고 확산시키지 못한다면 국제사회에서 외면당할 우려도 없지 않다.

GMS 인증의 철학은 '녹색성장기본법' 제2조 7항에 있는 녹색경영의 개념에서 찾아볼 수 있는데, '기업이 경영활동에서 ①자원과 에너지를 절약하고 효율적으로 이용하며 ②온실가스 배출 및 ③환경오염의 발생을 최소화하면서 ④사회적, 윤리적 책임을 다하는 경영' 으로 정의되어 있다. 이에 따라 GMS 인증 요구사항은 그림 5-1과 같이 환경경영시스템, 에너지경영시스템, 온실가스 관리, 사회적 책임 등 네 개의 축으로 구성된다. 이러한 요구사항에 녹색성과 평가기준을 추가하여 전체적인 GMS 인증 규격이 탄생하게 되었다.

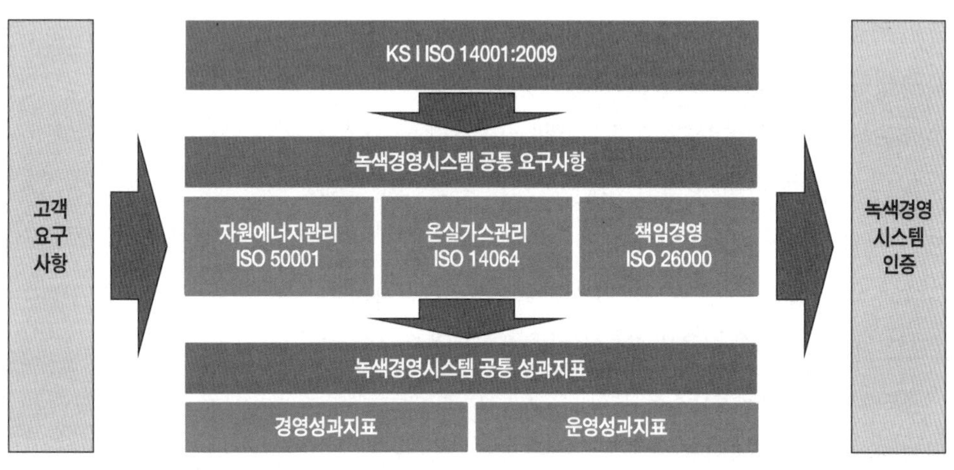

[그림 5-1] 녹색경영시스템 인증 규격 구성

또한 GMS가 추구하는 바는 그림 5-2에 나타난 바와 같이 제품의 설계-생산-수송-사용-폐기에 이르는 전-과정(life cycle)의 모든 활동을 녹색화하여 녹색경영 철학을 구현하고자 하는 것이다.

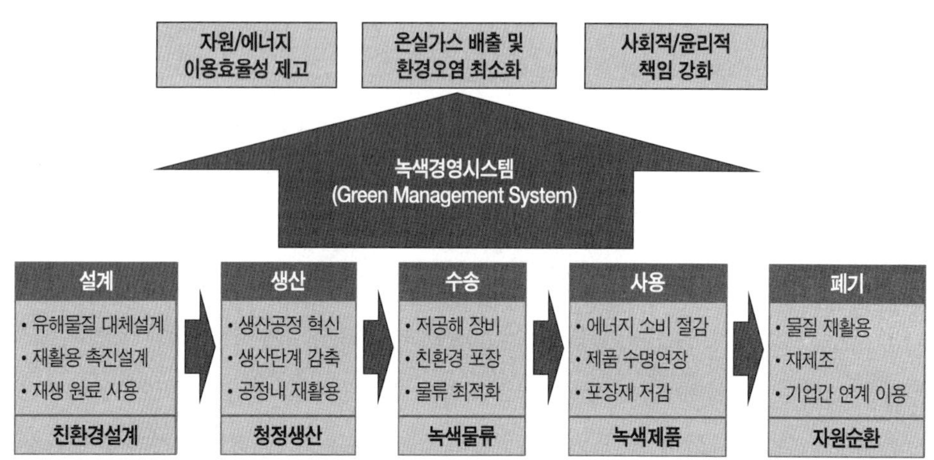

[그림 5-2] 녹색경영시스템의 목적

GMS 인증 규격서(MOD KS I ISO 14001:2010)에 따르면, GMS 표준의 목표는 다음과 같다.

① 녹색경영을 위한 효과적이고 효율적인 시스템 구축

② 요구사항의 이해 및 부가가치 프로세스의 실행

③ 녹색성장을 위한 비용 절감, 효율 개선 및 녹색 영향 완화

④ 전 직원의 녹색경영에 대한 이해 및 참여 유도

⑤ 효과적이고 실질적인 녹색경영 성과의 달성 및 성과지표 관리

⑥ 프로세스 성과 및 효과성에 대한 지속적 개선

⑦ 조직 내·외부의 의사소통 향상

⑧ 고객-공급자 관계의 증진

5.1.2 인증제도

GMS 인증제도는 지식경제부가 주도하여 인정기관(한국인정원), 인증기관, 심사원 자격인증기관, 연수기관이 참여하고 있다. 지식경제부는 GMS 인증제도를 수립하고 그 운영을 총괄하며, 한국인정원(KAB)은 인증기관과 심사원자격인증기관을 지정하고 관리한다. 심사원자격인증기관은 연수기관을 지정하고 관리하며, 인증심사원 자격을 인증하고 등록을 관리한다. 인증기관은 GMS 인증을 신청한 조직에 대하여 문서심사와 현장심사를 수행하여 인증심사기준에 적합하다고 판단되는 경우 인증서를 발행한다. 그림 5-3은 GMS 인증제도의 전체적인 운영체계를 나타낸 것이다.

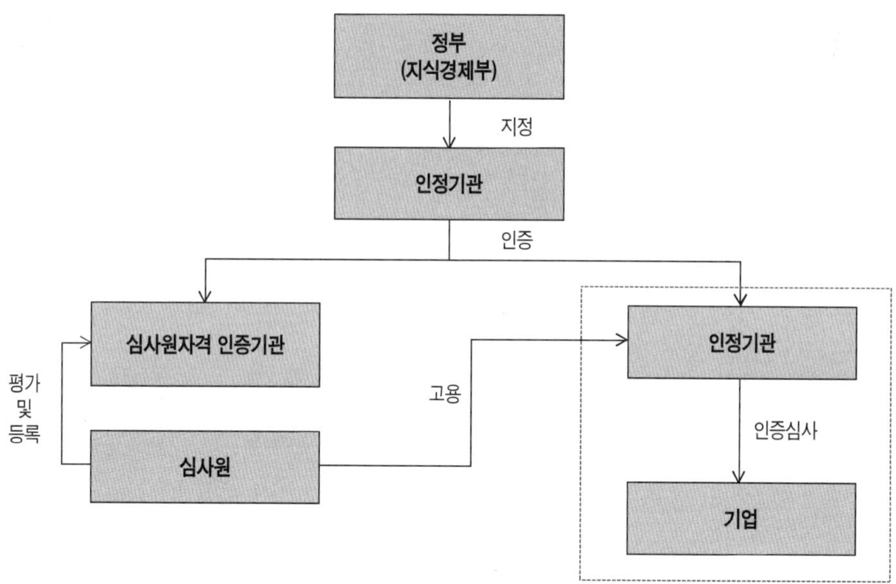

[그림 5-3] 녹색경영시스템 인증제도 운영체계

5.1.3 인증절차

GMS 인증은 인증을 받고자 하는 조직이 인증을 신청하면, 인증기관에서 심사팀을 구성하여 예비방문(필요시), 1단계심사(서류심사), 2단계심사(현장심사) 등을 수행한 후, 인증심의위원회의 심의를 거쳐 발급 여부가 결정된다. 1단계심사(서류심사)에서는 녹색경영매뉴얼과 절차서 등을 위주로 심사하며, 심사팀은 수정 및 보완을 요구할 수 있고 수정 · 보완된 서류는 재심사하게 된다. 2단계심사(현장심사)에서는 녹색경영매뉴얼과 절차서 등에 나타난 내용이 현장에서 실제로 이행되고 있는지 확인하고, 필요시 시정조치를 요구하여 재심사할 수 있다. 인증심의위원회에서는 최종 인증 발급 여부를 결정하고, 3년의 유효기간을 갖는 인증서를 발급한다. 매년 1-2회의 사후관리 심사를 실시하고, 3년 마다 갱신 심사를 한다. 이러한 일련의 과정은 그림 5-4와 같이 나타낼 수 있다.

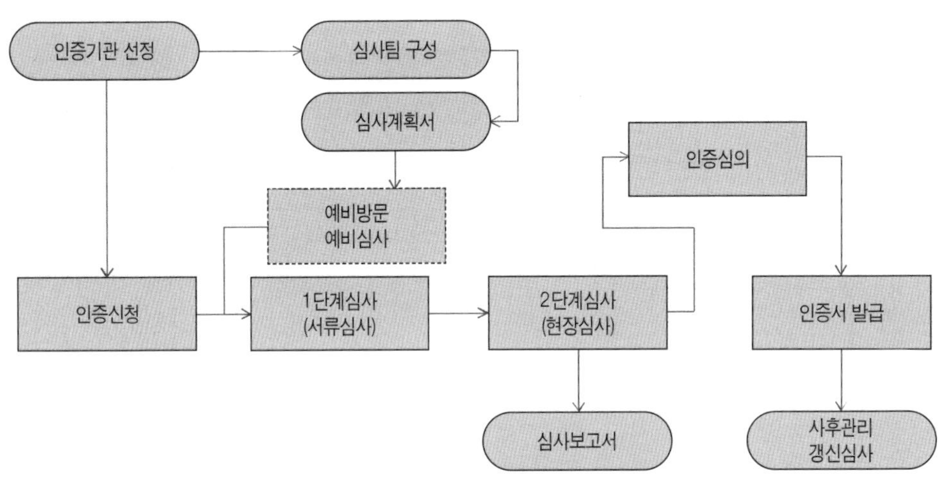

[그림 5-4] 녹색경영시스템 인증 절차

① 인증신청

GMS 인증을 신청할 때는 인증범위, 정보 제공 동의서, 조직의 일반적 사항, GMS 관련 활동에 대한 설명, GMS 표준 및 기준문서, 녹색경영매뉴얼 및 관련문서 등을 제출한다.

② 심사계획 수립

인증계약이 체결되면 인증기관은 심사일정을 수립하고, 심사를 수행할 심사팀을 구성하여 심사에 필요한 기초자료를 작성하게 한다.

③ 예비방문 및 예비심사(필요시)

필요시 심사팀은 예비방문을 실시하여 심사와 관련된 업무를 협의하고, 심사준비 상태를 확인할 수 있다, 또한 조직이 요청할 경우, 예비심사를 수행하여 조직의 GMS 적합성과 유효성을 사전에 점검해 줄 수 있다,

④ 1단계 심사(서류심사)

인증 심사팀은 녹색경영매뉴얼과 절차서 등 제출된 서류를 통하여 조직의 구조, 방침, 절차 등을 검토하고, 문서상으로 조직이 인증 요구조건을 충족시키고 있는지 여부를 확인한다.

⑤ 2단계 심사(현장심사)

인증 심사팀은 조직의 사업장을 방문하여 제출된 매뉴얼에 따라 GMS가 수행되고 있는지를 확인한다. 최고경영자와의 인터뷰를 통하여 녹색방침을 확인하고, 실무담당자와의 면담 및 업무 프로세스 관찰, 측정 등을 통하여 적합성을 확인한다. 심사팀은 부적절한 사항이 발견되면 부적합보고서를 통하여 시정을 요구하고 적절한 시정조치가 취해진 경우 인증심의위원회에 인증을 추천한다.

⑥ 인증심의

인증심의위원회는 심사팀이 제출한 심사보고서 등의 문서를 검토하여 대상 조직에 대한 GMS 인증 여부를 결정한다.

⑦ 인증서 발급

인증기관은 인증심의위원회의 결정에 따라 대상 조직에 대한 GMS 인증서를 발행한다. 인증서에는 조직의 명칭, GMS 인증 시 적용한 표준 및 기준문서, 활동, 제품 및 서비스의 범주, 인증의 발효일자 및 인증의 유효기간 등이 기재된다.

⑧ 사후관리 및 갱신 심사

사후관리 심사는 최소 연 1회 이상 실시하며, GMS의 유효성, 녹색방침의 이행, 내부심사와 경영검토에 따른 후속조치, 부적합사항에 대한 시정조치 등을 확인한다. 인증 유효기간은 3년이며, 만료 후에도 인증을 유지하고자 하는 조직은 갱신 심사를 받아야 한다.

5.1.4 인증효과

GMS 인증을 획득한 조직은 인증된 시스템 영역에 포함되는 문서, 송장, 광고 등에 인증표시, 인증기관명, 인증표준, 인증번호 등을 사용하여 인증을 받은 조직임을 홍보할 수 있으나, 인증표시나 인증기관 마크는 지정된 유효기간 내에서만 사용할 수 있다.

단, 생산한 제품에 인증표시, 인증기관명, 인증표준, 인증번호 등을 사용하여 인증기관이 제품에 대하여 인증을 한 것으로 오해하게 해서는 안 되지만, 생산한 제품의 포장에 인증기관명, 인증표준, 인증번호 등(인증 표시를 제외)을 사용하여 인증을 받은 자가 생산한 제품임을 홍보할 수는 있다.

5.1.5 요구사항 및 사용지침

GMS 표준은 제1부(요구사항 및 사용지침)와 제2부(녹색경영 성과평가) 표준으로 구성되어 있다. GMS 제1부(요구사항 및 사용지침) 표준은 KS I ISO 14001 EMS표준뿐만 아니라, 에너지경영시스템, 온실가스 관리, 사회적 책임 등 녹색경영의 주요 요소와 관련된 국제표준들을 기초로 하여 작성된 시스템 요구사항이다.

GMS 표준은 그림 5-1에 나타난 바와 같이 KS I ISO 14001 표준에서 규정하고 있는 EMS 요구사항을 기반으로 하여 녹색경영을 위해 필요한 요구사항을 추가로 규정한 것이다. 따라서 GMS 표준에 따른 적합성을 실증하기 위해서는 KS I ISO 14001 표준의 모든 요구사항을 만족하여야 하며, 추가로 에너지경영, 온실가스 관리, 사회적 책임 등에 관하여 별도로 요구하는 사항 또한 만족해야 한다.

(1) 용어와 정의

GMS 표준의 목적을 위하여 다음의 용어와 정의를 적용한다. 단, KS I ISO 14001 : 2009 및 KS Q ISO 9000:2009 에서 정의하고 있는 용어는 제외하고, 별도로 정의된 용어만 소개한다.

① 녹색경영(green management): 조직이 경영활동에서 자원과 에너지를 절약하고 효율적으로 이용하며 온실가스 배출 및 환경오염의 발생을 최소화하면서 사회적, 윤리적 책임을 다하는 경영

② 온실가스(greenhouse gas): 지구의 표면, 대기 및 구름에 의해 복사되는 적외선 스펙트럼 중 특정 파장에서 복사열을 흡수하고 방출하는 대기 중의 자연적인 또는 인위적인 가스 성분 (이산화탄소(CO_2), 메탄(CH_4), 아산화질소(N_2O), 수소불화탄소(HFCs), 과불화탄소(PFCs), 육불화황(SF_6) 등 포함)

③ 환경(environment): 공기, 물, 토양, 천연자원, 식물군(群), 동물군, 인간 및 이들 요소 간의 상호 관계를 포함하여 조직이 운영되는 주변여건(조직 내부에서부터 전 세계적인 시스템까지 확대)

④ 녹색경영측면(green management aspect): 자원 또는 에너지를 사용 및 생산하거나, 온실가스 배출 등을 통해 환경에 영향을 미치고, 또는 환경 분야 사회적 책임과 연관된 조직의 활동 또는 제품, 혹은 서비스 요소

⑤ 환경영향(environmental impact): 조직의 환경측면에 의해 전체적 또는 부분적으로 환경에 좋은 영향을 미치거나 나쁜 영향을 미칠 수 있는 모든 환경 변화

⑥ 녹색경영시스템(green management system): 녹색경영방침을 개발하여 실행하고 녹색경영측면을 관리하는 데 활용되는 조직의 경영시스템의 일부

⑦ 녹색경영목표(green management objective): 녹색경영방침과 일관성이 있고 조직이 달성하기 위해 스스로 설정한 종합적인 목적

⑧ 녹색경영성과(green management performance): 녹색경영측면에 대한 측정 가능한 조직 경영의 결과

⑨ 녹색경영방침(green management policy): 최고경영자에 의해 공식적으로 제시된 녹색 경영성과와 관련된 조직의 종합적인 의도 및 방향

⑩ 오염예방(prevention of pollution): 부정적인 환경영향을 감소시키기 위하여 어떠한 형태의 오염물질 또는 폐기물의 발생, 방출 또는 배출의 회피, 저감 또는 관리(분리 또는 조합하여)를 위한 프로세스, 관행, 기술, 재료, 제품, 서비스 또는 에너지의 활용

⑪ 환경분야 사회적 책임(environmental social responsibility): 조직의 의사결정이나 활동이 다음 사항들에 미치는 영향에 대한 조직의 책임으로서, 다음과 같은 투명하고 도의적인 활동

- 조직의 활동으로 인한 환경영향을 고려
- 이해관계자의 요구사항을 반영
- 적용되는 법규나 국제 행동규범을 준수
- 조직 전체에 통합되어 조직의 모든 관계(relationship)에서 실행됨

(2) GMS 요구사항

GMS 요구사항을 간략히 소개하면 다음과 같다.

① 일반 요구사항

- 녹색경영시스템 수립, 문서화, 실행, 유지 및 지속적 개선
- 요구사항 충족 방법 결정
- 조직의 녹색경영측면과 관련된 활동에서 다음의 원칙들을 존중하고 이행

- 책임의식: 법규 준수, 조직의 환경영향에 대한 책임 수용
- 사전 예방적 접근 방식: 조직의 활동 등으로 인한 피해를 미연에 방지/완화
- 리스크 관리: 조직의 활동 등으로 인한 피해 평가, 지속가능성을 고려한 리스크 관리 프로그램 실행
- 원인제공자 부담: 조직의 활동 등으로 인해 발생한 환경 부담, 개선 조치, 환경오염 발생량 등에 따라 소요되는 비용 지불

② 녹색경영방침

- 최고경영자는 녹색경영방침이 다음과 같음을 보장

- 조직의 활동 등이 환경, 자원, 에너지, 온실가스, 환경분야 사회적 책임에 대한 영향에 적합
- 지속적인 녹색경영성과 개선에 대한 의지
- 녹색경영측면 관련 법규 및 조직이 동의한 요구사항 준수 의지
- 녹색경영목표 및 녹색경영세부목표를 설정하고 검토하기 위한 틀 제공
- 문서화되어 실행되고 유지
- 업무를 수행하는 모든 인원에게 의사소통
- 일반 대중이 접할 수 있을 것

- 최고경영자는 녹색경영방침을 정기적으로 검토, 필요시 개정

③ 기획

- 녹색경영측면

- 조직 활동 등의 녹색경영측면을 파악하는 절차와 중대한 녹색경영측면을 결정하는 절차 수립, 실행 및 유지
- 이러한 정보를 문서화하고 최신의 정보로 유지
- 녹색경영시스템을 수립, 실행 및 유지할 때 중대한 녹색경영측면이 고려된다는 것을 보장

- 법규 및 그 밖의 요구사항

- 법규 및 조직이 준수하기로 동의한 요구사항 이해/존중, 이를 파악하고 활용하기 위한 절차와 녹색경영측면에 요구사항을 적용할 방법을 결정하기 위한 절차 수립/실행/유지
- 녹색경영시스템을 수립/실행/유지할 때, 법규 및 요구사항이 고려됨을 보장

- 목표, 세부목표 및 추진계획

- 내부의 관련기능과 계층별로 문서화된 녹색경영목표 및 녹색경영세부목표 수립/실행/유지
- 녹색경영목표/세부목표는 측정가능하고 녹색경영방침과 일관성 유지
- 녹색경영목표/세부목표 수립/검토 시, 법규 및 요구사항, 중대한 녹색경영측면, 녹색경

영성과지표 등 고려: 조직의 기술적 대안과 조직의 재정적, 운영적 및 사업상의 요구사항, 이해관계자의 견해 등 고려

– 녹색경영목표/세부목표 달성을 위한 추진계획(책임, 수단, 일정 등 포함) 수립/실행/유지

④ 실행 및 운영

• 자원, 역할, 책임 및 권한

– 최고경영자는 GMS 수립/실행/유지/개선을 위해 필수적인 자원(인적 자원과 특수기능, 내부 기반구조, 기술 및 재정자원 등)의 가용성을 보장

– 녹색경영의 효과적 추진을 위한 역할/책임/권한 등 규정/문서화/의사소통

– GMS 수립/실행/유지 등을 보장하고 GMS 성과를 보고하는 역할/책임/권한을 갖는 경영대리인(들)을 지명

• 적격성, 교육훈련 및 인식

– 중대한 녹색경영측면의 잠재적 원인이 될 수 있는 업무를 수행하는 모든 인원이 적절한 교육/훈련/경험에 근거하여 적격함을 보장, 관련기록 보유

– 녹색경영 측면 및 GMS에 연계되는 교육훈련의 필요성 파악, 교육훈련을 제공하거나 그 밖의 조치를 취하고 관련 기록 보유

– 업무를 수행하는 인원이 다음 사항을 인식하기 위한 절차 수립/실행/유지

ⓐ 녹색경영방침 및 절차, GMS 요구사항에 대한 적합의 중요성

ⓑ 업무와 연관된 중대한 녹색경영측면 및 관련된 실제적/잠재적 영향, 개인적 녹색경영성과 개선에 의한 이득

ⓒ GMS 요구사항에 적합함을 달성하기 위한 역할 및 책임

ⓓ 규정된 절차로부터 벗어날 때의 잠재적 결과

• 의사소통

– 녹색경영측면 및 GMS와 관련하여 다음에 대한 절차 수립/실행/유지

ⓐ 조직 내 여러 계층과 기능 간의 내부 의사소통

ⓑ 외부 이해관계자와의 적절한 의사소통을 위한 접수, 문서화 및 회신

- 의사소통 절차는 업무를 수행하는 직원들이 녹색경영성과 개선프로세스를 인식 및 이해하고 참여함을 보장
- 조직의 중대한 녹색경영측면에 대해 외부와 의사소통 여부 결정 및 문서화, 외부 의사소통 절차 수립 및 실행, 녹색경영에 영향을 미칠 수 있는 외부 이해관계자 식별, 의사소통 방법 수립 및 실행

• 문서화

- 녹색경영방침, 녹색경영목표 및 녹색경영세부목표
- GMS 적용범위 기술
- GMS의 주요 구성요소, 상호관계 및 관련 문서의 참조에 대한 기술
- 이 표준에서 요구하는 문서 (기록 포함)
- 중대한 녹색경영측면 관련 프로세스의 효과적인 기획/운영/관리를 보장하기 위해 조직에서 필요하다고 결정한 문서 (기록 포함)

• 문서관리

- 녹색경영시스템 및 이 표준에서 요구하는 문서 관리 (기록 포함)
- 다음에 대한 절차 수립/실행/유지

ⓐ 문서를 발행하기 전 충족함 승인
ⓑ 문서의 검토 및 필요 시 갱신, 재승인
ⓒ 문서의 변경 및 최신 개정 상태의 식별 보장
ⓓ 적용되는 문서가 사용되는 장소에서 이용 가능함 보장
ⓔ 문서가 읽을 수 있게 유지되고 쉽게 식별됨 보장
ⓕ 외부출처 문서의 식별 및 배포 관리 보장
ⓖ 효력이 상실된 문서의 의도되지 않은 사용 방지

• 운영관리

- 다음 사항들의 실행을 통해 중대한 녹색경영측면과 연계된 조직의 운영사항을 파악하고 계획

ⓐ 문서화된 절차 수립/실행/유지
ⓑ 절차서에 운영기준 명시

ⓒ 중대한 녹색경영측면에 관련된 절차 수립/실행/유지, 공급자(계약자 포함)에게 적용되는 절차 및 요구사항 의사소통

– 설계 및 개발활동과 구매활동 등 포함

• 비상사태 대비 및 대응

– 잠재적 비상상황 및 잠재적 사고 파악 및 대응 절차 수립/실행/유지

– 실제 비상상황 및 사고에 대응, 부정적인 영향 예방/완화

– 비상사태 대비/대응 절차 주기적 검토/개정

– 비상사태 대비/대응 절차 주기적 시험

⑤ 점검

• 모니터링 및 측정

– 조직 운영의 주요 특성을 녹색경영성과지표로 선정, 정량화 정보를 정기적으로 모니터링 및 측정하기 위한 절차 수립/실행/유지

– 절차에는 성과, 운영관리, 녹색경영목표/세부목표와의 적합성을 모니터링하기 위한 정보의 문서화 포함

– 교정 또는 검증된 모니터링장비/측정장비 사용/유지 보장, 기록 보유

• 준수평가

– 법규 요구사항의 준수여부 주기적 평가 절차 수립/실행/유지 및 평가 결과 기록 유지

– 요구사항 준수여부를 평가 및 평가 결과 기록 유지

• 부적합, 시정조치 및 예방조치

– 잠재적 부적합, 시정조치/예방조치를 절차 수립/실행/유지

ⓐ 부적합의 식별 및 시정, 부정적 영향 완화조치 실행

ⓑ 부적합 조사, 원인규명 및 재발방지 조치 실행

ⓒ 부적합 예방조치 필요성 평가 및 부적합 발생 방지조치 실행

ⓓ 취해진 시정조치 및 예방조치의 결과에 대한 기록

ⓔ 취해진 시정조치 및 예방조치의 효과성 검토

– 문제의 크기 및 직면한 환경, 자원, 에너지, 온실가스 및 환경분야 사회적 책임에 미치는 영향에 적절하게 조치

- GMS 문서에 필요한 변경 조치 보장

• 기록관리

- GMS 요구사항에 대한 적합성 및 달성결과 실증 기록 작성/유지
- 기록의 식별, 보관, 보호, 검색, 보유 및 폐기에 대한 절차 수립/실행/유지
- 기록은 읽을 수 있고, 식별/추적 가능

• 내부심사

- GMS에 대한 내부심사가 계획된 주기에 따라 수행됨을 보장

ⓐ GMS가 요구사항 및 계획된 결정사항에 적합하고 적절하게 실행/유지되는지 결정

ⓑ 경영자에게 심사결과에 대한 정보제공

- 심사 프로그램은 녹색경영상 중요성 및 이전 심사결과를 고려하여 계획/수립/실행/유지
- 심사절차 수립/실행/ 유지 (심사기획, 심사수행, 결과보고, 기록보유에 대한 책임 및 요구사항 심사기준, 적용범위, 주기 및 방법의 결정 등)
- 심사 프로세스의 객관성과 공정성 보장 (심사원 선정, 심사 수행 시)

⑥ 경영검토

• 최고경영자는 계획된 주기로 녹색경영시스템 검토 (개선을 위한 기회평가, 녹색경영방침, GMS에 대한 변경 필요성 등) 및 기록 보유

• 경영검토 입력

ⓐ 내부심사 결과와 법규 요구사항 등에 대한 준수평가 결과

ⓑ 불만사항 등 외부 이해관계자와의 의사소통

ⓒ 조직의 녹색경영성과

ⓓ 녹색경영목표 및 녹색경영세부목표 달성 정도

ⓔ 시정조치 및 예방조치의 현황

ⓕ 이전 경영검토의 후속 조치

ⓖ 녹색경영측면과 관련 법규 및 요구사항의 변경 등 변화하는 주변여건

ⓗ 개선을 위한 제언

• 경영검토의 출력에는 지속적 개선 의지와 일관된 녹색경영방침, 녹색경영목표 및 GMS 기타 요소의 가능한 변경에 관련된 결정과 조치 포함

5.1.6 녹색경영 성과평가

(1) 성과평가 개요

GMS 제2부(녹색경영 성과평가) 표준은 GMS 제1부(요구사항 및 사용지침) 표준 요구사항의 실행 수준을 측정하고 녹색경영 성과를 평가하기 위한 녹색경영 성과 측정지표를 규정하고 있다. 녹색경영 성과평가는 조직이 정해진 기준을 준수하고 있는지를 결정하기 위하여, 믿을 수 있고 검증 가능한 현행 정보를 경영자에게 제공하기 위한 절차/기법이다.

GMS를 운영하는 조직은 녹색경영방침, 녹색경영목표 및 녹색경영 세부목표, 녹색경영 성과기준 등에 비추어 녹색경영 성과를 평가하여야 하며, 평가 결과는 다음과 같이 활용될 수 있다.

- 조직이 측정 가능한 지표 선정 및 관리
- 조직의 자체적인 녹색경영 성과수준 평가
- 벤치마킹
- 녹색경영성과지표를 활용한 지속적 개선

조직의 GMS 적합성을 입증하기 위해서는 GMS 제1부 (요구사항 및 사용지침) 표준 뿐 아니라 제2부(녹색경영 성과평가) 표준의 요구사항 또한 만족해야 한다. 조직의 녹색성과지표는 표 5-1에 규정된 공통 필수지표와 표 5-2와 표 5-3에 규정된 업종에 따른 필수지표를 포함해야 하며, 조직의 의도와 목적에 따라 별도의 지표를 추가할 수 있다. 성과지표에 관한 조직의 책임은 다음과 같다.

① 성과지표 관련 데이터를 수집하고 유효성을 확인하여 성과지표 관리기관에게 제출

② 인증범위가 변경되는 경우, 변경된 범위에 대한 성과지표 데이터 제공

③ 내부성과지표와 업계 벤치마킹 결과를 비교하여 제품/프로세스 개선 조치

④ 제출된 데이터의 오류가 발견되는 경우, 수정데이터를 다시 제출

[표 5-1] 공통 필수지표 및 업종별 필수지표

구분	경영성과지표(MPI)	운영성과지표(OPI)
공통 필수지표	M1-1-1 녹색목표 수립율 M1-1-2 녹색목표 달성율 M1-2-1 MRO 제품에 대한 녹색구매 비율 M1-3-1 원 · 부자재에 대한 녹색구매 비율 M1-4-1 녹색제품 투자 비율 M1-5-1 녹색제품 비율 M1-6-1 녹색제품 매출액 비율 M1-7-1 교육훈련시간 M1-8-1 의견 및 이의제기 M1-9-1 법규 준수 M1-10-1 제품 · 서비스 공급 관련 법규준수 M1-11-1 녹색경영보고서 발간 주기	O1-1-1 에너지 사용량 O1-1-2 에너지 사용량 원단위 O1-2-1 직접온실가스 배출량 O1-2-2 직접온실가스 배출량 원단위 O1-3-1 간접온실가스 배출량 O1-3-2 간접온실가스 배출량 원단위 O1-4-1 용수 사용량 O1-4-2 용수 사용량 원단위
업종별 필수지표	M2-1-1 녹색공정 투자 비율	O2-1-1 원부자재 사용량 원단위 개선율 O2-2-1 폐기물발생량 원단위 O2-3-1 폐기물 재활용율 O2-4-1 대기오염물질 배출량 원단위 O2-5-1 수질오염물질 배출량 원단위 O2-6-1 유해화학물질 사용량 원단위

[표 5-2] 업종별 필수지표 전체 적용 업종

인증수행범위	인증수행범위	인증수행범위
02 광업 및 채석업	11 핵연료	18 기계 및 장비
03 식음료 및 담배	12 화학약품, 화학제품	19 전기 및 광학기기
04 섬유 및 섬유제품	13 의약품	20 선박
05 가죽 및 가죽제품	14 고무 및 플라스틱제품	21 항공
06 목재 및 목재제품	15 비금속 광물제품	22 기타 수송장비
07 펄프, 종이, 종이제품	16 콘크리트, 시멘트, 석회, 석고 등	23 기타 제조업
10 코크스제조 및 석유정제품	17 기초 금속 및 조립금속 제품	

[표 5-3] 업종별 필수지표 일부 적용 업종

인증수행범위	녹색성과지표						
	M2-1-1	O2-1-1	O2-2-1	O2-3-1	O2-4-1	O2-5-1	O2-6-1
01 농.수산업		○	○	○	○	○	○
08 출판업		○	○	○	○		○
09 인쇄업	○	○	○	○	○		○
24 재생	○	○		○	○	○	○

인증수행범위	녹색성과지표						
	M2-1-1	O2-1-1	O2-2-1	O2-3-1	O2-4-1	O2-5-1	O2-6-1
25 전기공급	○	○		○	○	○	○
26 가스공급	○	○		○	○	○	○
27 수도공급	○	○		○	○	○	○
28 건설		○		○			○
29 도소매업, 자동차, 오토바이수리, 개인 및 가정용품 수리				○	○		○
30 숙박 및 음식업				○	○	○	
31 운송, 창고, 통신					○		
32 금융, 보험, 부동산, 임대					○		
33 정보기술							
34 엔지니어링 서비스							
35 기타 서비스							
36 공공행정				○	○	○	○
37 교육							
38 보건 및 사회복지							
39 기타 사회 서비스							

(2) 공통 필수 경영성과지표(MPI) 계산

M1-1-1. 녹색목표 수립율(%) = (조직에 적용되는 녹색성과 지표 중 녹색목표로 반영된 지표 수)×100 ÷ (조직에 적용되는 녹색성과 지표 수)

M1-1-2. 녹색목표 달성율(%) = (녹색목표 달성 수)×100 ÷ (녹색목표 수)

[계산규칙]

① 녹색성과지표는 공통필수 녹색성과지표와 조직에 적용되는 업종별 필수 녹색성과지표를 포함하여 계산

② 녹색목표 수는 녹색경영시스템 조직도 상에 기술된 조직 단위 별 각 녹색목표의 건수를 합하여 계산

③ 녹색목표가 1년 이상의 중장기 목표의 형태로 수립되어 있는 경우 그 기간 동안 각 단위 년도의 목표로 구분하여 계산

M1-2-1. MRO 제품에 대한 녹색구매 비율(%) = (연간 MRO 제품의 녹색제품 구매액)×100 ÷ (연간 MRO 제품 구매액)

[계산규칙]

① 조직의 MRO 제품에 대한 직접구매 포함

② 용역(서비스)업체에 위탁하여 수행하는 경우, 용역(서비스)업체가 사용하는 MRO 제품 포함

③ 녹색제품에 친환경상품, 저탄소 라벨링, 에너지고효율인증 등 제3자 인증을 획득한 제품 포함

④ 녹색제품에 자체 인증된 녹색제품 또는 친환경제품 포함

M1-3-1. 원 · 부자재에 대한 녹색구매 비율(%) = (연간 원부자재 녹색제품 구매액)×100 ÷ (연간 원부자재 구매액)

[계산규칙]

① 원부자재의 직접구매 포함

② 협력업체에 원부자재를 제공하는 경우, 이를 포함

③ 녹색제품에 친환경상품, 저탄소 라벨링, 에너지고효율인증 등 제3자 인증을 획득한 제품 포함

④ 녹색제품에 자체 인증된 녹색제품 또는 친환경제품 포함

M1-4-1. 녹색제품 투자 비율(%) = (연간 녹색제품 개발 투자액)×100 ÷ (연간 제품 개발 투자액)

M1-5-1. 녹색제품 비율(%) = (녹색 제품 수)×100 ÷ (조직 전체 제품 수)

M1-6-1. 녹색제품 매출액 비율(%) = (연간 녹색 제품 매출액)×100 ÷ (연간 제품 매출액)

[계산규칙]

① 녹색제품에 분해, 재활용, 재사용, 유해성 저감, 내구연한 개선 등이 적용된 제품 포함

② 녹색제품에 친환경상품, 저탄소 라벨링, 에너지고효율인증 등 제3자 인증을 획득한

제품 포함

③ 녹색제품에 자체 인증된 녹색제품 또는 친환경제품 포함

M1-7-1. 교육훈련시간 = (연간 녹색경영 관련 교육시간) ÷ (총 조직원 수)

[계산규칙]

① 조직원의 대상에 인증범위 내에서 조직을 대신하여 업무를 수행하는 모든 인원까지 포함

② 다음의 교육훈련에 관한 내용 포함

ⓐ 환경운영 및 관리에 관한 교육훈련

ⓑ 자원 및 에너지 저감에 관한 교육훈련

ⓒ 온실가스 저감에 관한 교육훈련

ⓓ 비상대비 및 대응훈련

③ 관련 법규에 따라 수행되는 법정교육 포함

M1-8-1. 의견 및 이의제기(건/년) = 연간 녹색경영관련 의견 및 이의제기 접수 건수

[계산규칙]

① 이해관계자에 지역사회, 고객, 비상서비스기관, 협력업체, 임직원 등 포함

② 의견 및 이의제기에 불만, 클레임, 시정권고 및 조치요구 등 포함

③ 의견 및 이의제기에 환경운영, 자원 · 에너지, 온실가스 관련내용 등 포함

M1-9-1. 법규 준수: 법규위반(건/년) = 연간 환경관련 법규위반 건수

[계산규칙]

① 사업장 환경, 에너지 및 온실가스 관련 법규 미준수 포함

② 법규 미준수에 행정처분, 범칙금, 시정요구 등 포함

M1-10-1. 제품 · 서비스 공급 관련 법규준수: 제품 공급 관련 법규 위반(건/년) = 연간 제품 관련 환경 법규 위반 건수

[계산규칙]

① 제품 관련 환경, 에너지 및 온실가스 관련 법규 미준수 포함

② 법규 미준수에 행정처분, 범칙금, 시정요구 등 포함

M1-11-1. 녹색경영보고서 발간 주기(년) = (최근 3년간 보고서 발간 건수) ÷ 3

[계산규칙]

① 지속가능보고서, 환경보고서, 녹색활동보고서 등 조직의 녹색경영 활동 및 성과를 의사소통하기 위한 보고서 포함

② 보고서는 인쇄물의 형태로 발간되거나 파일의 형태로 웹사이트에 게시

③ 보고서에 녹색성과지표의 50% 이상에 해당하는 항목의 정보 수록

④ 재무성과를 보고하기 위한 보고서와 단순한 조직의 소개 책자는 제외

⑤ 최초 보고서 발간 시점이 최근 3년 이내인 경우, 그 기간 동안의 발간 건수 적용

(3) 공통 필수 운영성과지표(OPI) 계산

O1-1-1. 에너지 사용량(TJ/년) = 연간 에너지사용량(TJ)

O1-1-2. 에너지 사용량 원단위(TJ/기준량) = 연간 에너지사용량(TJ) ÷ (매출액, 생산량 등)

[계산규칙]

① 인증범위내의 조직관리 하에 운영되는 활동 및 서비스로 인한 에너지 사용량 포함

② 외부로부터 구매하여 사용하는 스팀 및 전기의 사용에 따른 에너지 사용량 포함

③ 협력업체에서 사용하는 에너지 사용량 포함(에너지 사용에 따른 비용을 협력업체에서 지불하는 경우 제외)

④ 신재생 에너지 및 바이오에너지로 얻어지는 에너지 사용량 포함

O1-2-1. 직접온실가스 배출량(tCO_2-eq/년) = 연간 직접온실가스 배출량(tCO2-eq)

O1-2-2. 직접온실가스 배출량 원단위(tCO_2-eq/기준량) = 연간 직접온실가스 배출량(tCO_2-eq) ÷ (매출액, 생산량 등)

[계산규칙]

① 조직이 소유하고 통제하는 배출원에서 발생된 온실가스 배출량 포함

② 조직이 생산하고 외부로 공급하거나 분배하는 전기, 열 및 증기로부터 발생된 직접 온실가스 배출량 포함

③ 바이오매스의 연소로부터 발생한 CO_2의 배출량은 제외

④ 고정설비에서 화석연료의 연소에 의해 배출하는 온실가스 포함

⑤ 원재료 및 제품의 공급, 인력수송을 위한 이동수단에 의해 사용되는 화석연료의 연소에 의해 배출하는 온실가스 포함

⑥ 제품 생산공정에서 화석연료의 연소에 의한 배출이 아닌 물리적 또는 화학적 반응에 의해 배출되는 온실가스 포함

⑦ 인증범위내의 시설에 의해 누출되는 온실가스 포함

⑧ 조직이 소유 및 통제하는 폐기물 소각시설 및 폐수처리 시설에서 배출하는 온실가스 포함

⑨ 렌트 및 리스와 같이 임대하여 사용하는 이동수단에 의해 배출되는 온실가스는 제외

⑩ 사업장에서 발생한 오폐수가 일반 하수처리시스템으로 처리되는 경우는 온실가스 배출량 산정에서 제외

O1-3-1. 간접온실가스 배출량(tCO_2-eq/년) = 연간 간접온실가스 배출량(tCO_2-eq)

O1-3-2. 간접온실가스 배출량 원단위(tCO_2-eq/기준량) = 연간 간접온실가스배출량(tCO_2-eq) ÷ (매출액, 생산량 등)

[계산규칙]

① 조직이 소비한 도입된 전기, 열, 또는 증기의 생산으로부터 발생된 간접 온실가스 배출량 포함

O1-4-1. 용수 사용량(톤/년) = 연간 용수 사용량(톤)

O1-4-2. 용수 사용량 원단위(톤/기준량) = 연간 중 용수 사용량(톤) ÷ (매출액, 생산량 등)

[계산규칙]

① 제품 생산과 서비스제공을 위한 활동 및 공정에서 사용되는 용수 포함
② 유틸리티 및 지원 시설 · 설비에서 사용되는 용수 포함
③ 용수사용량에 외부로부터 공급되는 용수 및 조직의 경계 내에서 취수되는 지하수 포함

M2-1-1. 녹색공정 투자 비율: 녹색공정 투자 규모(%) = (연간 녹색공정 투자액)× 100 ÷ (연간 공정 투자액)

[계산규칙]
① 기존 노후설비를 저탄소 에너지 저감형 설비로 교체하는 투자 포함
② 공정에서 발생하는 폐열 · 폐수 회수 및 재활용 투자 포함
③ 고효율 설비 도입 및 공정개선에 대한 투자 포함
④ 투자가 1년 이상의 중장기 목표의 형태로 수립되어 있는 경우, 그 기간 동안 각 단위 년도의 전체투자액 대비 녹색공정에 대한 투자액 계산

O2-1-1. 원부자재 사용량 원단위 개선율(%) = (1-당해년도 원부자재 원단위 사용량)× 100 ÷ (3년간 평균 원부자재 원단위 사용량)

- 당해년도 원부자재 원단위 사용량 = 연간 원부자재 사용량(톤) ÷ (연간 매출액, 생산량 등)
- 3년간 평균 원부자재 원단위 사용량 = 3년간 원부자재 사용량(톤) ÷ 3년간 기준량((매출액, 생산량 등)

[계산규칙]
① 제품의 생산 및 서비스의 제공 과정에서 사용되는 전체 원부자재 중 누적질량 기준 50% 이상의 원부자재에 대하여 적용
② 최종 제품 · 서비스에 포함되는 원부자재를 기준으로 적용
③ 3년 간의 데이터가 확보되지 못하는 경우, 최근 기간의 데이터 적용

O2-2-1. 폐기물발생량 원단위(톤/기준량) = 연간 폐기물 발생량(톤) ÷ (매출액, 생산량 등)

[계산규칙]

① 폐기물에 공정 중 발생되는 일반폐기물 및 지정폐기물 포함

② 사업장 외부로 배출되기 전에 공정으로 재투입하는 폐기물 포함

O2-3-1. 폐기물 재활용율(%) = (연간 폐기물 재활용량)×100 ÷ (연간 발생되는 폐기물)

[계산규칙]

① 폐기물에 조직에서 발생되는 물질 중 제품을 제외한 모든 물질(일반폐기물 및 지정폐기물 포함) 포함

② 폐기물 재활용량에 사업장 외부로 배출되기 전 공정으로의 재투입, 재이용, 자원 및 에너지회수를 위한 판매 포함

O2-4-1. 대기오염물질 배출량 원단위

- 대기오염물질(SOx) 배출량 원단위(mg/기준량) = 연간 SOx 배출량(mg) ÷ (매출액, 생산량 등)
- 대기오염물질(NOx) 배출량 원단위(mg/기준량) = 연간 NOx 배출량(mg) ÷ (매출액, 생산량 등)
- 대기오염물질(먼지) 배출량 원단위(mg/기준량) = 연간 먼지 배출량(mg) ÷ (매출액, 생산량 등)

[계산규칙]

① 대기오염물질(SOx, NOx 또는 먼지)의 배출허용 기준이 적용되는 사업장에 한하여 대기오염물질 배출량 원단위 산출

② 3가지 대기오염물질 중(SOx, NOx 또는 먼지) 관련 법규에 따라 배출허용기준이 적용되는 물질에 대해서만 적용

O2-5-1. 수질오염물질 배출량 원단위

- 수질오염물질(생화학적 산소요구량, BOD) 배출량 원단위(mg/기준량) = 연간 BOD 배출량(mg) ÷ (매출액, 생산량 등)
- 수질오염물질(화학적 산소요구량, COD) 배출량 원단위(mg/기준량) = 연간 COD 배출량(mg) ÷ (매출액, 생산량 등)

- 수질오염물질(부유물질, SS) 배출량 원단위(mg/기준량) = 연간 SS 배출량(mg) ÷ (매출액, 생산량 등)

[계산규칙]

① 수질오염물질(BOD, COD, SS)의 배출허용 기준이 적용되는 사업장에 한하여 수질오염물질 배출량 원단위 산출

② 수질오염물질 중(BOD, COD, SS) 관련 법규에 따라 배출허용기준이 적용되는 물질에 대해서만 적용

O2-6-1. 유해화학물질 사용량 원단위(톤/기준량) = 사업장 연간 유독물 사용량(톤) ÷ (매출액, 생산량 등)

- 유해물질 사용량(톤/년) = 사업장 연간 유독물 사용량(톤)

[계산규칙]

① 유해화학물질에 관련 법규에서 규정하고 있는 유독물, 관찰물질, 취급제한물질, 취급금지물질, 사고대비물질 포함

5.2 녹색경영시스템 구축

5.2.1 전략 수립

(1) 녹색경영 전략 및 방침 수립

① 녹색경영 비전 수립

품질경영시스템, 환경경영시스템 등 모든 경영시스템 수립에 있어서 가장 기본적인 바탕은 최고경영자의 의지라 할 수 있다. 우선적으로 최고경영자는 회사 경영이념에 녹색경영 추진을 위한 비전을 수립하고 천명한다. 녹색경영 비전에는 일반적인 환경경영 이슈뿐 아니라 에너지, 자원, 사회적 책임분야까지 어우르는 의지가 녹아들어 있어야 한다. 녹색경영 비전은 최고

경영자의 회사 경영이념과 같은 방향을 지향하며, 주기적으로 개정여부를 검토하도록 한다. 녹색경영 비전은 문서화하여 환경보고서, 지속가능보고서, 홈페이지 등의 매체를 통하여 공개하는 것이 바람직하다. 최고경영자의 의지는 지역사회/협력업체 협력 매뉴얼 구축이나, 공익성 있는 사업에 대한 지속적인 추진, 사회적 공헌비용 출자 등을 통해서 실질적으로 엿볼 수 있다.

다음으로 제시된 비전에 따라 사내 전략방침에 녹색경영 방침을 명확히 수립한다. 이미 인증을 획득한 환경경영시스템(ISO14001) 분야뿐 아니라 에너지 · 자원, 온실가스 관리, 사회적 책임 등 분야에 대한 방침을 면밀히 수립하도록 한다.

다음 단계로서, 이 비전에 따라 구체적인 수행계획을 세운다. 특히, 자원절감, 에너지 절약, 온실가스 감축, 환경보호, 사회적 책임 등의 분야에 대한 투자계획을 수립하여 실행주체를 선정하고 설비 · 시스템 · 인력 · 연구개발 등에 대한 투자비를 책정하여 집행한다. 녹색 공정 · 제품 · 서비스를 위한 투자 코드 관리 체계를 구축하고, 투자 코드별 투자 금액과 투자 목표를 설정하여 실적을 평가하고, 이러한 실적 평가 결과를 체계적으로 분류하여 문서화하도록 한다.

② 녹색경영 전략 및 세부 추진계획 수립

앞에서 수립된 녹색경영 비전과 방침에 따라 녹색경영의 모든 이슈에 대한 중 · 장기 전략과 측정 가능한 구체적인 목표를 수립한다. 구체적으로는 년도 별 시행주체와 투자금액 등을 명시한 중 · 장기 전략 및 목표를 전사적으로 작성하여 운영하고, 부서별 · 사업단별 핵심성과지표(KPI)를 선정하여 성과평가체계를 구축하고 정기적인 보고체계를 구축하도록 한다. 이러한 세부전략 및 목표의 수립 및 개정과 관련된 문서화된 절차는 지속가능(환경)보고서, 중장기 로드맵, 내부 보고서, 내부 매뉴얼 등에 나타나도록 한다.

다음으로 목표별 실천계획을 상세하게 수립하여 상세 추진계획서나 투자/경비 예산 계획서 등을 작성한다. 목표를 달성하기 위한 실천계획에는 일정, 책임자, 방법 등을 명시하고, 실천계획 항목에 따른 재무적 성과 목표를 제시한다. 재무적 성과 목표는 KPI, 비용–편익 분석, 혹은 경영성과 등과 연계하여 수립하는 것이 바람직하다.

(2) 녹색공정, 녹색제품 · 서비스 개발

① 녹색공정 개발

수립된 실행계획에 따라 녹색공정에 대한 투자를 실시한다. 기존 공정을 친환경적으로 변경할 수 있는지 여부를 파악하고, 새로운 공정이 필요하면 도입하여 전체 설비 투자규모에서 녹색공정이 차지하는 비율을 지속적으로 높여나간다. 녹색공정을 위한 투자 코드를 관리하여 자원 · 에너지 절약, 온실가스 · 오염물질 저감을 위한 생산공정에 대한 설비, 시스템 등의 투자금액 및 투자목표 대비 실적 현황을 정확히 파악한다.

가능한 가장 최신의 고효율 공정 설비 기술을 적용하여 저탄소 녹색공정을 개발하고 지속적으로 개선하며, 이 과정에 전사적인 종업원 참여를 유도해나간다. 온실가스 · 에너지 자발적 감축협약을 체결하고, 에너지 절감을 위한 사내 홍보와 프로그램을 강화하여 담당부서뿐 아니라 공정 작업자가 직접 참여하고 조직의 전 구성원이 제안 · 참여할 수 있도록 운영한다.

② 녹색제품 · 서비스 개발

수립된 실행계획에 따라 녹색제품 · 서비스를 개발하기 위한 투자를 실시한다. 녹색제품 · 서비스에 대한 규정을 수립하고 투자 코드 관리 체계를 구축하여 녹색제품 · 서비스 투자비 구성 항목을 관리하고, 목표 대비 실적을 평가할 수 있도록 한다. 이러한 평가 결과를 실적 평가 보고서로 작성하여 책임자에게 보고하고 관련 부서에 배포하여 공유하도록 한다. 개발된 녹색제품 · 서비스에 대하여 탄소라벨링, 각종 친환경인증 등을 획득함으로써 판로개척 및 기업이미지 제고에 노력한다. 친환경인증은 국가, 협회, 기관 등이 주관하여 공신력 있고 객관성이 입증된 제3자 인증을 획득하도록 한다. 또한 매출액에서 차지하는 녹색제품 · 서비스 비율을 지속적으로 확대해나가도록 한다.

제품군 별로 활용할 수 있는 에코디자인 기준을 수립하고, 제품개발 프로세스에 에코디자인 기준을 적용하도록 한다. 에코디자인 기준에는 기본적으로 법규 요구사항이 반영되어야 하며, 이해관계자들의 요구사항을 적절히 반영하여 법규 이상의 기준이 적용되어야 한다. 제품개발 프로세스에 에코디자인 기준을 실제로 적용하여 제품을 개발하도고 하며, 가급적 모든 제품에 대하여 에코디자인 지침을 적용하여 친환경 설계를 수행하도록 한다.

한 걸음 더 나아가 제품서비스화 사업에 대한 지대한 관심을 갖고 환경적 · 경제적으로 유망한 사업을 적극적으로 발굴하고 기획한다. 기존 사업모델을 제품서비스화 사업으로 전환하기 위한 조사와 연구를 실시하고, 한국생산기술연구원이 주도하는 신규 사업을 적극 검토하여 가능성을 타진한다. 이러한 일련의 사업 개발 과정을 문서화하여 보관함으로써 추후에 다시 활용할 수 있도록 한다. 제품서비스 사업 지침서를 명문화 하고, 제품서비스 사업 프로세스를 명확히 하며, 제품서비스 사업 이행 실적 등을 축적해나간다.

(3) 녹색구매 및 기업협력 촉진

① 녹색구매 프로세스 수립

녹색구매를 위한 절차를 수립하여 녹색구매 절차서로 문서화하고, 연간 녹색구매 목표 및 계획을 수립하여 녹색구매 계획서를 작성한다. 이러한 규정은 구체적이고 측정 가능한 정량적 목표가 있어야 하며, 내 · 외부 녹색구매 요구사항을 반영하여 정기적인 검토 및 개정이 이루어져야 한다. 녹색구매 계획서에는 전체 구매액 대비 녹색구매 목표가 명시되어야 한다.

내부 녹색구매 규정은 실제로 이행되어야 하며, 환경부 등 대외기관과 녹색구매를 적극적으로 추진하겠다는 자발적 참여 협약서 등을 체결하도록 한다. 원 · 부자재 등 주요 품목은 물론, MRO 제품 등 제품과 관련이 없는 품목에 대해서도 녹색구매를 이행하고 그 실적을 보관하도록 한다. 또한 녹색구매에 대한 사내 모니터링을 실시하여 녹색구매 규정과 목표에 따른 이행 여부를 평가하고 지속적으로 녹색구매 비율을 높여나가도록 한다.

② 기업간 협력 촉진

협력업체와의 협력지침에 대한 중 · 장기 세부지침을 수립하여, 협력업체와의 계약서와 협력업체 구매지침서 등에 녹색경영 대한 기업의 비전, 방침, 세부기준 등을 포함시키도록 한다. 협력업체와의 녹색경영에 대한 중 · 장기 세부 계획서를 작성하고, 내 · 외부 요구사항을 반영하여 협력업체와의 협력지침 내용을 주기적으로 개정하며, 개정 이력을 관리하도록 한다.

이와 더불어 기업간 협력을 통한 유해물질 정보 등의 환경정보를 관리하고, 주기적으로 정보관리 시스템을 개선한다. 구매기준에 법규에 대응하기 위한 수준보다 강화된 환경정보 요구기준을 구매지침서에 명시하고, 환경정보 요구기준에 따라 입수된 정보를 축적하여 데이터베이스를 구축한다. 또한 내 · 외부 요구사항을 반영하여 협력업체에 대해 요구하는 환경정보 기준을 주기적으로 개정하고 관리하며, 온라인상으로 협력업체 입력정보 및 모기업 관리를 실시할 수 있는 시스템을 구축하여 협력업체 환경정보를 효율적으로 관리하고 활용하도록 한다.

다음으로 환경성평가, 기술지원, 교육 등 협력업체에 대한 지원활동을 적극적으로 수행한다. 대부분의 공급사에 대해서 녹색경영에 대한 구체적인 지원 프로그램을 운영하여, 환경성평가, 청정생산기술, 친환경제품 및 기술개발, EMS 구축 등을 지도하고 지원한다. 지원 목표 및 계획, 기술지원 내용, 교육교재 및 이수자 현황, 협력업체 지원활동 평가 등에 대한 세부사항을 문서화하여 보관하고 주기적으로 검토하도록 한다.

5.2.2 시스템 구축

(1) 녹색경영 추진조직 및 부서간 협력체제 구축

① 녹색경영 추진조직의 책임과 권한 규정

녹색경영을 효과적으로 추진하기 위한 녹색경영 책임자를 임원급 관리자 중에서 지정한다. 녹색경영 책임자는 녹색경영에 대한 이해도가 높고 명확히 인식하고 있으며, 최고경영자에게 직접 보고할 수 있는 권한이 있고, 조직의 주요 의사결정에 참여해야 한다. 또한 녹색경영 실행을 위한 각부서 및 계층별 역할과 책임을 규정하여 업무조직도와 녹색경영 매뉴얼 등에 명시하도록 한다.

사내에 전사차원의 녹색경영 추진 총괄조직을 별도로 구성하고, 담당자를 지정하여 역할, 책임, 권한 등을 명확하게 구분하도록 한다. 또한 각 사업장별로 녹색경영을 추진할 수 있는 조직이나 핵심인사를 별도로 지정하여 녹색경영 활동을 지속적으로 강화해 나간다.

② 녹색경영 인식확산 및 교육훈련

전임직원에 대한 녹색경영 연간 교육계획을 수립하여 교육계획서를 작성하고 이에 따라 교육훈련을 실시하도록 한다. 기본적인 녹색경영 교육이나 훈련을 정기적으로 실시하고, 심도 있는 사내외 교육과정을 운영하여 많은 직원의 참여를 유도하며, 진급 등의 인사이동시 녹색경영 교육 이수여부를 반영하도록 한다. 교육훈련 절차서에 녹색경영 교육기준을 명시하고,

정기적인 교육계획을 수립하여 체계적으로 시행하며, 전문기관이 개발한 깊이 있는 녹색경영 교육과정을 운영한다. 녹색경영 교육 계획의 이행과 평가에 대한 기록을 보관하고, 교육, 훈련, 경험에 근거하여 녹색경영 담당자에 대한 한 자격을 부여한다.

③ 부서간 의사소통 시스템 구축

조직 내 계층간, 기능간 내부 의사소통절차를 세부적으로 수립하고, 주기적으로 모니터링하여 개정하도록 한다. 기업에서 운영하는 모든 녹색경영에 대한 문서화된 의사소통 절차를 수립하며, 배포된 정보의 요건 확보를 위한 실행부서와 담당자를 지정하고 수신자를 명확히 표기하도록 하며, 모든 사업장에 본사와 동등하게 정보를 전달하고 대응할 수 있는 체계를 수립한다. 내부 의사소통 절차서는 지속적으로 모니터링하여 개정하며 기록을 유지한다. 의사소통 결과의 기록 (접수 및 처리결과의 기록)을 유지하고, 소통을 위한 수평적 사내외 네트워크의 가치를 인식하여 발전시켜나간다.

전사차원의 정기적인 의사소통을 통하여 모든 종업원이 조직의 세부적인 목표 및 방침을 인지하도록 한다. 특히, 녹색경영 책임자 및 담당자뿐 아니라 기업의 모든 임직원들은 기업의 세부적인 녹색경영 목표 및 방침을 체질화하여 설명할 수 있도록 한다.

(2) 녹색경영 성과측정 및 내부심사

① 모니터링 절차 수립

녹색경영의 성과를 측정하기 위한 정기적인 모니터링 절차 및 적절한 프로세스를 수립한다. 모니터링 절차는 기업의 규모 및 환경에 적합하게 수립하고, 주기적으로 검토하여 개정하도록 한다. 모니터링은 규격화된 문서를 통해 정기적으로 계량화하여 목표이행 여부를 문서화하는 역할에 충실하도록 한다.

수립된 절차대로 모니터링을 실시하고, 부적합 사항에 대한 조치를 실행하여, 모니터링 결과 및 개선결과를 조직의 최상위 계층에 전달하는 문서화된 절차(모니터링 절차서)를 수립한다. 모니터링 결과 목표에 미달한 경우, 미달성 원인을 파악하고 대책을 수립하여 녹색경영 책임자에게 보고하고 결과를 기록하도록 한다. 또한 부적합사항에 대한 원인을 파악하고 대책을 수립하여 조직의 최고경영자에게 보고하고 결과를 보관하는 체계(부적합사항 처리 절차서)를 수립한다.

② 내부심사 실시

기업의 녹색경영 목표 및 지침을 반영하고 기업의 규모 및 환경에 적합한 내부심사 절차를 수립하고 문서화하여, 이를 주기적으로 검토하여 개정하도록 한다. 업무계획상에 구체적으로 실시일정, 담당부서, 당사자 등을 확정하여 연간 녹색경영 내부심사 계획을 수립하고, 내·외부 이해관계자의 요구사항을 검토하고 반영하여 내부심사 절차서 및 점검목록을 작성한다.

절차서에서 규정한 기준과 계획에 따라 내부심사를 실행하고, 심사결과에 따라 부적합 및 권고사항에 대한 적절한 조치를 취하고, 그 결과를 경영층에 보고하도록 한다. 내부심사 결과 도출된 부적합사항에 대하여 담당부서, 예산, 단계별 일정 등 개선대책을 수립하고, 개선조치에 대한 효과를 검증하여 결과보고서를 작성하도록 한다. 내부심사자의 선정과 관리 및 자격 등에 대한 규정을 수립하고, 경영층 검토 결과 및 시정조치에 대한 기록을 관리한다.

③ 경영자 검토 및 이행

최고경영자가 녹색경영에 대하여 적절하게 경영검토를 수행할 수 있는 절차를 수립하여 경영자 검토 절차서를 작성한다. 이 절차서에 따라 주기적으로 경영자가 검토를 실시하여 경영자 검토 결과서를 작성하고, 검토 결과에 따라 조치사항을 이행하도록 한다. 법규 및 규정 준수 여부에 대한 검토뿐 아니라 주요 녹색경영 이슈에 대하여 정기적으로 경영자검토를 수행하고, 검토 결과에 따라 비전, 전략, 목표 등의 수정 등의 개선조치를 실행하여 지속적으로 녹색경영시스템을 개선해나간다.

5.2.3 자원 및 에너지 관리

(1) 용수 사용 원단위 개선

① 용수 사용량 저감 활동

법적으로 요구하는 용수사용량 이외에 적극적으로 공정으로 관리하기 위해서 측정기기를 설치하고, 측정기기 관리기준을 수립하여 운영하도록 한다. 관리기준에 따라 필요한 측정기기를 확보하고, 적극적인 유지보수를 수행하며, 측정기기의 자체 교정주기를 체계적으로 정하여 이에 따라 자체적인 검정 · 교정을 실시하고 기록을 보관한다. 측정기기의 검정 · 교정을 효율적으로 관리하기 위해서 전체 사업장을 관리할 수 있는 시스템을 도입하여 관리하도록 한다.

② 용수 사용 원단위 개선

용수 사용량과 용수 사용 원단위에 대한 데이터 관리 체계를 구축하여, 용수 사용량에 대한 사용량 데이터와 용수 원단위 데이터 등을 수집하고, 개선 목표 및 계획을 수립하여 지속적으로 용수 사용 원단위를 개선하도록 한다. 이를 위하여 주기적으로 용수 사용량에 대한 효율성을 분석하고 저감활동을 실시하여, 용수 사용량과 용수 사용 원단위 개선율 평가 결과를 책임자에게 보고하고 관련 부서에 배포하도록 한다.

(2) 원 · 부자재 대체 및 사용량 저감

① 원 · 부자재 대체 및 사용량 저감 활동

원 · 부자재에 대한 데이터 관리 체계를 구축하고, 관리 절차서를 수립하여, 기업에서 생산하는 모든 제품에 사용하는 원 · 부자재에 대한 월별 사용 및 재고 현황 데이터를 산출하여 관리하도록 한다. 전체 원 · 부자재 데이터를 집계하고, 원 · 부자재의 주기적 변동사항을 파악한다. 원 · 부자재 이상원인 판단기준, 판정방법 등을 수립하고, 이에 따라 원 · 부자재 이상원인에 대한 분석 결과를 최고 경영자에게 보고하고 관련 부서에 배포하여 개선조치를 수행한다.

원 · 부자재의 투입/산출량 데이터 관리 체계를 구축하여, 전체 원 · 부자재에 대한 투입/산출량을 관리한다. 기업 MFCA 가이드라인에 따라 MFCA, 공정분석 등을 수행하여 정밀한 물질수지를 파악하고 정량적인 지표를 체계적으로 관리한다. MFCA 결과보고서를 바탕으로 적절한 개선 이슈를 도출함으로써 물질수지 개선성과가 지속적으로 나타나도록 한다. 기업에서 사용하는 전체 원 · 부자재에 대한 투입/산출량에 대한 무게 데이터 관리뿐 아니라, 세부공정별로 비용에 대한 관리와 효율성 분석을 체계적으로 수행하도록 한다.

② 원 · 부자재 사용 원단위 개선

원 · 부자재에 대한 데이터 관리 체계에 따라 원 · 부자재에 대한 사용량 데이터와 원단위 연간 데이터를 관리한다. 원 · 부자재 원단위 개선율 목표를 설정하여 계획서를 작성하고, 원단위 개선 평가하여 평가 결과를 책임자에게 보고하고 관련 부서에 배포하도록 한다.

(3) 자원효율성 향상

① 폐기물 저감 활동

폐기물 발생량 데이터 관리 체계를 적절히 구축하여 폐기물 관리기준을 마련하고, 관리기준에 따라 종류별 · 원인별로 폐기물 발생량 데이터를 관리한다. 폐기물 발생 원인을 파악하여 효율적인 저감방안을 도출하고, 폐기물별 지표관리를 통하여 저감활동을 수행한다. 사내 폐기물 저감뿐만 아니라 발생한 폐기물을 재활용하도록 하며, 폐기물 원단위 및 재활용률에 대한 지속적인 개선활동을 수행한다. 이러한 폐기물 저감 대책과 개선안 평가 결과를 책임자에게 보고하고 관련 부서에 배포하도록 한다.

② 폐기물 발생 원단위 개선

폐기물 발생량에 대한 데이터 관리 체계를 통하여 폐기물에 대한 발생량 데이터와 폐기물 발생 원단위 데이터를 관리하고, 폐기물 발생량 원단위 개선율 목표를 설정하고 평가한다. 이러한 평가결과를 원단위 개선율 평가 보고서로 작성하여 책임자에게 제출하고 관련 부서에 배포하도록 한다.

③ 폐기물 재활용

폐기물별 재활용 처리량에 대한 데이터 관리 체계를 구축하여 폐기물별 재활용 처리량에 대한 데이터와 연간 재활용율 데이터를 관리한다. 폐기물 재활용율의 개선율 목표를 설정하고 평가하여 재활용율 평가 보고서를 작성하고, 이를 책임자에게 보고하고 관련 부서에 배포하도록 한다.

(4) 에너지 원단위 개선

① 에너지 절감 활동

에너지 사용에 대한 사내 또는 사외 에너지 전문가를 통한 진단보고서를 작성하고, 에너지

진단 결과를 바탕으로 개선 가능한 영역을 파악하여 투자계획을 수립한다. 수립된 에너지 절감 투자계획에 따라 에너지 절약기술을 도입하고 고효율 설비기기를 도입하여 에너지 절감활동을 실시한다. 투자계획 중에서 투자 회수기간이 짧고 내부수익률 높은 부분에 대해 우선적으로 투자를 실시하고, 고비용이 소요되는 투자 또한 단계적으로 실시한다. 이와 더불어 에너지 절감을 위한 사내 홍보 및 프로그램을 마련하여 전사적인 참여를 유도한다.

다음으로 에너지 절약을 위한 투자 코드 관리 체계를 구축하고, 투자 코드별 투자 금액과 투자 목표를 설정하여 계획서에 따라 실행한다. 에너지 절약을 위한 투자 실적을 관리하고 평가하여 실적 평가 보고서를 작성하고, 이를 책임자에게 보고하고 관련 부서에 배포하도록 한다.

② 에너지 원단위 개선

에너지 사용량 관리 체계를 구축하여 관리기준을 설정하고, 총 에너지 사용량과 에너지원별 데이터를 관리한다. 에너지원별 감축 목표 달성을 위한 투자계획을 수립하고, 에너지원별 저감목표 달성을 위한 세부 활동을 수행하고 실행결과를 검증하여 실행 결과보고서를 작성하도록 한다.

에너지 사용 원단위에 대한 데이터 관리 체계를 구축하여 개선 목표 및 계획을 수립하고, 에너지 사용량 및 에너지 사용 원단위 데이터를 수집하여 에너지 사용 원단위 개선율을 평가하도록 한다. 개선율 평가 보고서를 작성하여 책임자에게 보고하고 관련 부서에 배포하도록 한다.

(5) 신재생 에너지 사용

① 신재생에너지 사업장 적용 활동

신재생에너지 도입 및 활용 계획을 기업 전략 차원에서 수립하고, 신재생에너지의 연도별 증가 목표 및 세부 계획서를 작성한다. 계획에 따라 신재생에너지 설비를 도입하여 점진적으로 사업장 전체에 적용하도록 한다.

② 신재생에너지 발전량

신재생에너지 사용량에 대한 데이터 관리 체계를 구축하고, 신재생에너지 사용에 대한 목표를 설정한다. 에너지 사용량 및 신재생에너지 사용 데이터를 수집 · 분석하여 및 신재생에너지 사용률을 평가하고, 평가결과를 책임자에게 보고하고 관련 부서에 배포하도록 한다.

5.2.4 온실가스 및 환경오염 저감

(1) 온실가스 대응 및 감축

① 온실가스 배출 감축 활동

온실가스 배출량 산출 가이드라인을 수립하고, 이를 활용하여 배출량을 산정한다. 주기적으로 온실가스 배출량을 점검하고, 인벤토리를 주기적으로 개정하며, 온실가스 배출량 보고서를 작성하여 공인된 기관의 제3자 검증을 통하여 신뢰성을 확보하도록 한다.

산정된 온실가스 배출량 현황을 외부에 공개하고, 배출량 감축을 통한 공정 및 제품의 경쟁력 확보 수단으로 활용하도록 한다. 모든 이해관계자에게 홈페이지와 지속가능보고서(환경보고서) 등을 통해 공개하여 탄소경영에 적극적으로 활용하도록 한다. 온실가스 인벤토리 산출 보고서는 내부 활용자료 및 회부 공개 자료와 일치하여야 한다.

② 온실가스 배출 감축

온실가스 배출량 및 저감량에 대한 데이터 관리 체계를 구축하여, 온실가스 배출량에 대한 저감 목표를 설정하여 저감 목표 및 계획서를 작성한다. 온실가스 배출량 산출 가이드라인에 따라 온실가스 배출량 및 저감량 데이터를 수집하고 평가하여 평가 보고서를 작성하고, 온실가스 배출량 대비 저감량에 대한 평가 결과를 책임자에게 보고하고 관련 부서에 배포하도록 한다.

③ 온실가스 배출량 원단위 개선

온실가스 배출량 원단위에 대한 데이터 관리 체계를 구축하고, 온실가스 배출량 원단위에 대한 저감 목표를 설정하여 계획서를 작성한다. 온실가스 배출량 및 온실가스 배출량 원단위 데이터를 수집하여 온실가스 배출량의 원단위 개선율에 대한 평가 결과를 책임자에게 보고하고 관련 부서에 배포하도록 한다.

(2) 환경오염물질 배출 저감

① 환경오염 상시 모니터링 체계 구축

환경법규에서 규정한 기준에 부합하게 모니터링 절차서를 수립하여 모니터링 기준 등을 마련하고, 환경법규에 따라 환경오염물질에 대하여 정기적으로 모니터링을 수행하여 데이터를 관리한다. 보다 효율적인 관리와 개선을 위하여 실시간 모니터링 체계(TMS 등)를 구축하고, 측정기기에 대한 정기적인 검정 · 교정을 통하여 적정성을 유지 · 관리하도록 한다.

② 주요 대기오염물질 (SOx, NOx, 비산먼지 등) 배출 저감

대기오염물질 배출량 및 저감량에 대한 데이터 관리 체계를 구축하고, 대기오염물질 배출량에 대한 저감 목표를 설정하여 저감 계획을 수립한다. 대기오염물질 배출량 및 저감량 데이터를 수집하여 환경오염물질 배출량 산출 절차에 따라 배출 저감량을 평가하고, 평가 결과를 책임자에게 보고하고 관련 부서에 배포하도록 한다.

③ 주요 대기오염물질 (SOx, NOx, 비산먼지 등) 배출 원단위 관리

대기오염물질 배출량 원단위에 대한 데이터 관리 체계를 구축하고, 대기오염물질 배출량 원단위에 대한 저감 목표를 설정하여 저감 계획을 수립한다. 대기오염물질 배출량 원단위 데이터를 수집하여 대기오염물질 배출량 원단위 개선율 평가 보고서를 작성하고, 평가 결과를 책임자에게 보고하고 관련 부서에 배포하도록 한다.

④ 주요 수질오염물질 (유기물질 등) 배출 저감

수질오염물질 배출량 및 저감량에 대한 데이터 관리 체계를 구축하고, 수질오염물질 배출량에 대한 저감 목표를 설정하여 저감 계획을 수립한다. 환경오염물질 배출량 산출 절차에 따라 수질오염물질 배출량 및 저감량 데이터를 분석하여 저감량 평가 보고서를 작성하고, 저감량에 대한 평가 결과를 책임자에게 보고하고 관련 부서에 배포하도록 한다.

⑤ 주요 수질오염물질 (유기물질 등) 배출 원단위 관리

수질오염물질 배출량 원단위에 대한 데이터 관리체계를 구축하고, 수질오염물질 배출량 원단위에 대한 저감 목표를 설정하여 저감 계획을 수립한다. 수질오염물질 배출량 및 수질오염물질 배출량 원단위 데이터를 분석하여 개선율 평가 보고서를 작성하고, 평가 결과를 책임자

에게 보고하고 관련 부서에 배포하도록 한다.

⑥ 소음 · 진동 · 악취 관리

소음 · 진동 · 악취와 관련된 가장 최근의 환경법규를 상시 파악하고, 환경법규 대응을 위한 목록을 마련한다. 소음 · 진동 · 악취와 관련된 민원이 발생하지 않도록 사전에 예방하되, 발생한 민원에 대해서는 적절한 조치를 수행하여 조치 기록을 관리하고 관련 부서에 배포하도록 한다.

(3) 유해화학물질 관리

① 유해화학물질 저감 활동

전략적인 투자를 병행한 체계적인 유해물질 관리시스템을 구축하고, 사내 모니터링 시스템과 연동하여 실시하도록 한다. 환경법규에서 규정한 기준에 부합하게 유해물질 관리기준을 수립하고, 관리기준에 따라 정기적으로 기록을 관리한다. 관리기록에는 유해화학물질을 사용하는 공정, 유해화학물질의 종류, 양, 사용방법, 장소, 취급, 폐기 등의 내용이 포함되도록 하며, 전사적으로 실시간 관리할 수 있는 온라인 관리시스템을 도입하도록 한다. 유해화학물질은 작업절차서에 따라 주의 깊게 취급해야 하며, 사고가 발생하지 않도록 예방활동을 수행하도록 한다. 공정에 이상상태가 발생하면 비상대응절차에 따라 적절한 시정조치를 취하도록 한다.

유해화학물질을 대신할 수 있는 대체물질을 개발하거나 도입하여 유해화학물질 사용을 최소화하는 지속적인 노력이 필요하다. 조직에서 사용하는 모든 유해화학물질에 대하여 대체물질을 검토하고, 효율적인 대체 계획을 수립하여 대체로 인해 발생하는 비용을 중 · 장기적으로 상쇄해나가도록 한다.

② 유해화학물질 사용 원단위 개선

유해화학물질 사용량 및 저감량에 대한 데이터 관리 체계를 구축하고, 유해화학물질 사용량에 대한 저감 목표를 설정하여 계획을 수립한다. 유해화학물질 사용량 산출 절차에 따라 유해화학물질 사용량 및 저감량 데이터를 분석하여 사용 저감량 평가 보고서 및 원단위 개선율 평가 보고서를 작성하고, 평가 결과를 책임자에게 보고하고 관련 부서에 배포하도록 한다.

5.2.5 사회적 책임 준수

(1) 경영정보 공개

① 녹색경영 정보 공개

환경오염물질에 대한 총량 및 원단위 데이터뿐 아니라 조직의 환경성과 및 녹색경영 성과에 대한 데이터를 관리하여, 주기적으로 홈페이지, 게시판, 환경보고서/지속가능보고서 등을 통하여 녹색경영 정보를 이해당사자들에게 공개하도록 한다. 녹색경영 정보공개의 범위와 방법 등은 이해당사자들의 의견을 수렴하여 결정하도록 하고, 정보공개 데이터를 적절히 관리하여 정확성과 투명성을 유지하도록 한다.

② 환경보고서/지속가능보고서 발간

ISO, GRI 등 국제기준에 따른 기업 지속가능성보고서 가이드라인을 수립하고, 이에 따라 지속가능보고서(환경보고서)를 정기적으로 발간하여 조직의 녹색경영 활동을 대내외적으로 전파한다. 발간된 보고서가 기업의 가이드라인의 기준에 따라 발간되었는지 여부를 제3자 검증을 통해 입증하도록 한다.

(2) 법규 준수

① 환경법규 준수

국내외 사업장 관련 최신의 환경법규를 파악하여 목록을 작성하고, 이를 준수하여 환경법규 위반사항이 발생하지 않도록 한다. 사업장 관련 환경법규 위반 사항 목록을 관리하고, 위반사항에 대한 조치 기록을 관리 하여 관련 부서에 배포함으로써 줄여나가도록 한다. 지자체 조례까지 포함하여 적어도 최근 3년간 환경법규 위반사항이 없도록 한다.

② 제품 서비스 공급과 사용에 관계된 법률 준수

국내외 제품관련 환경법규를 파악하여 목록을 작성하고, 이를 준수하여 환경법규 위반사항이 발생하지 않도록 한다. 제품관련 환경법규 위반 사항 목록을 관리하고, 위반사항에 대한 조치 기록을 관리 하여 관련 부서에 배포함으로써 줄여나가도록 한다. 지자체 조례까지 포함하여 적어도 최근 3년간 관련 법규 위반사항이 없도록 한다.

③ 이해당사자 요구 충족

환경법규 대응 프로세스를 수립하여 대응 절차서를 작성하고, 이를 온라인시스템으로 구축하여 환경법규를 실시간으로 확인함으로써 위반사항이 발생하지 않도록 한다. 환경법규 위반 시의 대응 프로세스 또한 수립하여 대응 시스템을 완벽하게 구축하도록 한다. 환경법규 위반사항에 대해서는 대응 프로세스에 따라 적절히 조치하고, 기록을 관리하도록 한다.

이해당사자에 대한 문서화된 의사소통 절차와 모니터링 절차를 수립하여 이해당사자의 요구사항을 정기적으로 모니터링 함으로써 불만사항이 발생하지 않도록 한다. 이해당사자의 요구사항을 실행하기 위한 부서와 담당자를 지정하고, 문서 수신자를 명확히 표기하며, 지시사항이 실행 가능하도록 적절히 기술하도록 한다. 이해관계자의 요구사항에 대하여 적절히 시정 조치하고 의사소통 및 모니터링 결과 기록을 보고서 형태로 유지하도록 한다.

Energy Management System

ISO50001

부록

에너지경영시스템

표준문서

A.1 에너지경영시스템 표준 목록

NO	표준제목	비고
1	에너지경영시스템 매뉴얼	
2	에너지검토 지침	
3	에너지교육훈련 운영절차	
4	에너지 설비 구매절차	
5	에너지 의사소통 절차	
6	기록관리 지침	
7	에너지 모니터링 및 측정 절차	
8	에너지 모니터링 장치 및 측정장치의 관리지침	
9	에너지경영시스템 심사절차	
10	에너지법규 운영절차	
11	부적합사항 시정 및 예방조치 운영 규정	
12	에너지방침, 목표 및 세부목표 운영 규정	
13	에너지경영시스템 경영자검토 운영 규정	
14	에너지경영 운영 프로그램 운영지침	
15	중요에너지영향 공정 작업자 지침	

A.2 에너지경영시스템 매뉴얼

번호	제목	ISO 50001 항목번호	개정번호	개정일자
A.2.0	에너지경영시스템 운영개요	N/A		
A.2.1	에너지방침	4.3		
A.2.2	에너지검토	4.4.3		
A.2.3	법규 및 그 밖의 요구사항	4.4.2		
A.2.4	에너지목표 및 세부목표	4.4.6		
A.2.5	자원, 역할, 책임 및 권한	4.2.2		
A.2.6	적격성, 훈련, 인식	4.5.2		
A.2.7	구매	4.5.7		
A.2.8	장비, 설비 및 프로세스 관리	4.5.5		
A.2.9	에너지를 고려한 설계활동	4.5.6		
A.2.10	에너지실행계획	4.4.6		
A.2.11	의사소통	4.5.3		
A.2.12	문서화 시스템 운영개요	4.5.4		
A.2.13	기록관리	4.6.5		
A.2.14	에너지모니터링 및 측정	4.6.1		
A.2.15	모니터링 장치 및 측정장치 관리	4.6.1		
A.2.16	준수평가	4.6.2		
A.2.17	성과관리	4.4.5		
A.2.18	부적합, 시정 및 예방조치	4.6.4		
A.2.19	내부심사	4.6.3		
A.2.20	경영검토	4.7		
A.2.21	관련표준	N/A		

A.2.0 에너지경영시스템 운영 개요

번호	항목	내용
1	목적	본 매뉴얼은 OOO사업장의 모든 활동, 제품 및 서비스에 의해 발생하는 에너지이용을 명확히 설정하고 전 조직원이 참여하여 정량적인 에너지목표와 온실가스 감축을 달성하고 지속적으로 추진함으로서 국내 · 외 규제 대응과 더불어 경쟁력을 강화시키는데 그 목적이 있다.
2	회사 개요	OOO사는 oooo년 o월 o일 ooo경영 이념아래 설립되었고, OOO사 사업장은 ______________ 에 위치하고 있으며, 다양한 고객들에게 ______________ 을 생산 및 고객에게 제공하며 주요 공정으로 _____, _______ 공정 등으로 이루어져 있고, 주요 에너지 설비로서는 ___, ____ 설비로 구성되어 있다.
3	적용 범위	OOO사업장의 모든 활동 및 제품, 서비스와 관련하여 ISO 50001 규격에 의한 에너지 경영체제를 수립하고 문서화, 실행, 유지 및 지속적으로 개선한다. 3.1 에너지경영시스템 매뉴얼은 회사의 에너지방침을 정하고 … 3.2 생산 활동, 지원, 서비스 업무의 모든 분야에 적용하며 … 3.3 모든 임직원 및 관련자는 본 매뉴얼을 공유하고 … 3.4 에너지 주관부서장은 … …
4	용어의 정리	4.1 공급자 4.2 기록 4.3 문서 4.4 성과지표 4.5 시정조치 4.6 에너지 … 4.10 에너지경영시스템 4.11 에너지목표 4.12 에너지 세부목표 4.13 에너지 관련 환경영향 4.14 에너지이용 … 4.20 중요에너지 검토 4.21 경영대리인

※ 자세한 내용은 에너지관리공단(2008), 「에너지경영시스템 표준문서」 참조

A.2.1 에너지방침

번호	항목	내용
1	목적	에너지 경영에 있어 성과개선을 위해 조직이 나아가는 방향을 제시하고 모든 개선 활동이 일관성을 갖도록 하기 위한 것이다.
2	적용 범위	조직이나 사업장에서 근무하거나 조직을 대신해 업무를 수행하는 모든 인원에 적용된다.
3	책임과 권한	3.1 최고경영자 3.1.1 전략기획수립 시 에너지경영관련 내용 수립의 보장 3.1.2 에너지경영의 중요성에 대한 조직과 의사소통 …
4	절차	4.1 에너지방침에는 다음의 사항을 포함한다. 4.1.1 조직의 에너지이용 및 사용량에 대한 성격과 규모의 적절함 4.1.2 지속적인 에너지성과개선에 대한 의지를 포함 … 4.2 에너지방침은 경영의지를 반영하여야 하며, 다음 사항과 연계성을 가져야 한다. 4.2.1 경영의지 및 전력기획 … 4.3 … …
5	전략기획의 수립	5.1 최고경영자 조직의 전략기획 수립 시 에너지경영과 관련된 내용을 반영하여야 한다. 5.2 경영대리인 최고경영자에게 전략기획 수립 시 필요한 에너지 정보를 제공하여야 한다.
6	관련문서	6.1 에너지경영시스템 매뉴얼 “에너지목표 및 세부목표” 6.2 에너지경영시스템 지침 “에너지검토 지침” 6.3 에너지경영시스템 운영규정 “에너지방침, 목표 및 세부목표 운영규정”

※ 자세한 내용은 에너지관리공단(2008), 「에너지경영시스템 표준문서」 참조

A.2.2 에너지 검토 및 베이스라인

번호	항목	내용
1	목적	기업 활동과 관련한 에너지 이용에 대하여 체계적이고 지속적인 데이터 수집 및 기록을 통하여 분석하고 각각의 에너지 이용 요소 상호 간의 우선순위와 중요에너지이용을 파악하여 효율적이고 체계적인 에너지관리를 하는 데에 목적이 있다.
2	적용 범위	기업 활동의 모든 에너지공급설비와 에너지사용설비에 적용된다.
3	책임과 권한	3.1 최고경영자(또는 경영대리인) 3.1.1 중요 에너지검토의 계획 및 결과 승인 3.2 에너지경영 주관부서(부서장) …
4	절차	4.1 본 단원과 관련된 절차는 별도로 정한 "에너지검토지침" 에 따른다. 4.2 회사 전반에 대한 정기적인 에너지검토는 1년에 1회 실시한다. 단, 필요한 경우에는 비정기적으로 실시할 수 있다. …
5	기록관리	본 단원의 업무결과 발생된 기록은 본 에너지경영시스템 운영매뉴얼 "기록관리" 에 의거하여 관리되어야 한다.
6	관련문서	6.1 에너지경영시스템 지침 "에너지검토 지침" 6.2 에너지경영시스템 운영매뉴얼 "모니터링 장치 및 측정 장치의 관리"

※ 자세한 내용은 에너지관리공단(2008), 「에너지경영시스템 표준문서」 참조

A.2.3 법규 및 그 밖의 요구사항

번호	항목	내용
1	목적	기업 활동에 관련하여 에너지검토에 적용되는 법규, 조직이 동의한 기타 요구사항 및 최신정보를 지속적으로 수집하고 이를 에너지방침 및 목표에 반영하여 준수하고 예고되는 법규에 적극적으로 대응함으로써 에너지를 절감하는데 그 목적이 있다.
2	적용 범위	조직의 에너지경영활동을 수행하는 모든 활동 및 구성원에 대하여 적용한다.
3	책임과 권한	3.1 최고경영자(경영대리인) 법규등록부의 승인 3.2 에너지경영 주관부서(부서장) …
4	절차	4.1 법규 요구사항 파악 및 검토 4.1.1 국내 및 국제 법적 요건 4.1.2 지방자치단체의 법적 요건 4.2 기타 요구사항 파악 및 검토 …
5	관련문서	5.1 사내 법규관리 지침

※ 자세한 내용은 에너지관리공단(2008), 「에너지경영시스템 표준문서」 참조

A.2.4 에너지목표 및 세부목표

번호	항목	내용
1	목적	조직의 각 부서별로 문서화된 목표와 세부목표를 설정하고 성과를 관리함으로써 지속적인 개선을 하는데 목적이 있다,
2	적용 범위	본 단원은 OO회사 OOO사업장의 에너지목표와 세부목표의 수립, 유지관리, 성과평가 절차에 대하여 적용한다.
3	책임과 권한	3.1 최고경영자(경영대리인) 3.1.1 에너지목표와 세부목표 승인 … 3.2 에너지경영주관부서(부서장) …
4	절차	4.1 에너지경영시스템 운영부서는 부서별 에너지목표 및 세부목표를 수립하여 에너지경영 책임부서에 통보한다. 4.2 에너지경영 주관부서장은 부서별 에너지목표 및 세부목표를 근거로 전체 사업장 목표를 수립한다. …
5	기록관리	본 단원의 업무결과 발생된 기록은 본 에너지경영시스템 운영매뉴얼 "기록관리"에 의거하여 관리되어야 한다.
6	관련문서	6.1 에너지경영시스템 운영매뉴얼 "에너지방침" 6.2 에너지경영시스템 운영매뉴얼 "법규 및 그 밖의 요구사항" 6.3 에너지경영시스템 운영매뉴얼 "성과관리" 6.4 에너지경영시스템 운영매뉴얼 "에너지 실행계획" 6.5 에너지경영시스템 운영매뉴얼 "경영검토" 6.6 에너지경영시스템 운영지침 "에너지 검토 지침"

※ 자세한 내용은 에너지관리공단(2008), 「에너지경영시스템 표준문서」 참조

A.2.5 자원, 역할, 책임 및 권한

번호	항목	내용
1	목적	기업 활동과 관련하여 에너지경영시스템의 관리, 감독, 실행을 위한 조직의 역할, 책임, 권한을 규정함으로써 효과적인 에너지경영을 수행하는데 그 목적이 있다.
2	적용 범위	에너지경영시스템의 관리, 감독, 실행을 위한 조직 및 조직원에 대하여 적용한다.
3	책임과 권한	3.1 최고경영자 3.1.1 에너지경영시스템의 개발 및 유지, 지속적 개선 의지 3.1.2 에너지방침 수립, 에너지경영매뉴얼의 승인 … 3.2 경영자 대리인 … 3.3 에너지경영 주관부서 …

※ 자세한 내용은 에너지관리공단(2008), 「에너지경영시스템 표준문서」 참조

A.2.6 적격성, 훈련, 인식

번호	항목	내용
1	목적	에너지에 영향을 주는 모든 계층의 임직원들을 대상으로 적절한 에너지교육, 훈련의 실시 및 유지체계를 규정하여 업무수행 능력을 향상시키고 적절한 자격이 있는 자로 하여금 그 업무를 수행토록 하여 에너지경영시스템을 원활히 실행할 수 있도록 하는 것에 목적이 있다.
2	적용 범위	에너지경영시스템 운영에 관련된 조직 및 업무에 종사하는 직원들의 교육훈련, 인식 및 자격관리 업무에 적용한다.
3	책임과 권한	3.1 에너지주관부서(부서장) 3.1.1 에너지교육계획을 수립하고 교육실시를 주관 … 3.2 에너지경영운영부서(부서장) …
4	절차	4.1 교육훈련 절차 수립 및 유지 에너지경영책임자는 에너지교육계획을 실시하기 위한 절차 수립 및 유지 … 4.2 에너지방침은 경영의지를 반영하여야 하며, 다음 사항과 연계성을 가져야 한다. 4.2.1 경영의지 및 전력기획 … 4.3 …
5	기록관리	본 단원의 업무결과 발생된 기록은 본 에너지경영시스템 운영매뉴얼 "기록관리" 에 의거하여 관리되어야 한다.
6	관련문서	6.1 에너지경영시스템 운영절차 "교육훈련절차" 6.2 에너지경영시스템 운영절차 "에너지 검토 지침" 6.3 에너지경영시스템 운영매뉴얼 "에너지방침" 6.4 에너지경영시스템 운영매뉴얼 "에너지목표 및 세부목표" 6.5 에너지경영시스템 운영매뉴얼 "에너지 실행계획"

※ 자세한 내용은 에너지관리공단(2008), 「에너지경영시스템 표준문서」 참조

A.2.7 구매

번호	항목	내용
1	목적	조직의 생산, 활동 및 서비스와 관련하여 에너지, 에너지 관련 장비 및 설비, 시스템의 구매절차를 규정함으로써 에너지방침, 에너지목표 및 세부목표를 달성하는 데에 그 목적이 있다.
2	적용 범위	에너지 사용량 및 효율에 영향을 미치는 기업의 생산, 활동, 서비스와 관련한 에너지, 에너지 관련 장비 및 설비, 시스템에 대하여 적용한다.
3	책임과 권한	3.1 에너지경영 주관부서(부서장) 3.1.1 친에너지 구매 형태로 구매 또는 임차된 대상에 대해서 그 실효성에 대한 평가를 지속적으로 수행하고 그 결과를 구매부서장에게 전달한다. 3.2 구매부서장(에너지경영 운영부서장) …
4	절차	구매부서장은 친에너지 제품을 입증하는 기준을 정하고, 절차를 마련하기 위하여 본 단원과 관련된 절차는 별도로 정한 "구매지침"에 따른다.
5	기록관리	본 단원의 업무결과 발생된 기록은 본 에너지경영시스템 운영매뉴얼 "기록관리"에 의거하여 관리되어야 한다.
6	관련문서	6.1 에너지경영시스템 운영절차 "구매절차" 6.2 에너지경영시스템 운영매뉴얼 "에너지방침" 6.3 에너지경영시스템 운영매뉴얼 "에너지목표 및 세부목표"

※ 자세한 내용은 에너지관리공단(2008), 「에너지경영시스템 표준문서」 참조

A.2.8 장비, 설비 및 프로세스 관리

번호	항목	내용
1	목적	에너지경영시스템의 운영과 관련한 각 조직의 일상적인 업무, 활동, 절차와 조직의 건물 또는 에너지 이용관련 장비, 설비 및 프로세스의 관리 절차를 규정함으로써 에너지 사용을 가장 효율적인 상태로 유지하는 데에 목적이 있다.
2	적용 범위	에너지 이용과 관련된 장비, 설비 및 프로세스에 적용된다.
3	책임과 권한	3.1 에너지경영 주관부서(부서장) 3.1.1 에너지 품질조사와 이에 대한 대책수립 … 3.2 에너지경영 운영부서(부서장) …
4	절차	4.1에너지이용과 관련된 조직의 장비, 설비 및 프로세스를 확인하고 관리하여야 한다. …
5	기록관리	본 단원의 업무결과 발생된 기록은 본 에너지경영시스템 운영매뉴얼 "기록관리" 에 의거하여 관리되어야 한다.
6	관련문서	6.1 에너지경영시스템 운영매뉴얼 "에너지방침" 6.2 에너지경영시스템 운영매뉴얼 "에너지목표 및 세부목표" 6.3 에너지경영시스템 운영매뉴얼 "구매" 6.4 에너지경영시스템 운영절차 "장비, 설비 및 프로세스 관리절차"

※ 자세한 내용은 에너지관리공단(2008), 「에너지경영시스템 표준문서」 참조

A.2.9 에너지를 고려한 설계 활동

번호	항목	내용
1	목적	장비, 설비 및 프로세스의 도입, 확장, 개조 시 설계과정에서 에너지 소비량 혹은 에너지 효율을 최대화하여 조직의 에너지방침을 반영하고, 경영 전반 및 재무상황과 일관됨에 그 목적이 있다.
2	적용 범위	에너지 사용량 및 효율에 영향을 미치는 조직의 생산, 활동, 서비스와 관련한 에너지, 에너지장비, 설비 및 시스템의 설계활동에 대하여 적용한다.
3	책임과 권한	3.1 에너지경영 주관부서(부서장) … 3.2 설계담당부서 또는 운영부서 …
4	절차	4.1 설계 담당 부서장(또는 운영부서장)은 친에너지 설계 기준을 정하고, 절차를 마련하여야 한다. …
5	기록관리	본 단원의 업무결과 발생된 기록은 본 에너지경영시스템 운영매뉴얼 "기록관리"에 의거하여 관리되어야 한다.
6	관련문서	6.1 에너지경영시스템 운영매뉴얼 "에너지방침" 6.2 에너지경영시스템 "운영매뉴얼 구매" 6.3 에너지경영시스템 "고효율에너지설비 구매 규정"

※ 자세한 내용은 에너지관리공단(2008), 「에너지경영시스템 표준문서」 참조

A.2.10 에너지 실행계획

번호	항목	내용
1	목적	부서별로 문서화된 에너지목표와 세부목표를 실행하기 위해 에너지실행계획을 수립하고 관리함으로써 에너지경영을 체계적이고 지속적으로 개선 하는데 그 목적이 있다.
2	적용 범위	에너지 실행계획(과제, 세부추진계획)을 운영함으로써 에너지방침, 에너지목표 및 세부목표를 체계적으로 달성하려는 모든 사업장에 적용한다.
3	책임과 권한	3.1 최고경영자(경영자 대리인) 3.1.1 에너지 실행계획 승인 3.1.2 에너지 실행계획(과제) 검토 3.2 에너지경영 주관부서(부서장) … 3.3 에너지경영운영부서(부서장) …
4	절차	4.1 에너지 실행계획 수립 … 4.2 에너지 실행계획의 모니터링 … 4.3 에너지경영 추진계획의 변경 …
5	기록관리	본 단원의 업무결과 발생된 기록은 본 에너지경영시스템 운영매뉴얼 "기록관리" 에 의거하여 관리되어야 한다.
6	관련문서	6.1 에너지경영시스템 운영매뉴얼 "성과관리" 6.2 에너지경영시스템 운영매뉴얼 "에너지목표 및 세부목표"

※ 자세한 내용은 에너지관리공단(2008), 「에너지경영시스템 표준문서」 참조

A.2.11 의사소통

번호	항목	내용
1	목적	에너지경영시스템 운영 책임 및 권한이 있는 조직원들이 필요정보를 습득하고 진행상황을 파악하여 에너지경영시스템의 성공적인 실행과 운영을 보장함을 목적으로 한다.
2	적용 범위	에너지경영시스템 운영과정에서 내부의 의사 전달체계와 외부이해관계자의 의사소통에 있어서 정보접수, 문서화 및 대응방안에 대해 적용한다.
3	책임과 권한	3.1 최고경영자(경영자 대리인) … 3.2 에너지경영 주관부서(부서장) … 3.3 에너지경영 운영부서(부서장) …
4	절차	4.1 에너지 정보의 접수 및 등록 … 4.2 정보의 분류/ 원인분석/ 대책수립 … 4.3 정보의 처리 및 전달 …
5	기록관리	본 단원의 업무결과 발생된 기록은 본 에너지경영시스템 운영매뉴얼 "기록관리"에 의거하여 관리되어야 한다.
6	관련문서	6.1 에너지경영시스템 매뉴얼 "문서화" 6.2 에너지경영시스템 지침 "의사소통 절차"

※ 자세한 내용은 에너지관리공단(2008), 「에너지경영시스템 표준문서」 참조

A.2.12 문서화

번호	항목	내용
1	목적	에너지경영시스템을 실행하기 위하여 필요한 문서의 제정 및 유지를 위해 필요한 내용을 정의하고 조직이 업무를 수행하는데 필요한 문서관리를 체계화하여 에너지경영시스템이 규정의 요건에 적합하게 하는데 그 목적이 있다.
2	적용 범위	문서의 작성, 검토, 승인, 배포, 폐기, 구분의 활용 및 사외 출처의 문서관리 및 에너지경영시스템을 도입, 실행하기 위한 모든 부서에 적용한다.
3	책임과 권한	3.1 최고경영자(경영자 대리인) … 3.2 에너지경영 주관부서(부서장) … 3.3 에너지경영 운영부서(부서장) …
4	절차	4.1 에너지경영시스템의 수립 … 4.2 에너지경영시스템의 문서화의 체계 … 4.3 배포 및 유지관리 … 4.4 에너지경영시스템의 문서화 …
5	기록관리	5.1 에너지문서의 작성/검토/승인 … 5.2 에너지 문서의 배포 … 5.3 에너지 문서의 폐기 … 5.4 에너지 문서의 식별 및 유지, 보관 … 5.5 외부출처의 문서관리 …
6	관련문서	6.1 에너지경영시스템 매뉴얼 "법규 및 그 밖의 요구사항" 6.2 에너지경영시스템 지침 "문서관리 절차" 6.3 에너지경영시스템 운영규정 "문서 작성지침" 6.4 서식관리 지침

※ 자세한 내용은 에너지관리공단(2008), 「에너지경영시스템 표준문서」 참조

A.2.13 기록관리

번호	항목	내용
1	목적	에너지경영시스템 실행결과에 대한 객관적 증거를 확보하여 기업 활동이 에너지경영시스템의 요구사항에 적합하다는 증거와 에너지경영시스템의 효과적인 운영에 대한 증거를 제공하는 데에 목적이 있다.
2	적용 범위	에너지에 관련된 기록을 수집, 색인, 파일링, 열람, 보관, 이관, 폐기에 대한 관리방법 및 절차에 대하여 적용한다.
3	책임과 권한	3.1 에너지경영 주관부서장(문서담당 부서장) … 3.2 에너지경영 운영부서(부서장) …
4	절차	4.1 에너지에 영향을 주는 모든 기록은 관련표준에 따라 분류, 보관, 유지 …
5	에너지기록의 보존 및 폐기	에너지기록의 보존연한은 표준에 따라 설정하고, 부서별 실정에 따라 보존 연한을 연장할 수 있다.
6	관련문서	6.1 에너지경영시스템 매뉴얼 "기록관리 절차"

※ 자세한 내용은 에너지관리공단(2008), 「에너지경영시스템 표준문서」 참조

A.2.14 에너지모니터링 및 측정

번호	항목	내용
1	목적	에너지경영책임자가 필요한 에너지 데이터 및 기타 관련 데이터를 주기적으로 수집하여 에너지 소비, 비용, 중요 에너지이용 및 성과지표들의 변화를 지속적으로 파악하는 데에 목적이 있다.
2	적용 범위	에너지경영시스템이 목표를 달성하고 효과를 실현하고 있는지를 입증하고, 목표를 달성하기 위한 진행과정을 모니터링 할 수 있는 모든 업무에 적용한다.
3	책임과 권한	3.1 에너지경영 주관부서(부서장) … 3.2 에너지경영 운영부서(부서장) …
4	절차	4.1 에너지 사용에 중요한 영향을 미칠 수 있는 작업과 활동의 주요 특성을 정기적으로 감시 및 측정한다. … 4.2 정보의 분류/ 원인분석/ 대책수립 … 4.3 정보의 처리 및 전달 …
5	기록관리	본 단원의 업무결과 발생된 기록은 본 에너지경영시스템 운영매뉴얼 "기록관리" 에 의거하여 관리되어야 한다.
6	관련문서	6.1 에너지경영시스템 매뉴얼 "에너지검토" 6.2 에너지경영시스템 지침 "장비, 설비 및 프로세스 관리" 6.3 에너지경영시스템 운영규정 "에너지 모니터링 및 측정 절차"

※ 자세한 내용은 에너지관리공단(2008),「에너지경영시스템 표준문서」 참조

A.2.15 모니터링 및 측정 장치 관리

번호	항목	내용
1	목적	정확한 모니터링과 측정을 위하여 해당 장치를 확보하고, 정밀도 및 정확도를 확보하여 에너지검토결과와 각종 모니터링 및 측정의 유효성을 확보하는 데에 목적이 있다.
2	적용 범위	에너지 모니터링 및 측정에 관계된 모든 장치에 적용된다.
3	책임과 권한	3.1 계측기 담당부서(에너지경영 주관부서) … 3.2 해당부서 …
4	절차	4.1 정확한 모니터링 및 측정을 위해 적합한 측정장치를 부착하여야 한다. …
5	기록관리	본 단원의 업무결과 발생된 기록은 본 에너지경영시스템 운영매뉴얼 "기록관리"에 의거하여 관리되어야 한다.
6	관련문서	6.1 에너지경영시스템 매뉴얼 "에너지검토 및 베이스라인" 6.2 에너지경영시스템 지침 "장비, 설비 및 프로세스 관리" 6.3 에너지경영시스템 운영규정 "모니터링장치 및 측정 장치의 관리절차"

※ 자세한 내용은 에너지관리공단(2008), 「에너지경영시스템 표준문서」 참조

A.2.16 준수평가

번호	항목	내용
1	목적	기업 활동에 관련된 국내외의 관련법규 및 기타 요구사항의 준수여부를 주기적으로 파악하여 평가하고 점검하는 데에 그 목적이 있다.
2	적용 범위	에너지경영활동과 관련된 법률 및 그 밖의 규제요건 등을 파악, 관리하고 준수하는 모든 활동 부서 및 업무에 적용한다.
3	책임과 권한	3.1 경영대리인 … 3.2 에너지경영 주관부서(부서장) … 3.3 에너지경영 운영부서(부서장) …
4	절차	4.1 준수평가 대상 법규 4.1.1 산업관행규약(법규 포함) …
5	관련문서	5.1 에너지경영시스템 매뉴얼 "준수평가 절차"

※ 자세한 내용은 에너지관리공단(2008), 「에너지경영시스템 표준문서」 참조

A.2.17 성과관리

번호	항목	내용
1	목적	에너지경영시스템 실행 결과를 수치적 데이터로 파악하여 그 효과성을 파악하고 에너지경영 성과를 조직 구성원 전체가 공유하여 에너지경영에 대한 인식을 제고시키는 것에 목적이 있다.
2	적용 범위	에너지경영시스템을 실행하고 있는 모든 구성원 및 기업 활동을 적용범위로 한다.
3	책임과 권한	책임과 권한 3.1 최고경영자 … 3.2 경영대리인, 에너지경영 주관부서장 …
4	절차	4.1 해당부서장은 각 부서별 에너지관련 성과지표를 체계적으로 관리하고 달성 여부를 점검하고 진행상황을 에너지경영책임자에게 통보하여야 한다. …
5	기록관리	본 단원의 업무결과 발생된 기록은 본 에너지경영시스템 운영매뉴얼 "기록관리" 에 의거하여 관리되어야 한다.
6	관련문서	6.1 에너지경영시스템 매뉴얼 "에너지검토 및 베이스라인" 6.2 에너지경영시스템 지침 "에너지목표 및 세부목표" 6.3 에너지경영시스템 운영규정 "에너지 실행계획" 6.4 에너지경영시스템 운영매뉴얼 A-16 "모니터링장치 및 측정 장치의 관리"

※ 자세한 내용은 에너지관리공단(2008), 「에너지경영시스템 표준문서」 참조

A.2.18 부적합, 시정 및 예방조치

번호	항목	내용
1	목적	조직의 활동, 서비스와 관련한 에너지 부적합의 원인분석, 시정 및 예방조치의 절차를 규정함으로써 재발방지 및 잠재적인 발생 가능성을 사전에 조치하는데 그 목적이 있다.
2	적용 범위	에너지경영시스템에 관련된 활동, 서비스에 대해 발생된 에너지 관련 부적합 사항의 시정 및 예방조치에 대하여 적용한다.
3	책임과 권한	3.1 에너지경영 주관부서(부서장) … 3.2 해당부서장 … 3.3 내부심사자 …
4	절차	4.1 일반 사항 … 4.2 잠재 부적합의 시정/예방조치 … 4.3 시정 및 예방조치 … 4.4 시정 및 예방조치 확인 …
5	기록관리	본 단원의 업무결과 발생된 기록은 본 에너지경영시스템 운영매뉴얼 "기록관리" 에 의거하여 관리되어야 한다.
6	관련문서	6.1 에너지경영시스템 매뉴얼 "부적합, 시정 및 예방조치 절차" 6.2 에너지경영시스템 지침 "내부심사"

※ 자세한 내용은 에너지관리공단(2008), 「에너지경영시스템 표준문서」 참조

A.2.19 내부심사

번호	항목	내용
1	목적	해당부문에서 실시하고 있는 에너지경영시스템의 운영이 의도된 계획대로 실행되고 있는지 확인하고 발견된 부적합에 대해 시정조치 실시에 목적이 있다.
2	적용 범위	에너지경영시스템을 실행하고 있는 사업장 내 모든 기업 활동과 구성원에 적용된다.
3	책임과 권한	3.1 경영자 대리인 … 3.2 에너지경영 주관부서(부서장) … 3.3 심사대상 부서장 …
4	절차	4.1 일반 사항 … 4.2 내부심사 계획 … 4.3 내부심사의 실시 … 4.4 시정조치 … 4.5 내부심사 결과의 보고 … 4.6 사후관리 …
5	기록관리	본 단원의 업무결과 발생된 기록은 본 에너지경영시스템 운영매뉴얼 "기록관리"에 의거하여 관리되어야 한다.
6	관련문서	6.1 에너지경영시스템 매뉴얼 "내부심사절차" 6.2 에너지경영시스템 지침 "부적합, 시정 및 예방조치"

※ 자세한 내용은 에너지관리공단(2008), 「에너지경영시스템 표준문서」 참조

A.2.20 경영검토

번호	항목	내용
1	목적	에너지방침, 에너지목표 및 세부목표, 성과보고 등에 대해 경영검토를 규정하여 에너지경영시스템의 지속적인 적합성과 유효성을 보장하는데 그 목적이 있다.
2	적용 범위	에너지경영시스템의 적합성과 유효성을 보증하기 위한 에너지경영시스템의 경영검토에 대하여 적용한다.
3	책임과 권한	3.1 최고경영자 … 3.2 경영대리인 … 3.3 에너지경영 주관부서(부서장) … 3.4 에너지경영 운영부서 …
4	절차	4.1 경영검토 … 4.2 경영검토 내용 … 4.3 경영검토 결과 …
5	기록관리	본 단원의 업무결과 발생된 기록은 본 에너지경영시스템 운영매뉴얼 "기록관리"에 의거하여 관리되어야 한다.
6	관련문서	6.1 에너지경영시스템 운영매뉴얼 "에너지방침" 6.2 에너지경영시스템 운영매뉴얼 "에너지목표 및 세부목표" 6.3 에너지경영시스템 운영매뉴얼 "에너지 실행계획" 6.4 에너지경영시스템 운영매뉴얼 "성과관리" 6.5 에너지경영시스템 운영매뉴얼 "부적합, 시정 및 예방조치" 6.6 에너지경영시스템 운영매뉴얼 "내부심사"

※ 자세한 내용은 에너지관리공단(2008), 「에너지경영시스템 표준문서」 참조

A.3 에너지경영시스템 운영절차 · 지침서 양식

NO	문서번호	표준명	개정현황		비 고
			번호	개정일자	
A.3.1	EnMS-IA-111	에너지검토지침			
A.3.2	EnMS-PA-120	교육훈련절차			
A.3.3	EnMS-PA-130	구매절차			
A.3.4	EnMS-PA-140	장비,설비 및 프로세스 관리절차			
A.3.5	EnMS-PA-150	의사소통절차			
A.3.6	EnMS-PA-160	문서관리절차			
A.3.7	EnMS-IA-161	문서작성지침			
A.3.8	EnMS-PA-170	기록관리절차			
A.3.9	EnMS-PA-180	에너지 모니터링 및 측정절차			
A.3.10	EnMS-PA-190	모니터링장치 및 측정장치의 관리절차			
A.3.11	EnMS-PA-200	준수평가절차			
A.3.12	EnMS-PA-210	부적합,시정 및 예방조치 절차			
A.3.13	EnMS-PA-220	내부심사 절차			

A.3.1 에너지 검토 지침

<table>
<tr><td rowspan="4">회사사업장명</td><td rowspan="2">EnMS 운영지침</td><td>문서번호</td><td>EnMS-IA-111</td></tr>
<tr><td>개정일자</td><td></td></tr>
<tr><td rowspan="2">에너지 검토 지침</td><td>개정번호</td><td></td></tr>
<tr><td>페이지수</td><td></td></tr>
</table>

번호	항목	내용
1	목적	사업장 운영 중 에너지 사용 상당량을 차지하거나 최대 에너지 절약 잠재량을 가지는 장비 및 공정을 파악하여 에너지 사용 저감노력에 대한 우선순위를 결정하는 데에 그 목적이 있다.
2	적용 범위	사업장의 운영상 직 · 간접적으로 효율적 에너지 사용에 영향을 미치고 있거나 미칠 가능성이 있는 조직의 활동, 제품 및 서비스의 에너지이용을 파악, 평가, 등록하는데 적용한다.
3	용어의 정의	3.1 에너지경영시스템 … 3.2 최고경영자 … 3.3 에너지 검토 … 3.4 중요에너지이용 … 3.5 에너지와 관련된 환경영향 … 3.6 에너지 성과지표(EnPIs: Energy Performance Indicator) … 3.7 에너지베이스라인 …
4	책임과 권한	4.1 최고경영자 … 4.2 에너지경영 주관부서(부서장) … 4.3 에너지경영 운영부서(부서장) …
5	절차	5.1 일반사항 … 5.2 에너지이용 요소 … 5.3 공정/활동분석 및 에너지이용 식별 … 5.4 …
6	기록	6.1 측정 및 기타 데이터에 근거한 과거 및 현재의 에너지 소비 6.2 중요에너지이용 6.3 에너지와 관련한 환경영향 6.4 성과지표를 검토하여 에너지의 효율적 이용에 필요한 개선 부문 확인 및 개선 계획 수립
7	관련문서	7.1 에너지경영시스템 운영매뉴얼 "에너지검토 및 베이스라인" 7.2 에너지경영시스템 운영매뉴얼 "에너지목표 및 세부목표" 7.3 에너지경영시스템 운영매뉴얼 "에너지 실행계획" 7.4 에너지경영시스템 운영절차 "장비, 설비 및 프로세스 관리절차" 7.5 에너지경영시스템 운영절차 "교육훈련절차"

※ 자세한 내용은 에너지관리공단(2008), 「에너지경영시스템 –운영절차 · 지침서–」 참조

[별첨 1] 에너지 검토 업무흐름도

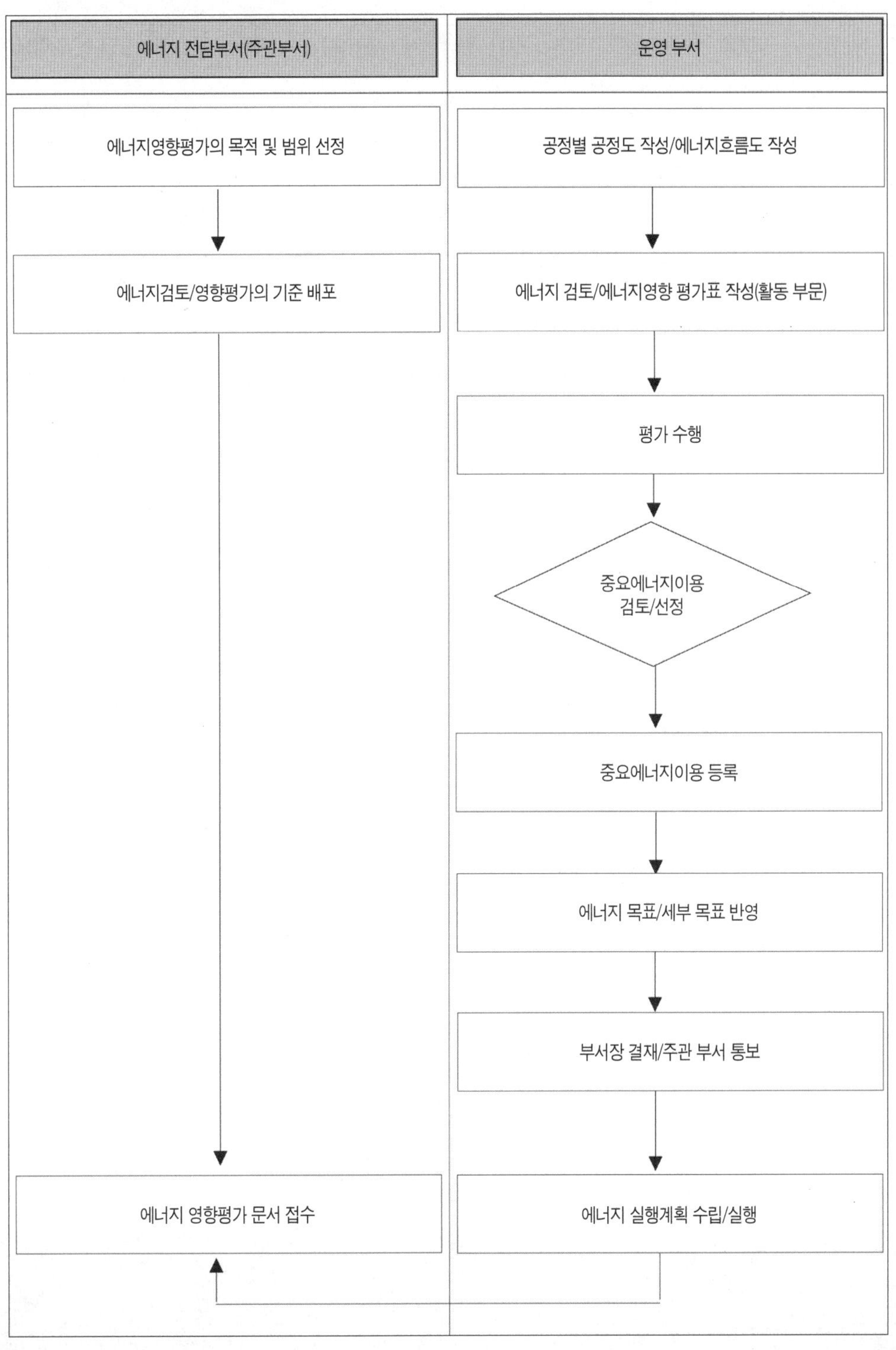

[양식 1] 에너지관리공정도

No.	공정명	관리항목	판정기준치	관리주기	관리방법	기록방법	관리담당	관련표준
1								
2								
3								
4								
5								

* 공 정 명 : 해당 공정의 이름. 예) CASTING, 중합
* 관리항목 : 공정을 세분화하여 관리할 항목을 정리. 예) PINNING 전압/전류, DANCER ROLL 압력, STRIPPING 시간 등
* 판정기준치 : 생산과 품질 관리 범위에서의 에너지절감을 위한 최소운전조건. 예) 93±5℃/BATCH, 2500±200kg/hr 등
* 관리주기 : 관리해야 하는 주기. 예) 매 BATCH, 2HR, 1회/8hr 등
* 관리방법 : 관리하는 방법 및 장비. 예) 운전화면, 육안, PANEL 등
* 기록방법 : 관리하는 항목을 기록하는 매체나 방법. 예) CHECK-SHEET, 운전일지 등
* 관리담당 : 관리항목별로 관리할 담당부서나 담당자. 예) 중합운전원, 작업반장 등
* 관련표준 : 관리항목 및 공정과 관련된 업무표준. 예) 설비관리표준, 계측장비관리지침 등

[양식 2] 에너지베이스라인

1. 일반사항

부서명		Data기간	
작성자		작성기간	

2. 에너지베이스라인

No.	부서코드	공정명 (설비명)	사용 에너지	연 사용량 (3년평균)	단위	위치	측정주기	기타	담당자
1									
2									
3									
4									
5									

[양식 3] 에너지검토/영향 평가표

1. 일반사항

부서명		Data기간	
작성자		작성기간	

2. 에너지검토

No.	부서 코드	공정명 (설비명)	사용 에너지	용량	단위	설치수량	일가동 시간	월가동 시간	에너지 효율(%)	설치 위치	조사자	사용 유무	기타
1													
2													
3													
4													
5													

3. 에너지영향 평가표

No.	부서 코드	공정명 (설비명)	사용 에너지				에너지 이용	중요도 평가			에너지 수준	결과 등급	실행계획 반영여부
			전력 (kW)	연료 (ton)	용수 (ton)	기타		양	법규제	이해 관계자			
1													
2													
3													
4													
5													

* 에너지이용은 전력, LNG 등 사용에너지 표기

* 중요도 평가 평가기준

1) 양 : 부서발생량 대비 20% 이상 5점, 10~20% 미만 3점, 5~10% 미만 2점, 5% 미만 1점

2) 법규제 : 에너지, 환경, 기타 법규제 있고 시정조치 있었음 5점
   에너지, 환경, 기타 법규제 있으나 법규제 내 운영/사용 3점
   에너지, 환경, 기타 미치는 영향 없음 1점

3) 이해관계자 : 내외부 이해관계자 협조공문, 민원, 시정조치 있었음 5점
   공식적 민원 없으나 관심 많음 3점, 문제 제기 전혀 없음 1점

* 에너지수준 : 중요도 평가 점수 합계

* 결과등급 : A등급 13~15점, B등급 10~12점, C등급 6~9점, D등급 5점 이하

* 실행계획 반영여부 : O, X로 표시

A.3.2 교육훈련절차

<table>
<tr><td rowspan="4">회사 사업장명</td><td rowspan="2">EnMS 운영절차</td><td>문서번호</td><td>EnMS-PA-120</td></tr>
<tr><td>개정일자</td><td></td></tr>
<tr><td rowspan="2">교육훈련절차</td><td>개정번호</td><td></td></tr>
<tr><td>페이지수</td><td></td></tr>
</table>

번호	항목	내용
1	목적	에너지경영시스템을 보다 효과적으로 운영하기 위해 에너지관련 업무를 수행하는 직원에 대한 교육, 훈련을 체계적으로 실시하여 개개인의 업무능력을 향상시키는데 목적이 있다.
2	적용 범위	에너지경영시스템 운영에 관련된 조직 및 업무에 종사하는 직원들의 교육훈련, 인식 및 자격관리 업무에 적용한다.
3	용어의 정의	3.1 적격성 … 3.2 에너지 교육 … 3.3 부서별 에너지 직무 교육 … 3.4 사외위탁 교육 … 3.5 심사자 자격부여 교육 …
4	책임과 권한	4.1 에너지경영주관부서 … 4.2 에너지경영운영 부서장 …
5	절차	5.1 일반사항 … 5.2 교육계획의 수립 … 5.3 교육 실시 … 5.4 교육 실적관리 및 조치 …
6	기록	6.1 교육 과정명 6.2 교육훈련 주관기관 6.3 교육훈련 기간 6.4 교육훈련 과목 및 내용 요약 6.5 강사 성명 6.6 피교육자 성명
7	관련문서	7.1 에너지경영시스템 매뉴얼 "적격성, 훈련, 인식" 7.2 에너지경영시스템 운영절차 "에너지 검토 지침" 7.3 에너지경영시스템 운영절차 "에너지 모니터링 및 측정절차" 7.4 에너지경영시스템 운영절차 "모니터링장치 및 측정 장치의 관리절차"
8	관련 양식	8.1 연간교육훈련계획서 8.2 교육훈련기록서(사내, 사외) 8.3 참석자 명단

※ 자세한 내용은 에너지관리공단(2008), 「에너지경영시스템 –운영절차 · 지침서–」 참조

[양식 1] 연간교육훈련계획서

□최고경영자　　□ 실무자　　□내부심사원							
성 명				생년월일	20 . . .		
직 위				입 사 일 (최초계약일)	. . .		
교 육 기 록							
No.	구분		교육훈련기간 (시간)	교육훈련 기관명	교육훈련 과정명	훈련 방법	비 고
	사 내	사 외					
※ 추가기록은 별지 사용							

[양식2] 교육훈련기록서(사내. 사외)

부서		직위		성명	
교육명					
일시					
교육내용 ◎ 첨부 □교육일정 □교재 □기타 :					

[양식3] 참석자 명단

<table>
<tr><td colspan="2">교육명</td><td colspan="8"></td></tr>
<tr><td colspan="2">일시</td><td colspan="8"></td></tr>
<tr><td colspan="2">장소</td><td colspan="4"></td><td>강사</td><td colspan="3">(인)</td></tr>
<tr><td colspan="2">참석자수</td><td colspan="8"></td></tr>
<tr><td colspan="10">교 육 기 록</td></tr>
<tr><td colspan="10"></td></tr>
<tr><td colspan="10">참석자 명단</td></tr>
<tr><td>No</td><td>성명</td><td>No</td><td>성명</td><td>No</td><td>성명</td><td>No</td><td>성명</td><td>No</td><td>성명</td></tr>
<tr><td>1</td><td></td><td>6</td><td></td><td>11</td><td></td><td>16</td><td></td><td>21</td><td></td></tr>
<tr><td>2</td><td></td><td>7</td><td></td><td>12</td><td></td><td>17</td><td></td><td>22</td><td></td></tr>
<tr><td>3</td><td></td><td>8</td><td></td><td>13</td><td></td><td>18</td><td></td><td>23</td><td></td></tr>
<tr><td>4</td><td></td><td>9</td><td></td><td>14</td><td></td><td>19</td><td></td><td>24</td><td></td></tr>
<tr><td>5</td><td></td><td>10</td><td></td><td>15</td><td></td><td>20</td><td></td><td>25</td><td></td></tr>
<tr><td colspan="2">첨부</td><td colspan="8">□ 교재
□ 기타 :</td></tr>
</table>

A.3.3 구매 절차

<table>
<tr><td rowspan="4">회사 사업장명</td><td rowspan="2">EnMS 운영절차</td><td>문서번호</td><td>EnMS-PA-130</td></tr>
<tr><td>개정일자</td><td></td></tr>
<tr><td rowspan="2">구매 절차</td><td>개정번호</td><td></td></tr>
<tr><td>페이지수</td><td></td></tr>
</table>

번호	항목	내용
1	목적	에너지경영시스템을 보다 효과적으로 운영하기 위해 에너지, 에너지 장비, 설비 및 시스템을 구매할 경우 에너지 효율이 높고 에너지 사용량이 적은 것을 선택하여 기업의 잠재적인 에너지 비용을 줄이는데 목적이 있다.
2	적용 범위	에너지, 에너지관련 장비, 설비 및 시스템의 구매와 관련된 업무와 조직에 적용한다.
3	용어의 정의	3.1 친에너지 장비, 설비, 시스템(이하 친에너지 제품)의 범위 … 3.2 친에너지구매 … 3.3 에너지효율 …
4	책임과 권한	4.1 구매부서장 또는 에너지경영주관부서 … 4.2 에너지경영 운영부서장 … 4.3 에너지경영주관부서(부서장) … 4.4 공급사의 책무 …
5	절차	5.1 구매부서 등의 구매관련부서는 … 5.2 에너지경영주관부서는 … 5.3 해당부서장은 … 5.4 에너지부서의 적합성 검토자료와 종합의견을 바탕으로 구매부서는 … 5.5 구매부서장은 … 5.6 각 부서장은 …
6	기록	본 절차의 업무결과 발생된 기록은 본 에너지경영시스템 운영매뉴얼 "기록관리" 에 의거하여 관리되어야 한다.
7	관련문서	7.1 에너지경영시스템 매뉴얼 "구매"
8	관련 양식	8.1 친에너지제품 구매율 관리

※ 자세한 내용은 에너지관리공단(2008), 「에너지경영시스템 –운영절차 · 지침서–」 참조

[양식 1] 친에너지제품 구매율 관리-에너지소비 효율등급표시 제품

구 분	전체품목	해당O / X	구매율(%)	에너지절약제품 확인방법
에너지소비 효율등급 표시제도	- 전기냉장고 - 전기냉동고 - 김치냉장고 - 전기냉방기 - 전기세탁기 - 전기드럼세탁기 - 식기세척기 - 식기건조기 - 전기냉온수기 - 전기밥솥 - 전기진공청소기 - 선풍기 - 백열전구 - 형광램프 - 형광램프용안정기 - 안정기내장형램프 - 가정용가스보일러 - 자동차			에너지소비 효율등급라벨

* 해당 O / X : 친에너지제품 가운데 해당하는 제품을 O / X 로 표시

* 구매율 (%) : 사업장에 적용되는 제품 가운데 친에너지제품의 구매율

[양식2] 친에너지제품 구매율 관리-에너지절약 마크부착 제품

구 분	전체품목	해당O / X	구매율(%)	에너지절약제품 확인방법
에너지절약 마크제도	- 컴퓨터 - 모니터 - 프린터 - 팩시밀리 - 복사기 - 스캐너 - 복합기 - 자동절전제어장치 - 어댑터 - 텔레비전 수상기 - 비디오테이프레코다 - 오디오 - DVD플레이어 - 라디오카세트 - 전자레인지 - 휴대전화충전기 - 셋톱박스 - 도어폰 - 유무선전화기 - 비데 - 모뎀 - 홈게이트웨이			에너지절약마크

[양식 3] 친에너지 제품 구매율 관리–고효율 기자재마크 제품

구 분	전체품목	해당O / X	구매율(%)	에너지절약제품 확인방법
고효율 에너지 기자재 인증제도	- 삼상유도전동기 - 26㎜ 32W형광램프 - 26㎜ 32W형광램프용안정기 - 안정기내장형램프 - 형광램프용고조도반사갓 - 조도자동조절조명기구 - 폐열회수형환기장치 - 고기밀성단열창호 - 산업건물용가스보일러 - 가정용가스보일러 - 펌프 - 원심식냉동기 - 무정전전원장치 - 자동판매기 - 전력용변압기 - 16mm형광램프 - 메탈할라이드램프용안정기 - 나트륨램프용안정기 - 인버터 - 난방용자동온도조절기 - LED교통신호등 - 복합기능형 수배전 시스템 - 직화흡수식 냉온수기 - 단상유도전동기 - 환풍기 - 원심식 송풍기 - 16mm형광램프용 안정기 - 간격기용 수중펌프 - 메탈할라이드램프 - 고휘도방전(HID)램프용고조도반사갓 - FPL32W콤팩트형형광램프통안정기 - FPL32W콤팩트형 형광램프 - 기름연소 온수보일러 - 산업 · 건물용 기름보일러 - 축열식버너 - 터보블로어 - LED유도등			고효율 기자재마크 고효율기자재

A.3.4 장비, 설비 및 프로세스 관리절차

<table>
<tr><td rowspan="4">회사 사업장명</td><td rowspan="2">EnMS 운영절차</td><td>문서번호</td><td>EnMS-PA-140</td></tr>
<tr><td>개정일자</td><td></td></tr>
<tr><td rowspan="2">장비, 설비 및 프로세스 관리절차</td><td>개정번호</td><td></td></tr>
<tr><td>페이지수</td><td></td></tr>
</table>

번호	항목	내용
1	목적	에너지경영시스템을 보다 효과적으로 운영하기 위해 건물, 에너지를 소비하는 장비, 설비 및 프로세스를 주기적으로 관리 · 점검하여 에너지 효율이 저하되는 것을 방지하는데 목적이 있다.
2	적용 범위	에너지의 구매, 저장, 사용 또는 폐기를 비롯하여 에너지이용과 관련된 장비, 설비 및 프로세스의 운영, 유지, 점검, 보전관리 관련 전반적인 업무에 대하여 적용한다.
3	용어의 정의	3.1 에너지 품질 … 3.2 지속적 개선 …
4	책임과 권한	4.1 에너지경영 주관부서(부서장) … 4.2 에너지경영 운영부서(부서장) …
5	절차	5.1 일반사항 … 5.2 설비 운영관리 … 5.3 계약시 … 5.4 협력업체 관리 …
6	기록	본 절차의 업무결과 발생된 기록은 본 에너지경영시스템 운영매뉴얼 "기록관리"에 의거하여 관리되어야 한다.
7	관련문서	7.1 에너지경영시스템 운영매뉴얼 "장비, 설비 및 프로세스 관리" 7.2 에너지경영시스템 운영절차 "에너지 검토 지침" 7.3 에너지경영시스템 운영절차 "에너지 모니터링 및 측정 절차" 7.4 에너지경영시스템 운영절차 "모니터링 장치 및 측정장치의 관리절차" 7.5 에너지경영시스템 운영절차 "부적합, 시정조치 및 예방조치 절차"
8	관련 양식	8.1 설비관리 양식

※ 자세한 내용은 에너지관리공단(2008), 「에너지경영시스템 –운영절차 · 지침서–」 참조

[양식 1] 설비관리 양식

No.	건물/ 공정명	설비명	종류	점검항목	기준	점검주기	위치	점검방법

* 종 류 : 관계되는 에너지. 예) 스팀, 전기, LNG, B-C유 등

* 점검항목 : 관리해야할 중점 요소. 예) 스팀 Trap 누설, 라인 Air 누설, 배관 방열/보온 등

* 기 준 : 관리기준. 예) 누설, 30℃ 이하, 20dB 이하 등

* 위 치 : 설비가 위치한 구역번호나 장소. 예) Y5X6, Y5X23~X24 등

* 점검방법 : 점검하는 방법, 장비. 예) 육안, 초음파 진단기, 적외선 온도계 등

A.3.5 의사소통 절차

<table>
<tr><td rowspan="4">회사 사업장명</td><td rowspan="2">**EnMS 운영절차**</td><td>문서번호</td><td>EnMS-PA-150</td></tr>
<tr><td>개정일자</td><td></td></tr>
<tr><td rowspan="2">**의사소통 절차**</td><td>개정번호</td><td></td></tr>
<tr><td>페이지수</td><td></td></tr>
</table>

번호	항목	내용
1	목적	에너지경영시스템 운영 책임 및 권한이 있는 조직원들이 내외부이해관계자로부터 필요 정보를 접수, 검토, 처리 및 처리결과를 내 · 외부 이해 관계자와의 의사소통의 제반절차를 규정하여 원활한 정보 전달과 의사소통으로 에너지경영시스템의 성공적인 실행과 운영을 보장하는데 목적이 있다.
2	적용 범위	에너지경영시스템 운영과정에서 내부의 의사 전달체계와 외부 이해 관계자의 의사소통에 적용한다.
3	용어의 정의	3.1 의사소통 … 3.2 내부의사소통 … 3.3 외부의사소통 …
4	책임과 권한	4.1 경영대리인 … 4.2 에너지경영주관부서(부서장) … 4.3 각 부서장 …
5	절차	5.1 의사소통의 접수, 전달방법 … 5.2 내부의사소통 … 5.3 외부 이해관계자와의 의사소통 …
6	기록	본 절차의 업무결과 발생된 기록은 본 에너지경영시스템 운영매뉴얼 "기록관리" 에 의거하여 관리되어야 한다.
7	관련문서	7.1 에너지경영시스템 매뉴얼 "의사소통"

※ 자세한 내용은 에너지관리공단(2008), 「에너지경영시스템 –운영절차 · 지침서–」 참조

A.3.6 문서관리 절차

<table>
<tr><td rowspan="4">회사 사업장명</td><td rowspan="2">EnMS 운영절차</td><td>문서번호</td><td>EnMS-PA-160</td></tr>
<tr><td>개정일자</td><td></td></tr>
<tr><td rowspan="2">문서관리 절차</td><td>개정번호</td><td></td></tr>
<tr><td>페이지수</td><td></td></tr>
</table>

번호	항목	내용
1	목적	시스템 문서의 작성, 변경, 검토, 승인, 배부, 회수 및 폐기 절차와 에너지경영시스템과 관련된 외부출처문서(국내 및 국제규격)의 식별 및 관리에 대한 사항을 명확히 정하여 운영시스템의 효율적 운영을 이루도록 하는데 목적이 있다.
2	적용 범위	에너지경영시스템에 대한 문서의 식별 및 관리에 대한 업무처리절차 및 방법에 대하여 적용한다. 다만, 3.3항 시스템 문서에서 정하지 않은 사항은 일반 문서로 정하며 일반문서에 대한 사항은 각 해당 절차에 따른다.
3	용어의 정의	3.1 문서 … 3.2 문서화된 절차 … 3.3 시스템문서 … 3.4 품질시스템 문서 체계 …
4	책임과 권한	4.1 최고경영자 … 4.2 에너지경영주관부서(부서장) … 4.3 각 부서장 …
5	절차	5.1 표준의 작성, 검토, 승인 및 폐지 … 5.2 등록 … 5.3 배부 … 5.4 회수 … 5.5 이력관리 …
6	외부출처 문서의 관리	6.1 에너지경영주관부서는 … 6.2 에너지경영주관부서는 … 6.3 외부출처 문서의 최신본에 관리번호를 부여하여 관리한다. 6.4 문서화된 외부출처 문서 중 …
7	문서의 열람	7.1 에너지경영주관부서는 …
8	표준문서의 작성 방법	표준의 작성에 대한 사항은 지침으로 정하여 운영한다.
9	양식관리 방법	인증 업무와 관련되어 반복적으로 작성, 사용하는 양식에 대한 관리방법은 지침으로 정하여 운영한다.
10	간행물 관리	홍보 및 사업목적으로 발행하는 간행물을 통해 고객에게 적절한 정보를 제공하기 위한 관련 절차를 정하여 운영한다.
11	표준의 효력	11.1 효력의 발생 … 11.2 효력의 상실 …
12	기록관리	본 절차의 업무결과 발생된 기록은 에너지경영시스템 운영매뉴얼 "기록관리"에 의거하여 관리되어야 한다. 표준관리에 대한 기록은 3년간 보존한다.

번호	항목	내용	
13	관련문서	에너지경영시스템 매뉴얼 "문서화"	
14	관련양식	14.1 문서배부기준 14.3 표준배부대장	14.2 표준목록대장 14.4 외부출처문서대장

※ 자세한 내용은 에너지관리공단(2008), 「에너지경영시스템 –운영절차 · 지침서–」 참조

[양식 1] 문서배부 기준

구 분		업무규정	매뉴얼	절차서	지침서	양 식	관련규격
임원별	최고경영자	◎	○	○	○	○	○
	A	◎	○	○	○	○	○
부서별	B	◎	○	○	○	○	○
	C	◎	○	○	○	○	○

○ 표시 : 배포
◎ 표시 : 열람
◇ 표시 : 필요시

• 관련심사 규격 : KS A 4000
• 심사원은 문서배부 기준에 따라 활용하며 심사관련 양식은 CD로 변환하여 배부한다.

구 분	문서 번호	표 준 명	개정 현황		비고
			번호	개정 일자	

[양식 2] 표준목록 대장

NO	배부처	부수	비고

[양식 3] 표준배부 대장

대분류	소분류	NO	문서명	출처	비고

[양식 4] 외부출처 문서대장

대분류	소분류	NO	문서명	출처	비고

A.3.7 문서 작성지침

<table>
<tr><td rowspan="4">회사 사업장명</td><td rowspan="2">EnMS 운영지침</td><td>문서번호</td><td>EnMS-1A-161</td></tr>
<tr><td>개정일자</td><td></td></tr>
<tr><td rowspan="2">문서 작성 지침</td><td>개정번호</td><td></td></tr>
<tr><td>페이지수</td><td></td></tr>
</table>

번호	항목	내용
1	목적	에너지경영시스템 활동과 관련한 매뉴얼 절차서, 지침서 및 양식 등을 문서로 작성하여 에너지경영업무와 관련된 방법을 명확히 규정하는데 그 목적이 있다.
2	적용 범위	에너지경영활동과 관련한 매뉴얼, 절차서, 지침서 및 양식 등의 문서 작성에 대하여 적용한다.
3	표준의 형태구성	3.1 작성용지는 A4 용지를 … 3.2 표준표지의 구성은 … 3.3 매뉴얼/지침서 내용의 구성은 … 3.4 표준문서 번호 부여방법 … 3.5 쪽 부여 방법 …
4	문서의 내용작성	4.1 매뉴얼, 절차서 및 지침서의 구성순서는 … 4.2 조항번호 부여방법 … 4.3 예시 … 4.4 첨부 … 4.5 개정번호 부여방법 …
5	양식 관리	5.1 "양식" 이라 함은 … 5.2 양식번호는 절차서 및 지침서에 사용된 순서대로 … 5.3 개정번호 부여방법: 양식의 일부가 변경되면 개정번호를 기록한다.
6	관련 문서	6.1 에너지경영시스템 매뉴얼 "문서화"

※ 자세한 내용은 에너지관리공단(2008), 「에너지경영시스템 –운영절차 · 지침서–」 참조

A.3.8 기록관리 절차

<table>
<tr><td rowspan="4">회사 사업장명</td><td rowspan="2">EnMS 운영절차</td><td>문서번호</td><td>EnMS-PA-170</td></tr>
<tr><td>개정일자</td><td></td></tr>
<tr><td rowspan="2">기록관리 절차</td><td>개정번호</td><td></td></tr>
<tr><td>페이지수</td><td></td></tr>
</table>

번호	항목	내용
1	목적	기록의 파악, 작성, 보관, 열람 및 폐기 절차를 정함으로써 에너지 경영시스템업무에 대한 증거확보, 기밀 유지 및 활용을 도모하는 것이 목적이다.
2	적용 범위	시스템 수행 과정의 적합함과 지속적인 신뢰성을 보장하기 위한 기록의 식별, 관리, 보전, 폐기 방법에 대하여 적용한다.
3	용어의 정의	3.1 기록 … 3.2 파일링 …
4	책임과 권한	4.1 해당부서장 … 4.2 에너지경영주관부서(부서장) …
5	기록	5.1 기록의 파악 … 5.2 기록의 작성 … 5.3 기록의 파일링 및 보관 … 5.4 기록의 보존 … 5.5 기록의 열람 … 5.6 기록의 폐기 …
6	관련 문서	6.1 에너지경영시스템매뉴얼 "기록관리"
7	관련 양식	7.1 문서보관, 보존 연한 7.2 기록관리 대장 7.3 CD관리대장

※ 자세한 내용은 에너지관리공단(2008), 「에너지경영시스템 –운영절차 · 지침서–」 참조

[양식 1] 문서 보관, 보존 연한

구분	기 록 내 용	보관 년한	보존 년한	비고
부서관리		1년	1년	
시스템 문서 및 자료관리	• 시스템 문서 • 자료	3년		유효한 문서는 계속유지
자원 관리	• 에너지경영 조직현황	3년	3년	〃
시스템운영	• 표준관리 • 위원회 • 내부감사 및 경영검토 • 시정조치 • 불만 및 이의처리 • 기록관리	1년	3년	〃
기타	• 기타기록	3년	3년	〃

[양식 2] 기록관리 대장

부서	대분류	소분류	기록번호	관련양식	보관장소	비고

[양식 3] CD관리 대장

No.	CD명(Rev.)	등록일	보존기간	폐기자	서명

A.3.9 에너지 모니터링 및 측정 절차

회사 사업장명	EnMS 운영절차	문서번호	EnMS-PA-180
		개정일자	
	에너지 모니터링 및 측정 절차	개정번호	
		페이지수	

번호	항목	내용
1	목적	에너지 데이터 및 기타 관련 데이터를 주기적으로 수집하는 절차를 정함으로써, 에너지경영주관부서가 에너지 소비, 비용, 중요 에너지이용 및 성과지표들의 변화를 지속적으로 파악하는 데에 목적이 있다.
2	적용 범위	사업장 운영과 관련하여 에너지와 관련된 모든 활동, 공정 및 서비스에 대하여 적용한다.
3	용어의 정의	3.1 에너지경영 주관부서(부서장) … 3.2 에너지경영 운영부서(부서장) …
4	절차	4.1 모니터링 및 측정 시행 … 4.2 모니터링 및 측정 내용 … 4.3 모니터링 및 측정 주기 … 4.4 모니터링 및 측정결과 조치 …
5	기록 관리	본 절차의 업무결과 발생된 기록은 본 에너지경영시스템 운영매뉴얼 "기록관리"에 의거하여 관리되어야 한다.
6	관련문서	6.1 에너지경영시스템 매뉴얼 "에너지모니터링 및 측정"

※ 자세한 내용은 에너지관리공단(2008), 「에너지경영시스템 –운영절차 · 지침서–」 참조

A.3.10 에너지 모니터링장치 및 측정장치의 관리 절차

회사 사업장명	EnMS 운영절차	문서번호	EnMS-PA-190
		개정일자	
	에너지 모니터링장치 및 측정장치의 관리 절차	개정번호	
		페이지수	

번호	항목	내용
1	목적	사업장에서 사용하는 계측장비의 검교정 관리를 체계화 함으로써 에너지경영시스템의 신뢰감을 유지하는데 그 목적이 있다.
2	적용 범위	사업장에서 사용하는 에너지관련(공급, 사용) 계측장비의 관리에 대하여 적용한다.
3	용어의 정의	3.1 계측장비관리 … 3.2 검교정관리 … 3.3 측정표준 … 3.4 정도검사 …
4	책임과 권한	4.1 에너지경영주관부서 … 4.2 해당부서장(계측기관리부서 및 운영부서) …
5	절차	5.1 계측기 필요성 파악 … 5.2 구매요청 … 5.3 구매 … 5.4 등록/번호부여 … 5.5 사용 및 관리 … 5.6 검교정 대상 결정 … 5.7 검교정 의뢰 … 5.8 검교정 실시 … 5.10 부적합 계측기 파악 … 5.11 계측기 수리 … 5.12 이력관리 …
6	기록 관리	본 절차의 업무결과 발생된 기록은 본 에너지경영시스템 운영매뉴얼 "기록관리" 에 의거하여 관리되어야 한다.
7	관련문서	7.1 에너지경영시스템 매뉴얼 "모니터링장치 및 측정 장치의 관리"
8	관련 양식	8.1 계측기기 관리양식

※ 자세한 내용은 에너지관리공단(2008), 「에너지경영시스템 –운영절차 · 지침서–」 참조

[양식 1] 계측기기 관리양식

No.	설비	위치	용도 (용량)	설비 등급	교정 등급 (정밀도)	교정 주기	교정 번호	검교정 완료일	다음 검교정 계획일	비교점 검실적	담당자	측정값	지시값
1													
2													
3													
4													
5													

A.3.11 준수평가 절차

<table>
<tr><td rowspan="4">회사 사업장명</td><td rowspan="2">EnMS 운영절차</td><td>문서번호</td><td>EnMS-PA-200</td></tr>
<tr><td>개정일자</td><td></td></tr>
<tr><td rowspan="2">준수평가 절차</td><td>개정번호</td><td></td></tr>
<tr><td>페이지수</td><td></td></tr>
</table>

번호	항목	내용
1	목적	기업 활동에 관련된 국내외의 관련법규 및 기타 요구사항의 준수여부를 주기적으로 파악하여 평가하고 점검하는 데에 그 목적이 있다.
2	적용 범위	에너지경영활동과 관련된 법률 및 그 밖의 규제요건 등을 파악, 관리하고 준수하는 모든 활동 부서 및 업무에 적용한다.
3	용어의 정의	3.1 경영대리인 … 3.2 에너지경영주관부서(부서장) … 3.3 에너지경영운영부서(각 부서장) …
4	절차	4.1 각 부서장은 … 4.2 에너지경영책임자는 … 4.3 각 부서장은 부서에서 관리하는 … 4.4 에너지경영주관부서장은 내부심사 시 … 4.5 점검 및 평가결과를 경영대리인에게 보고하며, 에너지경영주관부서는 … 4.6 조직의 준수여부에 대한 평가는 … 4.7 에너지경영주관부서장은 에너지와 관련한 …
5	기록 관리	본 절차의 업무결과 발생된 기록은 본 에너지경영시스템 운영매뉴얼 "기록관리" 에 의거하여 관리되어야 한다.
6	관련문서	6.1 에너지경영시스템 매뉴얼 "준수평가" 6.2 에너지경영시스템 매뉴얼 "법규 및 그 밖의 요구사항" 6.3 에너지경영시스템 운영절차 "의사소통 절차" 6.4 에너지경영시스템 운영절차 "교육훈련절차"

※ 자세한 내용은 에너지관리공단(2008), 「에너지경영시스템 –운영절차 · 지침서–」 참조

A.3.12 부적합, 시정 및 예방조치 절차

<table>
<tr><td rowspan="4">회사 사업장명</td><td rowspan="2">EnMS 운영절차</td><td>문서번호</td><td>EnMS-PA-210</td></tr>
<tr><td>개정일자</td><td></td></tr>
<tr><td rowspan="2">부적합, 시정 및 예방조치 절차</td><td>개정번호</td><td></td></tr>
<tr><td>페이지수</td><td></td></tr>
</table>

번호	항목	내용
1	목적	실제 또는 잠재적인 부적합사항과 권고사항에 대해 원인을 규명하고 처리절차를 통해 원인제거 및 재발을 방지하며 사후관리를 실시함으로써 에너지경영시스템의 실행을 효과적으로 운영하는 데에 목적이 있다.
2	적용 범위	내부심사, 외부심사에서 부적합사항 및 권고사항에 대한 시정 및 예방조치에 대하여 적용한다.
3	용어의 정의	3.1 부적합사항 … 3.2 권고사항 … 3.3 시정조치 … 3.4 예방조치 …
4	책임과 권한	4.1 에너지경영주관부서(부서장) … 4.2 에너지경영 운영부서(해당 부서장) … 4.3 선임심사자/내부심사원 …
5	절차	5.1 일반사항 … 5.2 에너지경영 시정/예방조치요구서의 발행 … 5.3 시정/예방조치 원인분석, 계획수립 및 통보 … 5.4 에너지경영 시정 및 예방조치 내용평가 및 결과 확인 … 5.5 시정조치의 유효성 보증 …
6	기록 관리	본 절차의 업무결과 발생된 기록은 본 에너지경영시스템 운영매뉴얼 "기록관리"에 의거하여 관리되어야 한다.
7	관련문서	7.1 에너지경영시스템 매뉴얼 "부적합, 시정 및 예방조치" 7.2 에너지경영시스템 운영절차 "내부심사 절차"
8	관련 양식	8.1 에너지경영 시정/예방조치요구서 8.2 에너지경영 시정/예방조치요구서 관리대장

※ 자세한 내용은 에너지관리공단(2008), 「에너지경영시스템 –운영절차 · 지침서–」 참조

[양식 1] 에너지경영 시정/예방조치 요구서

<table>
<tr><td colspan="2" rowspan="3">(주)○○○</td><td colspan="5" rowspan="3">에너지경영시정 / 예방조치요구서</td><td colspan="2">번　호 :　-　-　-</td></tr>
<tr><td colspan="2">발 행 일　:</td></tr>
<tr><td colspan="2">페 이 지　:</td></tr>
<tr><td>해당
부서장</td><td></td><td>과　장</td><td colspan="2"></td><td>담
당</td><td></td><td>응신기한</td><td></td></tr>
<tr><td colspan="9">조치요구사항</td></tr>
<tr><td>담당 (심사자)</td><td>(인)</td><td>과장 (선임
심사자)</td><td colspan="2">(인)</td><td colspan="2">에너지
경영책임자</td><td colspan="2">(인)</td></tr>
<tr><td colspan="9">회신 (원인, 제안된 조치방안, 시정완료예정일, 재발방지대책)</td></tr>
<tr><td>담　당</td><td></td><td colspan="2">과　장</td><td colspan="2"></td><td colspan="2">부　장</td><td></td></tr>
<tr><td colspan="9">조치이행결과 확인　　　　□ 만족
□ 불만족
□ 재발행 (CAR No.　　　　　)

확인내용 :
1)
2)
3)
확인 :</td></tr>
<tr><td>담당
(심사자)</td><td>(인)</td><td>과장
(선임
심사자)</td><td colspan="2">(인)</td><td colspan="2">에너지경영
책임자</td><td colspan="2">(인)</td></tr>
<tr><td>유효성
확인</td><td colspan="8">□ 만족　□ 불만족　□ 재발행

201　년　월　일　　내부　심사원 :　　　　　　　　　　　(인)</td></tr>
</table>

[양식 2] 에너지경영 시정/예방조치 요구서

<table>
<tr><td rowspan="3">(주)○○○○</td><td rowspan="3">에너지경영
시정/예방조치요구서</td><td>번 호:---</td></tr>
<tr><td>발행일 :</td></tr>
<tr><td>페이지 :</td></tr>
<tr><td colspan="3"></td></tr>
</table>

[양식 3] 부적합, 시정 및 예방조치 요구서 관리대장

시정조치 대상기관 / 발행기관	시정조치 요구서번호	발행일 작성자	지적구분 (불만족 / 관찰)	제 목	1차 요구일 보고일	2차 요구일 보고일	3차 요구일 보고일	종결일자 경향분석	비 고

A.3.13 내부심사 절차

<table>
<tr><td rowspan="4">회사 사업장명</td><td rowspan="2">EnMS 운영절차</td><td>문서번호</td><td>EnMS-PA-220</td></tr>
<tr><td>개정일자</td><td></td></tr>
<tr><td rowspan="2">내부심사절차</td><td>개정번호</td><td></td></tr>
<tr><td>페이지수</td><td></td></tr>
</table>

번호	항목	내용
1	목적	사업장의 해당부문에서 실시하고 있는 에너지경영시스템의 운영이 의도된 계획대로 실행되고 있는지 확인하고 발견된 부적합에 대해 시정조치 실시에 목적이 있다.
2	적용 범위	에너지경영시스템을 실행하고 있는 사업장 내 모든 활동과 조직 구성원에 적용된다.
3	용어의 정의	3.1 에너지경영시스템 심사 … 3.2 정기심사 … 3.3 특별심사 … 3.4 선임심사자/심사반장 … 3.5 심사자 … 3.6 위배사항 … 3.7 관찰사항 …
4	책임과 권한	4.1 최고경영자 또는 경영대리인 … 4.2 에너지경영주관부서 (부서장) … 4.3 선임심사자 … 4.4 내부심사원 … 4.5 피심사부서 …
5	절차	5.1 일반사항 … 5.2 교육훈련, 심사자 자격부여 … 5.3 내부심사 수행계획 수립 및 준비 … 5.4 내부심사 수행 … 5.5 내부심사결과의 처리 …
6	기록	본 절차의 업무결과 발생된 기록은 본 에너지경영시스템 운영매뉴얼 “기록관리” 에 의거하여 관리되어야 한다.
7	관련문서	7.1 에너지경영 운영매뉴얼 “내부심사” 7.2 에너지경영 운영절차 “부적합, 시정 및 예방조치 절차”
8	관련 양식	8.1 내부심사자 자격부여/유지 기록서 8.2 내부심사 수행계획서 8.3 내부심사 점검표 8.4 내부심사 전,후 회의록 8.5 내부심사 보고서

※ 자세한 내용은 에너지관리공단(2008), 「에너지경영시스템 –운영절차 · 지침서–」 참조

[양식 1] 내부심사자 자격부여/유지 기록서

<table>
<tr><td>(주)○○○○</td><td colspan="3">내부심사자
자격 부여 / 유지기록</td><td>개정번호:
개정일자:
페 이 지:
/</td></tr>
<tr><td colspan="5">자격부여 : □ 선임심사자 □ 내부심사원</td></tr>
<tr><td colspan="2">성 명 :</td><td>직 급 :</td><td colspan="2">소속부서 :</td></tr>
<tr><td colspan="5">학 력 및 경 력</td></tr>
<tr><td>학 력</td><td colspan="4">□ 고졸 □ 전문 대졸 □ 대졸 □ 대학 원졸(전공학과:)</td></tr>
<tr><td>경 력</td><td colspan="4">에너지분야: 년 월
기타 이공분야: 년 월</td></tr>
<tr><td>전문기술</td><td colspan="4">기 사: 분야 급
기타 자격증:</td></tr>
<tr><td>특기사항</td><td colspan="4"></td></tr>
<tr><td>종합의견</td><td colspan="4"></td></tr>
<tr><td colspan="3">의사전달 능력 :</td><td colspan="2">평가자 :</td></tr>
<tr><td colspan="3">교육훈련 결과 :</td><td colspan="2">평가자 :</td></tr>
<tr><td colspan="5">자격유지기록</td></tr>
<tr><td colspan="2">기 간</td><td colspan="3">심사참여실적 / 업무수행실적 / 교육훈련실적</td></tr>
<tr><td colspan="2" rowspan="3"></td><td colspan="3"></td></tr>
<tr><td colspan="3"></td></tr>
<tr><td colspan="3"></td></tr>
<tr><td colspan="2" rowspan="3"></td><td colspan="3"></td></tr>
<tr><td colspan="3"></td></tr>
<tr><td colspan="3"></td></tr>
<tr><td colspan="5">확인자 [에너지경영책임자 성명] (인) 일 자 : . . .
승인자 [최고경영자 성명] (인) 일 자 : . . .</td></tr>
</table>

[양식 2] 내부심사 수행계획서

<table>
<tr><td>(주)ㅇㅇㅇㅇ</td><td colspan="2">내부심사 수행계획서</td><td>개정번호 :
개정일자 :
페 이 지 :</td></tr>
<tr><td>심사 대상 부서</td><td colspan="3">심사 번호 :</td></tr>
<tr><td colspan="4">심사 범위 및 적용요건 :</td></tr>
<tr><td colspan="4">심사 수행일정 :</td></tr>
<tr><td colspan="4">특기사항(심사방법, 대상문서) :</td></tr>
<tr><td colspan="4">감 사 팀

선임심사자 :

감 사 자 :</td></tr>
</table>

[양식 3] 내부심사 점검표

<table>
<tr><td rowspan="2">심사대상(범위, 내용)
:</td><td rowspan="2">심사대상부서 :</td><td>심사형태</td><td>점검표번호</td><td>쪽번호</td></tr>
<tr><td>□ 정기 □ 특별</td><td></td><td>/</td></tr>
<tr><td>점 검 항 목</td><td>참조문서(항, 절)</td><td colspan="2">확 인 문 서 / 내 용</td><td>심사결과</td></tr>
<tr><td></td><td></td><td colspan="2"></td><td></td></tr>
<tr><td>심사결과
판 정</td><td colspan="3">내부심사원(작성자) : 선임심사(승인)자 :</td><td>〈범례〉 참고</td></tr>
</table>

〈범 례〉

S : 적 합, F : 부적합, OB : 관찰사항, NA : 비 적 용, NO : 미 발 생

[양식 4] 내부심사 전/후 회의록

<table>
<tr><td>(주)○○○○</td><td colspan="5">내부심사 □전 / □후 회의록</td><td>개정번호 :
개정일자 :
페 이 지 : /</td></tr>
<tr><td colspan="6">심사 번호 :</td><td>심사대상 부서 :</td></tr>
<tr><td colspan="6">회의 일시 :</td><td>장 소 :</td></tr>
<tr><td colspan="7">1. 주요 협의사항

2. 회의 참석자</td></tr>
</table>

소속	직위	성명	소속	직위	성명

[양식 5] 내부심사 보고서

<table>
<tr><td colspan="3">내부 심사 보고서</td></tr>
<tr><td rowspan="2">심사대상부서</td><td rowspan="2"></td><td>심사구분 : □ 정기 □ 특별</td></tr>
<tr><td>보고일자 :</td></tr>
<tr><td>심사계획서번호</td><td></td><td>심사일자 :</td></tr>
<tr><td colspan="3">심사팀 인원 :</td></tr>
<tr><td colspan="3">심사목적 / 범위 :</td></tr>
<tr><td colspan="3">심사결과 요약 :</td></tr>
<tr><td colspan="3">시정조치요구서 번호 (적용될 경우) :</td></tr>
<tr><td colspan="3">별첨문서</td></tr>
<tr><td colspan="3">선임심사자 : (인)
에너지경영주관부서장 : (인)</td></tr>
</table>

참고문헌

[1] ISO 50001 : 2011 (2011), ISO(International Organization for Standardization)

[2] 「EnMS 국제표준 해설」(2011), 에너지관리공단 수요관리실

[3] 「EMS 국가표준(KS A4000) 해설」 (2010), 에너지관리공단

[4] 「ISO 9001 : 2008, 품질경영시스템 - 요구사항」 (2008), 한국인정원

[5] 「ISO 14001 : 2004, 환경경영시스템 - 요구사항 및 사용지침」 (2004), 한국인정원

[6] 「에너지경영시스템(EnMS)」(2011), 에너지관리공단 수요관리실

[7] 「에너지경영시스템 표준문서」 (2008), 에너지관리공단

[8] 「에너지경영시스템 - 운영절차 지침서 -」 (2008), 에너지관리공단

[9] 「EnMS 실행가이드라인」 (2012), 에너지관리공단

[10] 「온실가스 에너지목표관리제 운영에 관한 지침」 (2011), 환경부

[11] 「2010 신재생에너지 백서」 (2011), 지식경제부

[12] 「에너지설비효율관리기법 및 사례」 (2011), 한원희, 에너지관리공단

[13] 「KS A 4000 개요」 (2010), 에너지관리공단

[14] 「에너지 진단 컨설팅」 (2007), 한국보전기술연구소

[15] 「에너지관리혁명」 (2005), 한문규, 컴파이언컨설팅(주)

[16] 「기상청통계」 (2011), 기상청

[17] 「수배전설비의 전력관리」 (2005), 이용선

[18] 「보일러종류 및 특징」, 김종진, 한국에너지기술연구소

[19] 「보일러 열정산 프로그램」 (2011), 에너지관리공단 정보교류센터 자료실

[20] 「공기압축기 효율적 이용」 (2011), 에너지관리공단 정보교류센터 자료실

[21] 「냉동기 종류 및 특징」. 김영일, 서울산업대 건축학부

[22] 「열설비 진단 지침 및 개선사례」 (2007), 정구룡

[23] 「조명설비의 에너지 절약」 (2011), http//www.dienc.co.kr

[24] 「열역학」 (2011), Yunus A. Cengel

[25] 「녹색경영시스템 구축을 위한 기업실행 가이드라인」 (2011), 지식경제부, 한국인정원, 한국표준협회

[26] 「녹색경영시스템 - 제1부 : 요구사항 및 사용지침 (MOD KS I ISO 14001:2010)」 (2010), 한국인정원

[27] 「녹색경영시스템 - 제2부 : 녹색성과 평가기준」 (2010), 한국인정원